U0316236

钢铁绿色制造协同创新顶层设计

东北大学 2011 钢铁共性技术协同创新中心　著

北　京

冶 金 工 业 出 版 社

2016

内 容 简 介

本书介绍了东北大学 2011 钢铁共性技术协同创新中心面向钢铁行业产业协同创新发展需求，协同北京科技大学、上海大学、武汉科技大学、宝钢、鞍钢、首钢、武钢、东北大学材料与冶金学院、东北大学资源与土木工程学院等单位，组建的 2011 钢铁共性技术协同创新中心工艺与装备开发平台总体发展思路及架构情况。围绕常规板坯钢铁生产流程、薄板坯连铸连轧生产流程以及薄带连铸生产短流程三个生产流程，介绍了中心"先进冶炼、连铸工艺与装备技术""先进热轧及热处理工艺与装备技术""先进短流程生产工艺与装备技术""先进冷轧、热处理和涂镀工艺与装备技术""铁矿资源绿色开发利用"五个研究方向十项自主创新的关键共性技术研发概况。

本书对冶金企业、科研院所从事钢铁材料研究和开发的科技人员、工艺开发人员具有重要的参考价值，也可供中、高等院校中的钢铁冶金、材料加工、材料学、热处理和选矿等专业的从教人员及研究生阅读、参考。

图书在版编目 (CIP) 数据

钢铁绿色制造协同创新顶层设计/东北大学 2011 钢铁共性技术协同创新中心著 . —北京：冶金工业出版社，2016. 10
ISBN 978-7-5024-7331-0

Ⅰ . ①钢… Ⅱ . ①东… Ⅲ . ①钢铁工业—无污染技术—研究
Ⅳ . ①TF4

中国版本图书馆 CIP 数据核字（2016）第 237714 号

出 版 人　谭学余
地　　址　北京市东城区嵩祝院北巷 39 号　邮编　100009　电话　(010)64027926
网　　址　www.cnmip.com.cn　电子信箱　yjcbs@cnmip.com.cn
责任编辑　卢　敏　李培禄　美术编辑　吕欣童　版式设计　彭子赫
责任校对　李　娜　责任印制　李玉山
ISBN 978-7-5024-7331-0
冶金工业出版社出版发行；各地新华书店经销；三河市双峰印刷装订有限公司印刷
2016 年 10 月第 1 版，2016 年 10 月第 1 次印刷
787mm×1092mm　1/16；17.25 印张；415 千字；262 页
65.00 元
冶金工业出版社　投稿电话　(010)64027932　投稿信箱　tougao@cnmip.com.cn
冶金工业出版社营销中心　电话　(010)64044283　传真　(010)64027893
冶金书店　地址　北京市东四西大街 46 号(100010)　电话　(010)65289081(兼传真)
冶金工业出版社天猫旗舰店　yjgycbs.tmall.com
（本书如有印装质量问题，本社营销中心负责退换）

前　言

"钢铁共性技术协同创新中心"是以东北大学和北京科技大学为核心，联合宝钢、鞍钢、武钢、首钢四大龙头企业，钢研集团、中科院金属所及上海大学、武汉科技大学等优势单位共同组建。2011 年中心筹备组建，2012 年 8 月正式实体化，2014 年 10 月通过教育部财政部认定，是目前教育部"2011 计划"面向行业产业，以工程技术学科为主体，支撑钢铁行业产业发展的核心共性技术研发和转移的重要基地。

中心围绕钢铁工业"绿色制造""制造绿色"两个主题，凝练两项重大协同创新任务：绿色化工艺与装备研发和重大工程高性能绿色化产品开发。在"绿色制造"方面，针对凝练出的钢铁行业八项关键、共性技术，提出创新工艺思想和开发创新生产装备，实现节省资源和能源、节能减排、环境友好、产品性能优良的减量化钢铁生产，降低生产成本、挖掘钢材潜力，实现钢铁"绿色制造"。在"制造绿色"方面，推行减量化的钢铁材料设计，采用洁净化制备、全流程产品质量保障等前沿理论与技术，开发高端钢材，支撑国民经济和海洋、交通、能源等战略新兴产业的绿色化、可持续发展，即实现"制造绿色"。中心任务的实施，将在洁净化冶炼、高品质连铸、热轧组织性能控制、短流程等八项工艺和装备技术取得重大突破和企业示范应用，同时，在海洋平台、舰船用钢，汽车轻量化、高铁轮对用钢，第三代核电主设备用钢等八种国家重大工程急需材料方面达到国际先进水平，满足使用需求。

2014 年 12 月，为加快推进东北大学钢铁共性技术协同创新中心建设和发展，东北大学"2011 计划"工作领导小组经过讨论，聘任王国栋院士为东北大学钢铁共性技术协同创新中心主任，中心主任聘任朱苗勇教授、王昭东教授、刘振宇教授、李建平教授为首席专家。中心聚焦常规板坯钢铁生产流程、薄板坯连铸连轧生产流程以及薄带连铸短流程生产线，组建了"先进冶炼、连铸工艺与装备技术"、"先进热轧及热处理工艺与装备技术"、"先进短流程热轧工艺与装备技术"、"先进冷轧、热处理和涂镀工艺与装备技术"4 个研究团队。面向行业对复杂难选铁矿、超级铁精矿等绿色开发新技术的迫切需求，2015 年 3

月，报请东北大学"2011 计划"工作领导小组讨论，同意中心主任王国栋院士聘任韩跃新教授为首席专家，组建铁矿资源绿色开发利用方向研究团队。至此，东北大学钢铁共性技术协同创新中心形成了涵盖选矿、炼铁、炼钢、连铸、热轧、冷轧及短流程工艺在内的钢铁生产全流程工艺与装备技术研发团队。中心运行过程中，相继聘任鞍钢、宝钢、武钢、首钢、南钢、沙钢、钢研集团、上海大学、武汉科大等协同单位相关专家 34 名。研究团队的汇聚与组建，有效推动和促进了中心系列重大任务的落实与开展。

为提升中心人才培养和创新能力，东北大学"2011 计划"工作领导小组大力支持中心推进学科及研发基地建设。在聚焦国家重大需求、统筹加工学科发展、规划研发平台建设的基础上，通过基地建设凝聚材料加工学科的力量，开发源于并超越现有工艺的系列钢铁和有色金属加工创新技术，促进加工学科的整体协同发展，领跑金属材料加工行业的科技创新。针对钢铁材料冶炼、连铸、热轧、冷轧、短流程工艺关键技术研发需求，填平补齐相关实验研究设备，如薄带连铸实验机组，增建连续退火与热浸镀机组，研究开发冷轧连退热处理及涂镀先进工艺技术，形成先进的退火-涂镀生产工艺、先进电工钢产品制备原型技术；增建型材、管材加工新型工艺实验装置，覆盖板、管、型等热轧钢材门类研究手段。针对有色金属部分，聚焦国家对高性能铝、镁等合金材料的强烈需求，面向航空、航天、高铁、乘用车等行业，研究高强韧有色合金材料成分设计、析出控制、半连续铸造、固溶和时效以及有害杂质的无害化处理等关键制造技术，为开发高强、高韧有色合金材料提供理论和中试研究支撑，加快推进材料加工学科在国际轻金属加工领域占据领跑地位。

注重团队建设，加强优秀人才培育，提升研究生科研创新及创业能力，是中心发展的重要任务。积极拓展校外企业产学研合作平台建设，特别强调师生深入企业 1:1 的大平台上开展研究，结合中心承担的重大科研工程项目，进行课题及论文研究工作。科研工程实践，是 100% 逼真的实验室，是创新研究的原点，也是培养教师、学生社会责任感和事业心的重要载体。注重在重大科研工程实践中培养和造就人才，在国民经济主战场上锻炼年轻一代科技工作者。推进和形成学科交叉融合人才培养机制，强化跨学科招生、选课、教学和实验，倡导研究交叉性课题，用交叉学科的知识、理论、方法解决加工学科问题。开展跨学科研讨、交流，开阔学生视野，丰富创新思维。加强团队建设，形成坚强的创新群体。发挥成员所长，多学科联合作战，各司其职，分工合作，调动每一个人参与团队各项工作的自觉性、积极性和创造性，共同解决科学技术难题。

围绕聚焦的三个生产流程、凝练出的五个研究方向，中心有所为有所不为，明确了 2014～2017 年度拟开发的十项关键、共性技术，即新一代钢包底喷粉精炼工艺与装备技术、高品质连铸坯生产工艺与装备技术、炼铸轧一体化组织性能控制、极限规格热轧板带钢产品热处理工艺与装备、薄板坯无头/半无头轧制 + 无酸洗涂镀工艺技术、薄带连铸制备高性能硅钢的成套工艺技术与装备、高精度板形平直度与边部减薄控制技术与装备、先进退火和涂镀技术与装备、复杂难选铁矿预富集-悬浮焙烧-磁选（PSRM）新技术、超级铁精矿与洁净钢基料短流程绿色制备技术。

本书即是对上述十项关键共性技术的研发目标、拟解决的关键技术问题、研究计划、方案等的介绍说明。钢铁作为一个具有悠久发展历史的行业产业，尤其是近 30 年来国内外技术的快速发展，技术发展日臻完善，关键技术的突破愈发困难。应该说，中心立项确定的十项关键共性工艺与装备技术，均有非常大的技术难度，技术突破属实不易，因此，每一项突破都将具有重大实用价值和非常重要的意义。

中心正式获批认定 2 年来，坚持实干、实绩、实效考核，成效显著。"先进轧制技术与热处理创新团队"入选 2015 年度科技部国家创新人才推进计划重点领域创新团队；中心受聘人员相继获得全国冶金教育系统年度杰出人物奖、宝钢教育基金优秀教师奖等荣誉称号。同时，本年度引进青年千人 1 人。中心合计发表论文 285 篇，其中 SCI 收录 111 篇，出版专著 2 部，译著 1 部，教材 2 部，工具书 1 部，研究报告 10 部，授权专利 51 件，新申请专利 95 件。毕业研究生 70 人（其中博士生毕业 5 人，硕士生毕业 65 人），在读研究生 372 人（其中博士 148 人，硕士生在读 224 人）。其中，109 名研究生获得各类命名奖学金、大赛奖励、优秀论文等奖励（18 名研究生获得国家奖学金，8 名研究生获得省级大赛或论文奖励），5 名研究生牵头承担教育部等纵向项目（基本科研业务费资助）。

中心在运行过程中，强化日常过程管理和工作推进，形成月度 2 次中心例会制度，即月中、月末中心召开由中心主任、各方向首席以及学校"2011 计划"工作领导小组成员代表参加的工作例会，通报各方向承担的重大任务落实情况、与企业院所协同情况、学科基地建设以及科研进展情况，研讨制定研究生培养新机制、学生创新创业基地管理及激励模式等，督促和推进工作落实，部署近期工作目标计划情况。截至 2015 年末，中心共有 95 名受聘人员，外聘专家及骨干研究人员 34 名。

在加强日常过程管理和工作推进的同时，注重和强化年度实绩实效考核。2015 年度考核过程中，历时 1 个月，严格部署，围绕钢铁共性技术协同创新中心承担的重大任务，突出实干、实绩、实效，以事实说话，树立求真务实、真抓实干、实事求是的科学精神，做好年终考核。年度考核全面覆盖中心受聘员工、研究生。中心人员考核由自评、方向自评、中心优秀人员差额评优述职汇报、方向首席汇报、中心总体评价考核 5 个环节组成。中心研究生考评将由学生自评、方向自评、优秀研究生中心汇报与差额评优、表奖 4 个环节组成。2015 年度，共有 87 受聘人员、硕士研究生 102 名，博士研究生 103 名参加年度考评汇报。在层层考评的基础上，中心最终评选出优秀硕士生 19 名，优秀博士研究生 20 名，青年新秀 7 名，创新标兵 10 名。12 月 27 日，"钢铁共性技术协同创新中心"2015 年度方向首席述职考评会在东北大学举行，中心五个研究方向首席专家朱苗勇教授、王昭东教授、刘振宇教授、李建平教授、韩跃新教授分别代表本研究方向作述职考评汇报。考评会专家组由学校领导，行业学会、协会以及部分国有大型钢铁企业领导组成。考评过程中，领导和专家现场提问、点评，根据方向首席考评汇报评价指标与中心全体成员现场打分。根据考评要求，中心最终评选出年度优秀方向 1 个，优秀首席 2 名。此次考评坚持以质量和贡献为重点、激励与约束相结合，注重实绩、实效考评，树立求真务实、真抓实干、实事求是的科学精神，突出创新，突出质量，抓住两头（优、差），未达阶段考核目标者采取绩效扣减、降级、退出等方式进行处理。以考核促进中心的良性发展。

2015 年度绩效考评表明，"钢铁共性技术协同创新中心"通过凝聚各方向的重大任务，明确需要解决的关键共性问题，落实了实施各项重大任务的具体依托企业、产线，圆满完成年度目标任务，实现了科研、学科、人才"三位一体"全面发展。我们相信，在教育部、财政部等领导下，在东北大学以及北京科技大学、武汉科技大学、上海大学、钢铁研究总院、宝钢、鞍钢等钢铁行业科研院校、企业等大力支持下，东北大学钢铁共性技术协同创新中心必将取得更大的成绩，为我国钢铁行业绿色转型发展做出应有的贡献！

作　者

2016 年

目　录

创新引领，绿色制造，致力于成为绿色钢铁技术的全球领跑者

——2011 钢铁共性技术协同创新中心工艺与装备开发平台简介

引　言

2011 计划，即高等学校创新能力提升计划，是我国继"985 工程"、"211 工程"之后，在高等教育系统启动的又一项体现国家意志的重大战略举措，是推进高等教育内涵式发展的现实需要，也是深化科技体制改革的重大行动。旨在针对新时期我国高等学校业已进入内涵式发展的新形势下，深化高校的机制体制改单，转变高校创新方式，聚焦"国家急需、世界一流"的科研目标，注重原始创新质量，注重解决国家重大需求，解决真正有价值、有意义的重大问题，核心任务是实现人才、学科、科研三位一体创新能力提升。

根据"2011 计划"重大需求的划分，2011 协同创新中心分为面向科学前沿、面向文化传承创新、面向行业产业和面向区域发展四种类型。其中，面向行业产业的协同创新中心，是以工程技术学科为主体，以培育战略新兴产业和改造传统产业为重点，通过高校与高校、科研院所，特别是与大型骨干企业的强强联合，成为支撑我国行业产业发展的核心共性技术研发和转移的重要基地。2014 年 10 月，教育部、财政部下发《关于公布 2014 年度"2011 协同创新中心"认定结果的通知》（教技［2014］5 号），钢铁共性技术协同创新中心名列其中，标志着自 2011 年 8 月以来，按照"2011 计划"精神由东北大学、北京科技大学等协同体单位共同组建的钢铁共性技术协同创新中心，经过近 4 年建设和运行发展，正式通过国家认定。

由东北大学轧制技术及连轧自动化国家重点实验室为主体，协同东北大学材料与冶金学院、东北大学资源与土木工程学院、北京科技大学、上海大学、武汉科技大学、宝钢、鞍钢、首钢、武钢等单位，组建的 2011 钢铁共性技术协同创新中心工艺与装备开发平台，其任务是研发选矿、冶炼、连铸、轧制、热处理、工艺流程等新技术、新工艺、新装备，降低生产能耗、提高材料性能，实现"钢铁绿色制造"。经过几年的努力，围绕 3 个重点生产流程，凝练出 5 个研究方向，确定了 10 项重点开发的共性技术。下面予以简要介绍。

背　景

钢铁材料应用广泛，作用重大，具有性能可塑、可循环使用等优点，是最重要的结构和功能材料，在国民经济、人民生活、国家安全等方面具有不可替代的作用。我国钢铁工业历经十余年的快速发展，产能产量迅速增长，有力地支撑了我国经济的快速发展。实际

上，作为一个迅速崛起的发展中国家，我国正处在工业化进程的中后期，保持相对稳定的钢铁产量仍然是支撑我国产业结构调整的重要保障。但是，目前钢铁工业同样面临前所未有的严峻挑战。资源、能源消耗大、环境污染等问题日益严峻。碳排放达我国各行业总碳排放量的12%，保护生态环境已刻不容缓。实现钢铁材料的绿色制造和行业的转型发展势在必行。

我国钢铁工业通过引进、消化、吸收与再创新，产线装备基本实现了机械化、自动化、电气化，拥有了几乎全部国际最先进装备。一批自主先进技术获得突破，为我国钢铁工业的发展提供了重要保证。我国钢铁产量长期稳居世界首位，已达世界总产量的50%左右。但实际上，我国钢铁行业突出的问题在于关键工艺装备严重依赖进口、产品研发限于跟跑，缺乏自主创新能力。因此，实现钢铁行业的绿色化转型发展，减少钢铁生产工艺过程的资源和能源消耗，减少污染和排放，有利于关键共性工艺与装备的自主创新和引领发展。

平台总体发展思路及演进历程

结合钢铁行业工艺流程，工艺与装备平台提出了"一个目标"、"三个聚焦"、"四个方向"、"八项技术"的发展思路，即："一个目标"是通过创新引领，转变发展方式，创新驱动发展，致力于成为全球绿色钢铁工艺技术的领跑者；"三个聚焦"是围绕该目标，聚焦钢铁行业三个典型的生产流程；"四个方向"是围绕三个典型生产工艺流程，凝炼出四个研究方向；"八项技术"是围绕上述四个研究方向，开发八项关键、共性技术。共性工艺及装备技术研发贯彻"企业为主体，产学研用结合"的发展指导方针，以R（基础研究）&D（技术开发）—E（工程转化）—S（行业推广）为中心创新机制，形成以市场（M）—基地（L）—钢厂（P）—市场（M）的循环创新机制和理论（T）—工艺（T）—装备（E）—产品（P）—应用（A）一体化的创新机制为核心的技术创新路线，切实以市场需求为导向，打通教育、科技与经济之间的通道，多学科交叉协同，实现科研成果的转化，培养复合型、实践型人才，服务行业转型发展，进而提升高校学科水平，实现科研、人才、学科三位一体，全面发展。

动态发展，学科汇聚，推进钢铁行业产业共性技术进步是平台发展的重要任务。面向行业对复杂难选铁矿、超级铁精矿等绿色开发新技术的迫切需求，2015年3月，报请东北大学"2011计划"工作领导小组讨论，同意中心主任王国栋院士聘任韩跃新教授为首席专家，组建铁矿资源绿色开发利用方向研究团队。至此，东北大学钢铁共性技术协同创新中心形成了涵盖选矿、炼铁、炼钢、连铸、热轧、冷轧及短流程工艺在内的钢铁生产全流程工艺与装备技术研发团队。中心运行过程中，相继聘任鞍钢、宝钢、武钢、首钢、南钢、沙钢、钢研集团、上海大学、武汉科大等协同单位相关专家34名。研究团队的汇聚与组建，有效推动和促进了中心系列重大任务的落实与开展。

聚焦三个生产流程

聚焦三个钢铁行业的典型生产流程，突破关键共性技术。其一，是针对常规板坯钢铁生产流程产线，以"凝固—热轧—冷却—热处理一体化组织性能控制"为研究重点，实现炼钢、连铸及绿色热轧领域的共性技术突破，通过再造一个绿色化的热轧钢材成分和工艺体系，实现热轧钢材产品的更新换代，为解决资源、能源、环境等瓶颈问题做出贡献。其二，是针对薄板坯连铸连轧生产流程产线，以汽车用先进高强钢（AHSS）开发生产为重点，形成薄板坯无头/半无头轧制 + 无酸洗涂镀制备热轧 AHSS 的短流程加工理论和生产技术，开发出薄规格热轧先进高强钢并形成批量生产能力，实现热轧 AHSS 的"以热代冷"和"以薄代厚"。其三，是针对薄带连铸短流程工艺技术，围绕国际轧制技术领域前沿性、战略性技术，以双辊薄带连铸技术制造高质量硅钢和薄规格 AHSS 为研发重点，突破薄带连铸短流程生产工艺关键技术，形成薄带连铸硅钢织构控制理论体系和全新工艺流程、装备及产品技术，开发出完全自主创新的高硅钢、取向与无取向硅钢薄带及薄规格 AHSS 的制备加工技术。

凝练五个研究方向

上述三个热轧工艺流程，前面与冶炼与连铸工序共同对应，后面与冷轧、连退、涂镀工序共同对应，从而构成共性技术研发的流程主线。在此基础上，凝练形成"先进冶炼、连铸工艺与装备技术"、"先进热轧及热处理工艺与装备技术"、"先进短流程生产工艺与装备技术"、"先进温-冷轧、退火和涂镀工艺与装备技术"及"铁矿资源绿色开发利用"五个研究方向。

（1）"先进冶炼、连铸工艺与装备研究"方向。

国家科技支撑计划课题"低成本、高效化生产洁净钢水的工艺技术"深入研究夹杂物的控制与利用技术，实现理论上的突破与技术创新，研究开发多种精炼设备组合使用技术或同一精炼设备的多功能化技术及精炼新工艺技术；国家杰出青年基金项目"高品质钢精炼与连铸过程基础理论与应用"研究了高品质钢精炼与连铸过程中钢液流动，凝固枝晶生长、溶质偏析及夹杂物去除行为，提出了高品质钢精炼与连铸生产过程中组织、成分均质化控制和夹杂物颗粒大小及分布的控制新技术。国家自然科学基金重点项目"钢包底喷粉精炼新工艺应用基础研究"提出了钢包直接底喷粉精炼的新一代钢包喷射冶金工艺，研究并提出了防钢液渗漏的底喷粉元件设计理论，揭示了喷粉元件缝隙内粉剂输送与磨损行为及堵塞机理，研制出具有防钢液渗漏和粉剂堵塞、抗粉气流磨损和耐高温侵蚀的钢包底喷粉元件。

（2）"先进热轧及热处理工艺与装备技术"方向。

热轧钢材产品占我国钢材总量90%以上，是品种规格最多的轧制钢材产品。基于传统热轧生产工艺过程中存在的资源消耗大、工艺能耗高等问题，通过开发新一代 TMCP 工艺、先进热处理工艺及装备技术，以及涵盖冶炼到轧制工序的一体化组织性能预测与控制技术，实现"资源节约型"和"工艺减量化"热轧钢材工艺开发与应用，再造一个绿色化的热轧钢材成分和工艺体系，为钢铁工业的绿色化转型和可持续发展做出贡献。同时，围绕高附加值高端热轧板、带钢产品先进热处理工艺技术，尤其是极限规格（极薄和特厚规格板材）产品需求，开发极薄和特厚板材热处理工艺及装备技术。为此，"先进热轧及热处理工艺与装备技术"方向将主要围绕：新一代控制轧制技术与装备、新一代控制冷却技术与装备的拓展应用、极限规格板材离线热处理工艺技术与装备、一体化组织性能预测与控制等研究方向开展工作，重点开展"即时控温的控制轧制装备及工艺"、"热轧线材、管材等新一代控制冷却工艺与装备"、"极限特厚规格板材淬火工艺技术及装备"三大任务。

（3）"先进短流程生产工艺与装备技术"方向。

短流程生产技术相对钢铁传统生产流程具有工序简洁、低能耗、投资小等优势，节能减排效果显著。同时，短流程工艺技术尤其在热轧薄规格产品及特殊性能要求的产品开发与生产方面具有显著优势，是钢铁工业流程技术开发与应用的重要方面。国家工信部《产业关键共性技术发展指南（2011年）》等产业指导文件多次将"热带无头/半无头轧制"、"薄带铸轧"等列为节能关键技术。因此，开发薄板坯无头/半无头连铸连轧与薄带连铸的工业化生产技术并开展短流程加工理论的深入研究，开发出薄规格热轧 AHSS，并形成批量生产能力，对促进我国绿色化钢铁生产以及下游用户的绿色化制造具有重要意义。为此，"先进短流程生产工艺与装备技术"方向将围绕：热轧 AHSS 半无头/无头连铸连轧技术、热轧板无酸洗涂镀技术、双辊薄带连铸高品质硅钢技术3个研究方向开展工作，重点开展"薄板坯无头/半无头轧制＋无酸洗涂镀制备热轧 AHSS"、"薄带连铸高品质硅钢工业化技术"、"薄带连铸生产高硅电工钢成套工艺、装备与产品"等重大任务。

（4）"先进冷轧、热处理和涂镀工艺与装备技术"方向。

先进的轧制、退火和绿色化涂镀工艺与装备技术是高端冷轧板带钢产品生产的关键。目前，我国冷轧产品的产量占比不及发达国家的一半，AHSS、高质量硅钢、冷轧薄宽带、涂镀板等产品进口比率高，是钢铁材料中自给率和市场占有率最低的产品。这表明我国在冷轧产品质量和高端产品生产技术等方面与发达国家存在较大差距，急需开发先进的冷轧工艺、装备和产品，促进产品结构调整和技术升级。为此，"先进冷-温轧、退火和涂镀工艺与装备技术"方向在冷轧工序将围绕冷轧产品的性能、尺寸精度和表面质量等核心问题，主要针对 AHSS、涂镀板、高质量硅钢等高端冷轧材料开展冷轧板形核心控制技术研究，推广已经开发成功的新型高精度板形控制系统，并开展边部减薄控制的研究和工程应用。在连续退火和热镀锌方面，开展横向磁通快速感应加热、气雾喷射式快速冷却、镀层厚度自动控制和镀层厚度均匀性控制等关键技术。

（5）"铁矿资源绿色开发与利用"方向。

铁矿资源是最为重要的战略性资源之一，是国民经济发展的基础。我国已探明的大部分铁矿石属于低品位、复杂难选类型，由于选矿工艺适应性不足、装备及自动控制水平低，我国铁矿资源尚未得到高效开发与利用。然而我国铁矿石呈严重的供不应求状态，2015年我国铁矿石进口量达9.5272亿吨，铁精矿消耗总量为11.20亿吨，铁矿石的进口依存度超过80%。该方向立足我国铁矿行业"劣质能用、优质优用"的发展战略，着眼于微细粒赤铁矿、鲕状赤铁矿、菱铁矿、褐铁矿等难选铁矿资源的高效分选技术领域，紧密围绕铁矿资源集约化绿色开发关键技术及装备的基础理论、技术开发、成果转化等环节，通过前沿技术原始创新、已有技术集成创新、产学研用协同创新，多学科技术集成应用，突破难选铁矿资源大规模开发和优质铁矿资源高品质利用的技术瓶颈，实现铁矿资源集约化、绿色化、高效化开发利用。重点开展"复杂难选铁矿预富集-悬浮焙烧-磁选技术"、"超级铁精矿高效绿色制备技术"两项重大任务。本方向研究，将形成悬浮焙烧和超级铁精矿制备共性关键技术和大型成套工艺装备，并实现这两项关键共性技术的工业应用与推广，使我国大量至今无法利用的复杂难选铁矿资源得以利用，同时优化铁矿深加工产业结构，使优质铁矿石物尽其用，最终实现我国铁矿石劣质能用、优质优用的目标。

开发十项关键、共性技术

围绕上述五个研究方向，开发出新一代钢包底喷粉精炼工艺与装备技术、高品质连铸坯生产工艺与装备技术、热轧-冷却-热处理一体化组织性能控制、极限规格热轧板带钢产品热处理工艺与装备、薄板坯无头/半无头轧制＋无酸洗涂镀工艺技术、薄带连铸流程制备高性能硅钢的成套工艺技术与装备、高精度板形平直度与边部减薄控制技术与装备、先进退火和涂镀技术与装备、复杂难选铁矿预富集-悬浮焙烧-磁选（PSRM）新技术、超级铁精矿与洁净钢基料短流程绿色制备技术十项自主创新的关键、共性技术。

（1）新一代钢包底喷粉精炼工艺与装备技术。

针对国内高效、低成本洁净钢的生产迫切需求和当前炉外处理工艺存在流程长（铁水预处理、转炉冶炼、钢包精炼）、效率低（多次扒渣、转炉回硫）等问题，研究开发钢包底喷粉钢水精炼原创性工艺与装备技术。本技术前期得到 NSFC 重点项目"钢包底喷粉精炼新工艺应用基础研究"的支持，研究工作在学校进行。本研究获得了重要进展，提出了防钢液渗漏的底喷粉元件设计理论，揭示了喷粉元件缝隙内粉剂输送与磨损行为及堵塞机理，研制出了具有防钢液渗漏和粉剂堵塞、抗粉气流磨损和耐高温侵蚀的钢包底喷粉元件。国内钢铁企业对此给予了高度关注，将合作开展系列工业试验和技术实施。

本技术将是 20 世纪提出的喷射冶金技术的一次变革，可称之为新一代钢包喷射冶金技术。不仅可以实现钢水脱硫率90%以上、合金的收得率和成分控制精准度得到进一步提高，而且可以实现铁水不经预脱硫而生产超低硫钢以及免 LF 炉加热精炼的目标，从而缩短冶炼周期 15～25min，吨钢降低成本 10～15 元，吨钢节能 2.5～4.5kg（标准煤）。

（2）高品质连铸坯生产工艺与装备技术。

高品质连铸坯是高品质钢生产的基础和前提保障，针对我国微合金钢连铸坯普遍存在裂纹和偏析等凝固缺陷、制约成材率和高性能品种钢生产的现状，研究开发高品质连铸坯生产工艺与装备技术。本技术前期得到首钢"首秦高品质厚板坯连铸关键技术开发"、天钢"天钢高品质板坯连铸技术集成与创新"、涟钢"高强-包晶-超低碳系列钢高品质连铸板坯生产技术集成与创新"等企业及国家杰出青年基金项目"宽厚板连铸结晶器冶金学理论与应用研究"的支持，获得了重要研究进展和应用效果，提出了连铸生产过程中"全弧形锥度结晶器"、"非均匀凝固的末端轻压下"等连铸坯裂纹、组织及成分均质化的控制新技术。本技术的理论研究主要在学校和企业的技术中心或研究院进行，工业试验及生产将与宝钢、首钢、天钢、湘钢、涟钢等十余个企业合作开展。

本技术将针对微合金钢连铸坯频发裂纹、偏析、疏松等凝固缺陷的关键问题，形成我国自主的高品质品种钢连铸坯生产工艺、装备、控制系统集成技术，实现高致密度、均质化连铸坯稳定生产。铸坯表面质量、合格率、中心偏析、疏松、裂纹等相关质量指标达到世界先进或领先水平。

（3）热轧-冷却-热处理一体化组织性能控制技术。

针对钢铁行业热轧钢铁材料传统轧制生产工艺过程中存在的资源消耗大、工艺能耗高等问题，通过开发热轧钢材新一代控制轧制和控制控冷（TMCP）组织调控理论、关键装备与工艺技术，与高品质连铸坯生产工艺与装备技术协同，创新凝固-热轧-冷却-热处理一体化热轧组织性能控制技术，实现绿色热轧技术新突破，再造一个绿色化的热轧钢材成分和工艺体系。

本技术依托于国家"十二五"科技支撑课题"热轧板带钢新一代 TMCP 装备及工艺技术开发与应用"，各类热轧过程的工程技术实施与宝钢、鞍钢、首钢等数十家企业合作进行，旨在生产节约型、减量化升级换代热轧产品。将针对新一代控制轧制条件下轧制与冷却耦合关键技术及装备、复杂断面的热轧钢材高强度均匀化冷却技术、一体化组织性能预测与控制（含工艺制度制定）技术以及基于细晶、析出和相变的新一代控轧控冷工艺的钢材综合强化机理等开展系列研究及项目实施，形成新一代控轧控冷工艺、装备体系，应用于板、带、型、棒、线、管等各类热轧生产线，建立"资源节约型、节能减排型"的热轧钢材产品绿色制造体系，60%～80% 以上的热轧钢材强度指标提高 100～200MPa 以上，或钢中主要合金元素（Cr、Mo、Mn、Nb 等）用量节省 20%～30%，实现钢铁材料性能的全面提升。

（4）极限规格热轧板带钢产品热处理工艺与装备。

针对我国能源、化工、交通等重点领域关键装备制造所必需的高等级钢板不能满足需求的现状，围绕高等级热处理关键装备和技术核心技术（长期为国外垄断），开发钢铁行业急需极限规格淬火和极限低温回火等高端板带钢热处理工艺及装备技术。

本技术由东北大学提供技术支持，与南钢、湘钢、舞阳等中厚板生产企业合作，依托湘钢引进的 3800mm 淬火生产线改造、南钢 5000mm 特厚板调质生产线、3500mm 调质线和中低温回火热处理生产线工程等项目，进行工艺、装备、产品开发。将针对淬火厚度为 4～10mm 极薄规格和 100～250mm 的特厚规格钢板淬火关键技术和成套装备、大型板带钢低温高精度回火装备技术；超高强结构用钢（Max 1300MPa）、耐磨钢（Max HB600）等高端热处理工艺技术及产品，实现极限规格热处理装备、工艺技术及产品的创新突破。

（5）薄板坯无头/半无头轧制与无酸洗热镀锌工艺技术及装备。

为保证提高钢材的使用效率，需要对钢材进行表面镀锌处理以延长其使用寿命。在传统热轧板镀锌生产工艺中，镀锌之前热轧板酸洗是清洁化生产所面临的最大问题。

本技术前期与宝钢、邯钢、武钢等单位合作，研究开发短流程生产薄规格热轧高强钢的关键技术、热轧带钢氧化铁皮控制技术、"氧化铁皮还原退火＋热镀锌"等工业化生产技术，形成热轧薄规格高强钢免酸洗还原退火热镀锌工艺技术。

本技术将以 CSP 短流程生产线为依托，开发出热轧薄规格先进高强钢表面质量与板形控制技术，利用无头/半无头轧制技术稳定轧制出 1.2～2.0mm 以 AHSS 为代表的薄规格高强度热带产品；开发出无头/半无头轧制 AHSS 的组织控制原理与轧后冷却路径关键控制技术及装备、热轧氧化铁皮的精细化控制技术；探索出热轧带钢热镀锌线上加热-还原过程中氧化铁皮的结构演变规律，创新出热轧高强钢氧化铁皮免酸洗还原退火热镀锌生产流程和关键工艺技术，实现"以热代冷"和"以薄代厚"，将为我国钢铁行业实现清洁化生产、节能减排和资源节约提供标志性生产流程和工艺技术。此项技术的工业化应用，将因免去酸洗工序而减少酸液蒸汽的排放，热镀锌整体生产效率提高 10%～20%，吨钢降低成本 100 ~ 120 元。

（6）薄带连铸流程制备高品质硅钢技术与关键装备。

采用双辊薄带连铸技术可有效控制电工钢凝固组织和抑制剂析出行为，是开发无需再加热、无需常化处理、无需两阶段冷轧的短流程、低成本、高效率制造高性能硅钢的全新技术途径。

本项目将以宽度为 1050 ~ 1250mm 的无取向与取向硅钢薄带连铸产线和宽度为 550mm 的高硅钢薄带连铸线为依托，开发与高品质电工钢产品相适应的薄带连铸、热轧、冷轧及热处理相关装备，形成一整套具有自主知识产权的、以薄带连铸为核心的高性能电工钢生产工艺流程，开发出薄带连铸工业化关键技术、装备以及全线自动化控制系统，建设我国国内首套完全自主设计开发的薄带连铸生产线，形成成套薄带连铸生产电工钢和薄规格普碳钢的工艺技术。

针对无取向与取向电工钢，探索出电工钢近终成型的凝固组织和全流程织构演变行为，构建硅钢及薄规格普碳钢全流程组织性能控制理论，开发出高品质电工钢的短流程生产技术，引领钢铁工业在高品质钢材生产领域实现完全的自主创新，为打破发达国家硅钢生产的长期垄断局面开辟新的途径。大幅度提高电工钢生产效率和实物质量，与常规电工钢产品相比，无取向硅钢的磁感强度提高 0.02T，取向硅钢成材率提高 5%。

（7）高精度板形平直度与边部减薄控制技术与装备。

基于板形调控功效系数的多变量优化反馈控制模型，形成矩阵动态优化和自适应智能控制策略，建立多执行机构板形闭环控制系统的解耦控制算法，自主开发冷轧板形核心应用软件，成品带钢板形平直度综合控制精度小于 7I，实现冷轧薄带材平直度高精度板形控制和板形技术的推广应用；硅钢同板差（带钢中心与边部 15mm 处厚度差）小于 6μm，实现硅钢薄带边部减薄控制的高精度设定。

同时，研究冷轧板边部减薄控制机理，实现冷轧硅钢边部减薄的自动控制，研究单锥度工作辊窜辊辊形，实现轧制过程的边部变接触功能，寻找最优辊形曲线，提高边部减薄控制效率；开发单锥度工作辊窜辊边部减薄核心控制技术，将预设控制、边部减薄反馈控制和工作辊窜辊的弯辊补偿优化结合，开发出我国冷轧机边部减薄控制工艺与控制的核心技术。

（8）先进退火和涂镀技术与装备。

针对 AHSS、硅钢和高端家电板等品种，开发基于快速加热和快速冷却的先进退火工艺和高精度镀层厚度控制技术。开发横向磁通快速感应加热技术，设计高电感匹配感应器，获得均匀温度场，带钢横向稳态温度差小于 ±15℃，解决薄带钢加热中由于边部效应导致的薄带钢加热温度不均问题。自主研发喷气、气雾和水淬等高速冷却技术，实现从缓冷到 1000℃/s 的柔性化冷却，达到同一产线生产不同性能钢种的目的。采用有限元技术、非线性的最小二乘回归算法，进行热镀锌气刀流场的分析和优化，建立长短周期耦合化的镀锌自适应预测模型，解决热镀锌边部增厚问题。开展薄带铸轧高质量硅钢温轧工艺与装备技术研发，实现成卷带材工业化温轧技术示范。

（9）复杂难选铁矿预富集-悬浮焙烧-磁选（PSRM）新技术。

微细粒铁矿、菱铁矿、褐铁矿、鲕状赤铁矿属典型难利用铁矿资源，总储量达 200 亿吨。该类铁矿石矿物组成复杂、结晶粒度微细，常规选矿工艺难以获得较好的技术经济指标，部分资源尚未获得大规模工业化开发利用，部分资源利用效率极低。针对复杂难选铁矿高效利用，铁矿资源绿色开发方向提出了预富集-悬浮焙烧-磁选（PSRM）新技术。PSRM 技术属于国际首创的复杂难选铁矿石高效利用新技术，该技术具有生产能力大（单台 200 万吨/年）、环保无污染（排放废气粉尘浓度 ≤40mg/Nm³）、生产成本低及自动化程度高的特点。该技术成功推广，可实现我国贫杂难选赤铁矿、菱铁矿、褐铁矿石以及尾矿资源的高效利用，可盘活铁矿资源 100 亿吨以上。

（10）超级铁精矿与洁净钢基料短流程绿色制备技术。

超级铁精矿也称高纯铁精矿是一种具有发展潜力的新型功能材料，主要用于粉末冶金、磁性材料、纯净钢等领域。针对我国铁精矿品质较差、直接还原铁和洁净钢基料匮乏的现状，铁矿资源绿色开发方向提出了基于杂质源头控制的"铁精矿深度提质—选择性直接还原—低碳电炉熔炼"洁净钢基料绿色制备新技术。超级铁精矿与洁净钢基料短流程绿色制备工业化生产技术填补了国内外低品位磁铁矿至纯铁全流程绿色制备技术空白，解决了我国长期缺少高品位直接还原铁原料的难题，为我国发展直接还原铁及钢铁短流程奠定了坚实的原料基础。该技术缩短了钢铁冶炼流程，省去了铁水脱硅、脱硫、脱磷、脱碳等工艺，提高了生产效率、降低了生产成本，吨钢 CO_2 排放可有效减少 70％ 以上，具有重要的经济、社会和环境效益。

结　语

在教育部的领导和关怀下，2011 钢铁共性技术协同创新中心得到全面快速建设和发展，共性工艺与装备平台将围绕确立的协同创新目标，着力开发国家急需的行业关键共性技术，围绕上述研发内容，产学研用结合、协同创新，实力实干实效，为我国钢铁行业的绿色转型发展做出贡献。

展望未来，2011 钢铁共性技术协同创新中心将进一步围绕国民经济和行业产业发展的宏大任务，承担重大科研项目，完成标志性科研成果，力争尽快成长为国际一流、全球领先的绿色钢铁技术创新基地！

1 先进冶炼连铸生产技术

1.1 新一代钢包喷射冶金工艺技术

1.1.1 研究背景

目前，随着科学技术和经济的发展，钢材用户对钢材质量的要求越来越严格。钢中杂质元素、夹杂物等对钢的性能影响极大，1962 年，Kiessling 首先提出了洁净钢（clean steel）一词。20 世纪 70 年代末至 80 年代初，洁净钢才从一个科研名词转向量化生产，欧、美、日的一些著名钢铁厂建立了洁净钢生产平台，此后洁净钢的生产拓展到深冲薄板、IC 引线框、轮胎子午线、滚珠轴承钢、钢轨、热作模具等从超低碳钢到高碳钢的广泛领域。洁净钢的生产水平已成为企业综合竞争能力的重要表现之一，高效率、低成本洁净钢平台建设作为一项具有普适性、基础性、事关钢厂效率、质量、成本的共性关键技术，对提高企业市场竞争力具有重要意义。近十几年来，国内外对洁净钢的研究给予了高度重视和关注。

钢铁生产过程中，硫因对钢的性能有着多方面的不利影响而成为主要脱除或控制元素。随着工业和技术的发展，对钢材的质量提出了更高的要求。不同钢种对硫含量有着严格的规定，如普通钢要求硫含量 $[S] \leqslant 0.05\%$，优质钢 $[S] \leqslant 0.02\%$，低硫钢 $[S] \leqslant 0.001\%$，超低硫钢 $[S] \leqslant 0.0005\%$。为了减少铸坯的内部质量缺陷和提高表面质量，要求钢中的硫含量应小于 0.020%；为了减少结构钢的各向异性，使其具有良好的力学性能，钢的硫含量应小于 0.010%。特别是输油管、天然气输送管、厚船板、航空钢等，其要求硫含量都要小于 0.005%，磷含量小于 0.01% 或 0.005%。此外，为了降低氧气转炉钢的生产成本和实行少渣炼钢，也要求铁水磷含量小于 0.015%。尤其在长流程中，要生产出低硫（磷）钢和超低硫（磷）钢，对铁水进行预处理是一种行之有效的解决方法。铁水预处理对于优化钢铁冶金工艺、提高钢的质量、发展优质钢种、提高钢铁冶金的综合效益起着重要作用。

铁水炉外脱硫现在已有数十种处理方法。目前所采用的大致可分为分批处理法和连续处理法两大类，其中分批处理法又可分为铺撒法、倒包法、机械搅拌法、吹气搅拌法、喷射法、镁脱硫法等。目前广泛用于生产的是机械搅拌法和喷射法。

由于喷射法是在喷吹气体、脱硫剂和铁水三者之间充分搅拌混合的情况下进行的，因此脱硫效率高、处理时间短、操作费用较低，并且处理铁水量大、操作方便灵活，受到极大重视，成了应用最广泛的铁水脱硫处理方法。值得注意的是，日本和韩国的钢厂普遍改用 KR 脱硫预处理，国内新建的大型钢厂也大量采用了 KR 法脱硫。但无论是哪种方法都具有一定的局限性，具体表现为：

（1）转炉炼钢时的回硫现象削弱了铁水预脱硫的实际效果。尽管铁水预处理工艺相对成熟，可以获得硫含量极低的铁水，但由于铁水需要进入转炉炼钢，会在转炉中产生回硫现象，使得到的钢液硫含量上升。这样大大削弱了铁水预脱硫的实际效果，而且在一定程度上浪费了脱硫剂，显得并不经济。国内外的学者对回硫现象做了大量的研究，提出了各种控制回硫的措施，但由于受到炼钢用废钢、造渣材料和耐火材料的影响，回硫现象对铁水预脱硫的削弱效果仍十分明显。

（2）搅拌器或喷枪会污染铁水。由于搅拌器和喷枪使用了耐火材料，这些耐火材料会在一定程度上带入杂质，污染铁水，影响铁水的纯净度。

（3）铁损较大。由于搅拌或喷吹脱硫及脱硫后扒渣，铁水预脱硫会有较大的铁损，降低了金属的收得率。

对于超低硫钢生产，在铁水预处理和转炉冶炼的基础上，还需要进行钢水二次深脱硫，方法主要有 LF 搅拌脱硫、RH 喷粉脱硫、钢包喷粉脱硫。二次精炼的喷粉装置按载具与钢水的接触方式可简单分为两类：一类为直接接触型，如 SL、TN、KIP、V-KIP、VOD-PB、RH-PB 等，即喷枪插入钢液中与液体接触；另一类是非接触式如 RH-PTB，喷枪不与钢液接触，通过浸入式喷枪，即通常所称的顶枪，向钢水喷吹合金粉或精炼粉剂。该工艺反应速率快、处理周期短，曾经作为 20 世纪七八十年代兴起的喷射冶金技术而风靡全球，但此工艺存在喷溅、钢液二次污染严重、操作稳定性和灵活性较差等问题，其应用受到了限制。对于非接触式喷粉如 RH-PTB（Ruhrsstahl Heraeus-Powder Top Blowing），RH 顶喷粉法是在 RH-KTB 法（Ruhrsstahl Heraeus-Kawasaki Top Blowing）即顶吹氧循环真空脱气法的基础上配备喷粉系统，通过顶枪向真空室钢水内喷吹脱硫粉剂，构成 RH-PTB（或 RH-KTB/PB）工艺，可实现真空喷粉脱硫。但其存在如下问题：

（1）RH 内的枪位过高，影响脱硫效果，枪位过低，喷头易结冷钢，且易被钢水烧坏。

（2）粉气流会冲击 RH 内壁，缩短内壁耐火材料的使用寿命。

（3）水冷喷枪由多层无缝钢管制成，价格昂贵。

（4）若突然停水或停电等极易引发重大事故。

因此，开发高效、低成本的炉外处理新工艺、新技术显得十分重要而迫切。

通过安装在钢包底部的透气砖吹氩已是最为普遍而简捷的炉外精炼手段，如果能开发出通过安装在钢包底部透气砖位置的元件喷吹精炼粉剂或合金化的合金粉的精炼新工艺，即新一代钢包喷射冶金工艺技术 L-BPI（Ladle-Bottom Powder Injection），如图 1-1 所示，可以克服传统工艺的缺陷。

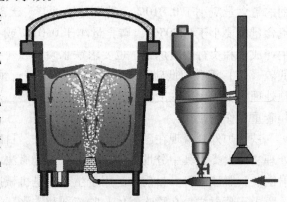

图 1-1 新一代钢包喷射冶金工艺（L-BPI）示意图

此新工艺技术具有以下优点：

（1）与其相关的各种配套技术成熟，易于实现。各种配套技术主要是透气砖的制作和热更换技术，现在国内大部分耐火材料厂家已有能力根据不同的技术要求生产出相应规格的透气砖。底吹透气砖的热更换技术目前也比较成熟。

（2）气量可调节的范围大。气量调节范围最高可在 10 倍以上，可满足各种条件下的钢包底吹气量要求。

（3）改造投资低，不改变原有工艺。对原有钢包底吹氩工艺，只需把透气砖更换成喷粉透气砖，外加一套供喷粉的喷粉罐系统即可，省去了顶喷粉所必需的升降设备。

（4）搅拌效果比传统的顶吹理想。喷入气粉流除参与反应外，还对液体做功，搅拌钢水。顶吹喷粉装置中气流从喷枪喷出来后，还要向下减速运动一段距离直到速度为零时，气泡才开始上浮。而底吹钢包充分地利用了其动力功，有利于夹杂物上浮，净化钢液。

L-BPI 属于一种全新的炉外精炼工艺，不同于传统的喷射冶金工艺如 IR-UT、TN、SL、RH-IJ 等，其成功开发，将对钢的炉外处理和生产流程的变革，形成具有我国特色的高效、低成本的洁净钢生产工艺流程具有重要意义。L-BPI 工艺技术将明显提升二次精炼效率与效果，这样不仅可以考虑不需要进行铁水脱硫预处理工艺，也可以考虑不进行 LF 处理，从而缩短整个生产工艺流程，提高生产效率，降低成本，对钢铁工业的节能减排意义深远。

虽然国内外学者自 20 世纪 70 年代以来对喷射冶金工艺技术进行了大量的理论和实验研究及工业实践，但粉剂的喷吹都是通过由耐火砖制成的顶枪插入铁水或钢水来实现的。钢包底喷粉工艺则是将粉剂用载气经喷粉元件送入钢水深部，使粉剂与钢水充分接触，在上浮时完成精炼过程，因此，与传统的钢包底吹氩精炼相比较，钢包底喷粉用喷粉元件的要求更加严格。

从可行性角度考虑：要求喷粉元件的缝隙有足够大尺寸以保证输送过程的稳定性和连续性，不发生脉动和堵塞现象；粉剂的浓度和流量在一定范围内可以调节和控制；气固混合物具有较大的喷出速度，使颗粒能进入金属液中以提高其利用率，同时反应过程又不发生喷溅。

从安全性角度考虑：要求喷粉元件的缝隙尺寸足够小，以防止熔钢渗透。底喷粉用的元件所处的环境较吹氩透气砖更加苛刻，在高温粉气流环境下，其表面受到强烈的机械磨损，同时因喷吹粉粒的作用，导致侵蚀，而且在实际操作中还需要承受因温差作用而产生的较大的热应力。

因此，此新工艺技术要实现实际应用，需解决钢水渗漏（安全性）、粉剂堵塞（稳定性）、喷吹元件使用寿命（可靠性）、底喷气-粉-钢液多相流行为与脱硫动力学（精炼的效率与效果）等关键技术问题。

东北大学朱苗勇教授及其研究团队在国家自然科学基金重点项目资助下，对新一代钢包喷射冶金工艺（L-BPI）进行了探索性研究，从理论上揭示了底喷粉元件缝隙内粉气流的运动规律，提出了防钢液渗漏和粉剂堵塞的钢包底喷粉元件设计理论，研制出既可钢包底喷粉又可喷吹气体的元件，设计出了底喷粉工艺装置，授权了"狭缝式钢包底喷粉工艺及装置"、"棱台缝隙式防堵钢包底喷粉装置"、"一种金属缝隙式钢包底吹喷粉装置"、"一种旋风护流蓄气室钢包底吹喷粉装置"、"求取钢包底喷粉元件缝隙长宽的方法"、"钢包底吹喷粉漏钢检测装置及漏钢检测法"、"一种 RH 真空精炼底吹喷粉装置（RH-BPI）"7 项国家发明专利，成功实施了实验室冷态和热态试验，为开发新一代钢包喷射冶金工艺技术奠定了坚实基础。

1.1.2 关键共性技术内容

L-BPI 工艺首先要解决钢水渗透和粉剂堵塞的问题。使用狭缝以克服钢水的渗透是一种较佳途径，狭缝型供气元件防渗透能力、气体可控能力强的特点已得到实际验证。狭缝型喷粉元件作为底喷粉新工艺重要功能元件，在二次精炼底喷粉领域是属于一种新的尝试。因此，研究设计既能防钢水渗漏又能防粉剂堵塞的底喷粉元件结构进行底喷粉以实现钢水脱硫、乃至脱氧合金化处理是首先要解决的关键问题，是 L-BPI 工艺成功的关键；其次，粉气流对喷粉元件的狭缝会产生摩擦和磨损，喷粉元件工艺的稳定性及其使用寿命以适应钢包精炼炉次的要求是需解决的第二个关键问题；涉及钢包底喷粉精炼效率与效果的传输现象及反应工程学理论探索与描述是需要解决的又一个关键问题。

针对此新工艺所涉及的重大理论与关键技术问题开展深入研究，以奠定此新精炼工艺技术工业化的理论和应用基础。为此，需要解决 L-BPI 工艺开发所面临的关键技术难点。

1.1.2.1　提出底喷粉元件的设计理论

揭示钢包底喷粉的钢液渗漏和粉剂堵塞机理，提出底喷粉元件的设计理论，这是此精炼新工艺能否实现的前提条件保证，也是此新工艺技术研究开发的基础。要实现钢包底喷粉，既要保证输送过程粉气流稳定和连续，不发生脉动现象，喷粉元件不发生堵塞，压力损失小，粉剂的浓度和流量在一定范围内可以调节和控制，气固混合物具有较大的喷出速度，使颗粒能进入金属液中以提高其利用率，又要保证喷粉元件安全可靠，不发生漏钢的危险。为此，需要从理论上研究分析决定钢包底喷粉元件中缝隙内钢液渗漏的极限力以及影响钢液向缝隙内渗透的影响因素，揭示钢液渗漏速度和渗漏深度随时间的变化规律；需要从理论上对粉气流在喷粉元件内的运动规律作出描述，揭示粉粒速度、气流速度与气流密度、颗粒尺寸、气体黏度等的定量关系，以及粉气流行为与喷粉元件内缝隙尺寸之间的内在关系。

1.1.2.2　研制出抗磨损和耐高温侵蚀的喷粉元件

揭示钢包底喷粉元件磨损与高温侵蚀机理，研制出抗磨损和耐高温侵蚀的喷粉元件，这是此新工艺技术成功的关键。底喷粉元件所处的环境较传统的钢包底吹氩透气砖更加苛刻，在实际工作条件下，其表面将受到强烈的机械磨损，同时喷吹粉粒与其作用，导致化学侵蚀，而且实际还需要承受因温差而产生的热应力作用。为此，研究粉气流行为对不同材质喷粉元件磨损的影响规律，研究喷粉元件在实际高温工作环境条件下承受热冲击、钢水搅拌冲刷蚀损以及高温熔渣侵蚀的能力，掌握其材质、性能、使用条件或环境对其工作状态的影响规律。

1.1.2.3　揭示钢包底喷粉射流行为、多相流行为和精炼动力学

揭示钢包底喷粉射流行为、多相流行为和精炼动力学，这是此新工艺技术实现工业应用的重要理论基础。喷枪喷粉与狭缝元件喷粉其射流形态会有很大的不同，必然会带来不同的熔池特性，进而影响粉剂在钢液中的行为。需要定量描述各工艺参数对底喷粉过程鼓泡流和射流形成的影响规律，揭示颗粒粉剂粒度、固气比、狭缝几何参数、载气操作参数、钢包参数等对粉剂的穿透比、气粉流在钢液中行为的影响规律，以及与精炼效率之间的内在关系。同时，通过钢包底部喷入精炼粉剂，将在钢包熔池内进行气-固-液的多相流，其行为极其复杂，不仅直接对钢包底喷粉的效果和效率产生直接影响，而且在一定程度上会对底喷粉元件的寿命产生影响，需要全面真实揭示钢包底喷粉过程中熔池的多相流行为和反应动力学，为工业试验和应用提供依据和指导。

1.1.2.4 确立 L-BPI 工艺的可靠性与应用可行性

L-BPI 工艺的可靠性与应用可行性，这是此新工艺应用和推广的技术保障。需要在实验室理论与实验研究的基础上，进行中间规模的现场试验，重点研究考察研制的钢包底喷粉元件的工作状态、喷粉工艺参数对喷粉元件工作状态及效果的影响规律，为工业试验积累数据和经验。在此基础上，对底喷粉元件和喷吹参数进行进一步完善，进行实际生产的应用试验研究，研究探讨工业应用的可能性和可操作性，并实现工业应用。

1.1.3 研究技术路线与进展

L-BPI 新工艺技术研究开发将涉及现代冶金学、冶金反应工程学、多相流体力学、数值仿真等多学科方面的理论知识，需要实验室实验研究（高温热态模拟和冷态模拟实验）、实验室理论分析（理论解析和数值模拟）与现场试验的有机结合开展相关关键技术的研究与开发，即利用多相流理论，建立描述粉气流在喷粉元件内的运动规律的理论模型，通过理论计算揭示粉粒速度、气流速度与气流密度、颗粒尺寸、气体黏度等的定量关系；利用界面理论和物理模拟并结合高温热态实验，研究钢液渗漏和粉剂堵塞机理，研究设计底喷粉元件；通过冷态和热态实验，研制具有抗粉气流磨损和耐高温侵蚀的喷粉元件；通过冷态和热态实验、数学模拟并结合现场，研究底喷粉过程鼓泡流和射流的行为机理，钢包底喷粉精炼动力学和应用可行性。

1.1.3.1 开展底喷粉元件防钢液渗漏和粉剂堵塞的设计理论、粉气流行为、磨损高温与侵蚀机理等研究

对于钢包底喷粉元件设计理论的研究，需要结合钢包精炼的实际工作环境和条件，利用物理学和力学理论，建立底喷粉元件的重要参数与钢液物理性能及钢包熔池工作条件之间的关系，从安全性角度提出缝隙参数确定的理论依据，并根据喷粉元件的透气量、粉剂输送速度、粉气比最终确定元件的缝隙参数。在此基础上对喷粉元件缝隙的分布进行研究，以设计出穿透深度较大、射流能力强、温度分布均匀、无热应力集中、不因聚合而产生大气泡和粉剂结团的缝隙布局。利用粉体运动理论，对喷粉元件的结构进行研究，以达到缓冲粉体颗粒，降低阻力损失，防止粉剂沉降回落阻塞的目的。对底喷粉元件设计的理论研究结果，通过冷喷实验和感应炉热态实验，验证底喷粉元件的设计理论，检验根据设计理论制作喷粉元件的安全性、可操作性和喷吹效果。

对于粉气流在钢包底喷粉元件内运动行为规律的研究，利用多相流理论，通过受力分析建立气粉流在喷粉元件中运动的理论模型，对粉气流在喷粉元件内的运动规律作出描述，揭示粉粒速度、气流速度与气流密度、颗粒尺寸、气体黏度等的定量关系，揭示粉气流行为与喷粉元件内缝隙尺寸之间的内在关系。并利用实验检测检验理论模型的准确性，分析底喷粉元件工作过程压力损失和磨蚀情况，完善修正喷粉元件的结构。

对于钢包底喷粉元件磨损与高温侵蚀机理的研究，首先在冷态条件下，选择不同材质的喷粉元件进行喷粉实验，同时变化喷吹参数和时间，通过对喷粉元件工作前后的重量、缝隙尺寸的定量分析，研究粉气流行为对不同材质喷粉元件磨损的影响规律；其次利用感应炉模拟实际钢包底喷粉过程，通过观测喷粉元件工作前后形状和内部结构的变化，考察喷粉元件在实际高温工作环境条件下承受热冲击、钢水搅拌冲刷蚀损以及高温熔渣侵蚀的能力，掌握其材质、性能、使用条件或环境对其工作状态的影响规律。

通过对钢包底喷粉元件设计理论研究、冷态热态实验检验、粉气流在喷粉元件内运动行为的理论实验研究和喷粉元件结构完善以及喷粉元件磨损与高温侵蚀机理的实验研究，最终在实验室条件下研制出具有防钢液渗漏和粉剂堵塞、抗粉气流磨损和耐高温侵蚀的钢包底喷粉元件。主要进展情况介绍如下。

A 底喷粉元件防钢液渗漏（安全性）研究

基于界面张力理论，如图1-2所示，分析了决定缝隙内钢液渗漏的极限力，结合钢包精炼的实际工作环境和条件，利用物理学和力学理论，建立了底喷粉元件的重要参数如缝隙宽度、长度与钢液物理性能（密度、表面张力、润湿角及钢包熔池的深度、压力等工作条件）之间的关系，提出了计算缝隙安全宽度的理论模型，即：

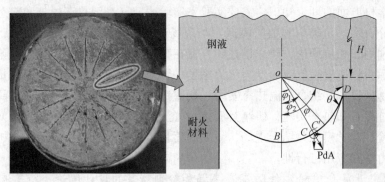

图1-2 底喷粉元件缝隙液膜受力分析

$$\delta = -\frac{2\sigma(k\cos\theta - d)}{P_0 + \rho g H - P}\left(1 + \frac{\delta}{W}\right) \tag{1-1}$$

式中 δ——缝隙宽度；

W——缝隙长度；

ρ——钢液密度；

θ——钢液与耐火材料前进接触角（大于90°）；

σ——钢液表面张力；

H——钢包内钢液熔池深度。

该模型综合考虑影响钢水向缝隙内渗透的影响因素，并引入了修正系数 k 和 d 来考虑底喷粉元件表面粗糙度及宏观形貌的影响。

基于底喷粉元件缝隙内渗透钢液的动量守恒及能量得失，将渗透过程简化为钢液向 V 形槽内渗透的过程，如图 1-3 所示，建立了动态描述钢液向透气砖缝隙内渗透过程的数学模型，揭示了钢液渗漏速度和渗漏深度随时间的变化规律。

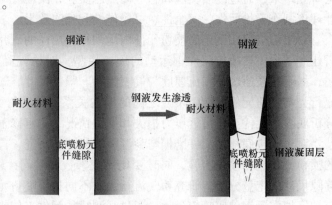

图1-3 缝隙内钢液渗透过程示意图

底喷粉元件中钢液渗透的检测是一项技术难点，尽管 X 射线成像技术有可能对钢液渗透的检测有帮助，但因其成本较高、辐射性强、安全性差等因素并不能在实验室得以较好应用。为此，本研究提出一种通过测量电信号来反映缝隙内钢液渗透情况的方法，简单可行，安全可靠。实验装置如图 1-4 所示，主要由金属熔池、缝隙式底喷粉元件、定厚度薄片电极及测量电路组成。缝隙式底喷粉元件包括半圆形透气砖和喷粉元件缝隙，喷粉元件缝隙由两块半圆形透气砖和两片定厚度薄片电极围绕而成，半圆形透气砖相对放置，定厚度薄片电极置于一对透气砖之间。电极厚度为缝隙宽度，电极平行距离为缝隙长度，为防止电极上端与钢液接触而导通电路，电极上端距透气砖顶端 3mm，电极正上端填充耐火材料，电极下端接入电路。测量电路由直流稳压电源、电流表、保护电阻和数据处理器组成。钢液未渗入缝隙，定厚度薄片电极间电阻很大，电路近似处于断路状态；当钢液渗入缝隙时，电极间电阻减小，采集到电极间电压信号，随钢液渗入深度的增加，电极间电阻发生连续变化，采集电极间电压信号的连续变化，以此来实现对钢液渗漏深度的定量测量。

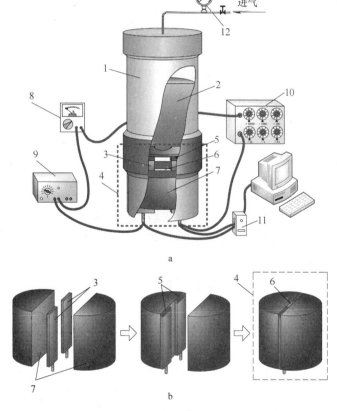

图 1-4　渗透测量实验装置示意图

a—实验装置示意图；b—缝隙砖组装示意图

1，2—熔池；3—定厚度薄片电极；4—缝隙砖；5—耐火材料；6—缝隙；7—半圆形透气砖；
8—电流表；9—直流稳压电源；10—保护电阻器；11—数据处理器；12—压力控制器

研究表明，钢液渗透底喷粉元件缝隙的机理主要有三种：（1）钢液耐火材料之间黏附力达到极限导致钢液与耐火材料之间发生相对位移；（2）钢液内聚力达到极限导致液膜撕裂；（3）液膜表面附加压力达到极限导致钢液在缝隙内铺展。其中附加压力达到极限是导致钢液发生渗透的根本原因。缝隙安全宽度预测表达式包含了环境压力、缝隙表面形貌、缝隙形状参数等参数。图1-5给出了实验金属液渗透深度与缝隙长度之间的关系，可以发现理论计算与实测值比较一致，本理论模型对于指导设计底喷粉元件参数有着重要意义。

实验中金属液渗透缝隙过程如图1-6所示。实验表明钢液向透气砖缝隙渗透过程主要分为三个阶段，即不稳定渗透阶段、主渗透阶段和终点渗透。渗透发生，钢液在较短时间内迅速渗入透气砖缝隙，之后渗透深度几乎不再发生变化，渗透深度达到最大值，模拟结果显示，渗透速度开始迅速增大，达到最大值之后，渗透速度逐渐减小，最终渗透速度趋于零。不稳定渗透阶段主要是由于耐火材料成分不均匀，透气砖表面粗糙不一致，缝隙宽度不严格造成的，严格控制耐火材料成分、透气砖表面状况、缝隙尺寸，可以有效防止钢液渗透的发生。

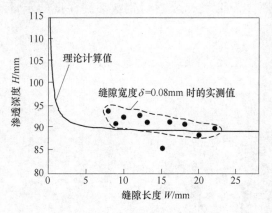

图1-5　实验金属液渗透深度与缝隙长度之间的关系

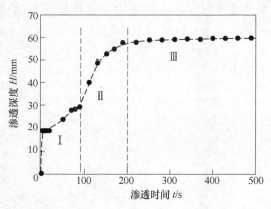

图1-6　实验中缝隙内金属液渗透过程
（$\delta = 0.12\mathrm{mm}$，$W = 15\mathrm{mm}$，$H = 75\mathrm{mm}$）

研究发现缝隙长度对渗透影响不明显，当缝隙长度大于缝隙宽度50倍时影响可忽略。底喷粉元件缝隙宽度设置在0.12~0.20mm之间较为合理。

B　粉气流输送与壁面碰撞及壁面磨损特性的研究

a　粉气流输送行为

在底喷粉条件下，通过考虑颗粒与气体之间的相互作用，对气/固两相流中的颗粒进行了受力分析，如图1-7所示，主要考虑颗粒在气相当中所受到的曳力、升力、热用力及颗粒自身重力、气体浮力、压力梯度力、虚拟质量力和 Baseet 力等，其中着重考察了升力对颗粒输送行为的影响。

估算作用于颗粒各力数量级，研究流体流动方向及垂直流体流动方向上各力对颗粒运动特性的影响，建立了描述颗粒在垂直流中运动的基本模型，得到了颗粒水平方向和竖直方向速度及位移分布。结果表明：颗粒经过极短时间或距离加速进入速度增加缓慢的平缓

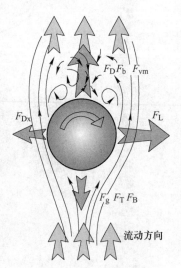

图1-7　气相流场中粉剂颗粒
受力示意图

区；考察了颗粒粒径、颗粒密度、颗粒入口速度、颗粒水平方向初速度以及流体边界层对颗粒运动特性的影响，发现大粒径、大密度颗粒迁移位移大，提高颗粒入口速度有利于颗粒稳定运行，减少与壁面发生碰撞机会，具有水平方向初速度颗粒和边界层内颗粒运动不稳定，易发生壁面碰撞，为底喷粉工艺参数的制定及喷粉元件的设计提供了理论依据。

b 颗粒壁面碰撞模型

粉剂颗粒在输送过程当中，由于其响应时间大于输送流体相的特征时间，颗粒不可避免地会与管道、缝隙壁面等发生碰撞。碰撞过程严重影响了颗粒的输送行为，包括颗粒运动速度大小和方向的改变、碰撞过程颗粒动量损失、颗粒旋转，甚至颗粒的特性发生改变。深入研究颗粒与输送管路壁面碰撞行为，对于控制颗粒输送行为及管道寿命预测有着至关重要的意义。

在不考虑壁面粗糙影响情况下，可认为颗粒与壁面发生瞬时碰撞，其碰撞反弹如图 1-8 所示。颗粒与粗糙壁面碰撞角根据 Sommerfeld 的倾斜壁面理论给出，即：

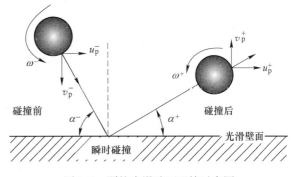

$$\alpha^{-\prime} = \alpha^- + \gamma \qquad (1\text{-}2)$$

式中 γ——壁面粗糙角，在 Sommerfeld 的模型当中服从正态分布，但其取值受颗粒入射视角影响。

图 1-8 颗粒光滑壁面碰撞示意图

当前充分考虑了颗粒入射视角、颗粒运动历史的影响，根据虚拟壁面组原理，采用均匀分布颗粒入射检验的方法，推导壁面粗糙角分布函数的表达式：

$$P = \frac{1}{\sqrt{2\pi\Delta\gamma^2}}\exp\left(-\frac{\gamma^2}{2\Delta\gamma^2}\right)\frac{\sin(\alpha^- + \gamma)}{\sin\alpha^-\cos\gamma}\left\{1 + \varepsilon\left[1 - \frac{\sin(\alpha^- - \gamma)}{\sin\alpha^-\cos\gamma}\right]\right\} \qquad (1\text{-}3)$$

该模型引入了颗粒历史影响系数 ε，其取值对粗糙角分布函数的影响如图 1-9 所示，当 ε 取正值时，壁面粗糙角分布将偏向有效分布函数的右侧，也就是说碰撞取得大粗糙角

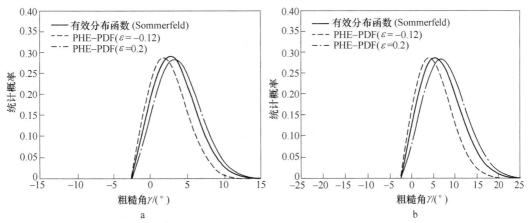

图 1-9 壁面粗糙角概率分布

a— 入射角 $\alpha^- = 2.5°$，方差 $\Delta\gamma = 3.8°$；b—入射角 $\alpha^- = 2.5°$，方差 $\Delta\gamma = 6.5°$

的概率会大。当 ε 取负值时，壁面粗糙角分布将偏向有分布函数的左侧，通过实验数据拟合，可近似求得 ε 在本实验条件下的取值为 -0.12。

颗粒在光滑壁面上发生瞬时反弹，而在粗糙壁面上受壁面形貌的影响，会发生多重碰撞，而当颗粒以小角度入射时，多重碰撞效应会更加明显，图 1-10 给出了颗粒在真实壁面上发生 I 类和 II 类多重碰撞示意图。

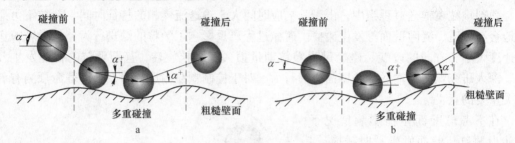

图 1-10 颗粒粗糙壁面多重碰撞示意图

a—I 类多重碰撞；b—II 类多重碰撞

采用颗粒运动历史影响模型结合多重碰撞算法，模拟的颗粒反弹角分布如图 1-11 所

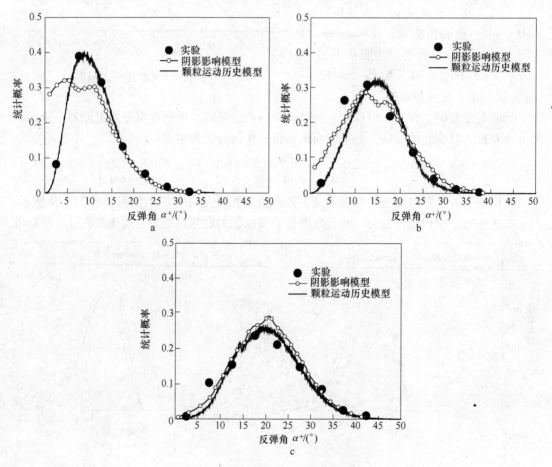

图 1-11 不同模型预测颗粒反弹角概率分布对比

a— $\alpha^- = 5°$；b— $\alpha^- = 15°$；c— $\alpha^- = 25°$

示，由图上可以看出，阴影影响模型过高地预测了颗粒小角度反弹的概率，当反弹角小于10°时，其预测结果明显高于实验数据，颗粒入射角越小，这种偏差越明显。这是由于该模型采用了正态分布产生样本粗糙角，并且将碰撞过程处理为硬球碰撞过程，而没有考虑多重碰撞的细节。新模型不仅考虑了颗粒入射视角对粗糙角取样的影响，而且还将颗粒自身性质（颗粒直径）、颗粒运动历史等因素考虑在内，粗糙角取样与实际更加吻合。与此同时，本研究细化了多重碰撞过程，将碰撞分为Ⅰ类、Ⅱ类多重碰撞，因此预测结果与实验数据很好的吻合。随着入射角的增大，不同模型预测的颗粒反弹角概率分布趋于一致，与实验结果基本吻合，显然，随着入射角的增大，多重碰撞的影响及颗粒运动历史、颗粒入射视角、颗粒直径等因素对于颗粒壁面碰撞影响都在减小，因此当入射角小于10°时需考虑壁面粗糙度对颗粒反弹情况的影响。

c 壁面磨损模型

底喷粉条件下，粉剂对狭缝的磨损程度与生产的安全性及喷粉元件的寿命密切相关，喷粉元件缝隙狭小，粉剂输送过程当中对缝隙磨损严重，当缝隙形状尺寸发生改变时，喷粉元件安全性受到威胁，因此，了解粉气流对元件的磨损参数对于喷粉工艺参数的制定具有重要的意义。采用数值模拟的方法，应用 E/CRC 发展起来的磨损模型来预测缝隙的磨损。

待气相流场模拟稳定后，将粉剂颗粒与流场进行耦合，采用 Lagrangian 法追踪颗粒轨迹，计算得到粉剂颗粒在喷粉元件缝隙内运动轨迹如图 1-12a 所示，从图上可以看出，颗

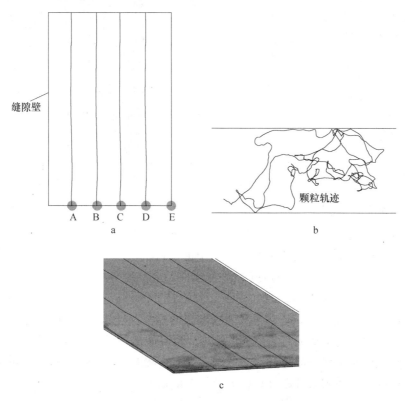

图 1-12 颗粒在喷粉元件缝隙内运动轨迹

a—主视图；b—俯视图；c—局部放大图

粒轨迹沿顺气流方向运动近似一条直线，但由于气流脉动，缝隙宽度狭小，颗粒与壁面发生较频繁碰撞。图1-12b给出了颗粒C轨迹在缝隙入口界面上的投影图，从图上可以看出，粉剂颗粒在随气流输送过程当中，与缝隙壁面发生过多次碰撞，每次碰撞都改变了颗粒运动状态，最终使得颗粒运动轨迹呈现出杂乱的状态。图1-12c给出了颗粒运动状态的局部放大图，从图上可以看出，颗粒轨迹的弯曲及颗粒轨迹与壁面接触，粉剂颗粒在缝隙内运动状态主要是由于气流脉动和缝隙宽度狭小导致的，缝隙宽度减小增加了颗粒与壁面碰撞的几率。

图1-13给出了喷粉元件缝隙内粉剂颗粒浓度分布云图，从图上可以看出，在粉剂颗粒进入喷粉元件缝隙初期，粉剂浓度分布均匀，随着输送进程，缝隙界面上出现了粉剂高浓度区和粉剂低浓度区。当局部粉剂浓度过高时，会造成该区域暂时粉剂输送堵塞，造成粉剂输送不稳，粉剂高浓度区主要发生在缝隙上部。

图1-14给出了粉剂输送过程当中，喷粉元件缝隙壁磨损程度分布云图，从图上可以看出，喷粉元件缝隙壁在粉剂的冲蚀下，产生点状磨损，局部点状磨损生长扩大，相互连接形成磨损面。

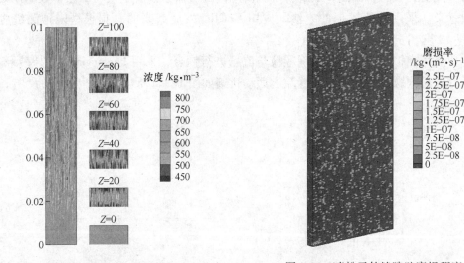

图1-13　喷粉元件缝隙内粉剂颗粒浓度分布　　　图1-14　喷粉元件缝隙壁磨损程度分布

C　底喷粉元件研制

钢包底喷粉用喷粉元件主要材质为透气砖，其工作环境恶劣，是钢包中使用条件最苛刻的部位。透气砖是钢包底喷粉精炼新工艺中最关键的功能元件，为实现底喷粉新工艺，透气砖必须具备较好的高温耐压强度、耐侵蚀性、抗热震性、高温体积稳定性、操作稳定、透气性好、外形尺寸准确、钢水渗透少、安全性好、吹成率高、使用寿命长等特点，另外，透气砖还要求气孔率低、体积密度高，由于钢包底喷粉元件长期经受粉气流的磨损，还要求其具有强的抵抗粉气流磨蚀的能力。透气砖的耐磨性主要取决于材料的组成和结构：（1）透气砖是由单一晶体构成的致密多晶时，耐磨性取决于组成材料的矿物晶相的硬度，硬度越高，材质耐磨性越好；（2）透气砖矿相为非同向晶体时，晶粒越细小，材料的耐磨性越好；（3）透气砖由多相构成时，还与体积密度或气孔率相关，也与各组分间的结合强度有关。此外，对常温下某一耐火材料而言，其耐磨性与耐压强度呈正比，烧结良好的耐火材料耐磨性也较好。

刚玉质透气砖制品致密度高，气孔率低；耐火度和荷重软化温度高；制品的晶体结构发育完整、晶粒粗大，化学稳定性好，高温结构强度大，导热性好，抵抗熔渣侵蚀性能力强，考虑到加入适量的氧化铬可以显著改善透气砖的高温使用性能，延长使用寿命，因此选择铬刚玉质材料用作喷粉用透气砖材质是较优选择。为了提高透气砖耐磨性，提高透气砖的硬度、体积密度和降低显气孔率，要求氧化铝质量分数大于93%。

1.1.3.2 开展钢包底喷粉射流行为和精炼动力学研究

L-BPI 工艺应用的关键是其效果与效率，为此需要研制开发适用于 L-BPI 工艺的喷吹控制系统，并对钢包底喷粉射流行为和精炼动力学等方面开展研究工作。目前主要工作进展如下。

A 底喷粉工艺控制系统

对于底喷粉工艺，由于底部耐火砖狭缝长、缝隙小、压损大等特点使其对粉剂流的气固比、稳定性及可操作性等都有着较高的要求。粉剂流的气固比过高或稳定性差都极易造成透气砖堵塞，并使喷粉系统瘫痪而造成很大的安全隐患。目前仅依靠气动喷粉系统并不能很好地解决这一难题，其喷气流量和喷粉速率很难准确调节控制，且稳定性差。为此，实验室开发了新喷粉系统，定量调节粉剂流量，保证粉剂流稳定、安全地通过透气砖进入钢液，同时喷粉系统具有较强的稳定性，为后续的底喷粉工业试验奠定基础。

图 1-15 是喷粉装置自动控制系统流程图，通过专业软件编制 PLC 自定义处理程序，对开关量和模拟量信号进行识别、存储、计算，并输出相应的控制指令。通过连接 PLC 和上位机控制系统实现对各个开关量和模拟量的可视化运行监控、参数设置、报警处理和信息记录等功能。图 1-16 是为底喷粉系统开发的人机界面操控系统，分别包括起始窗口、运行窗口、参数设置窗口、状态监控窗口等多个窗口模块。

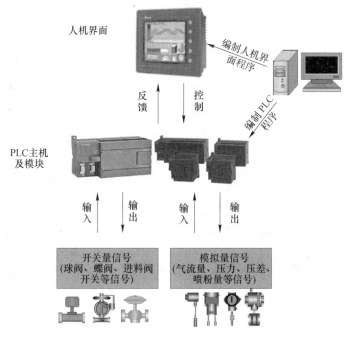

图 1-15 喷粉装置自动控制系统流程图

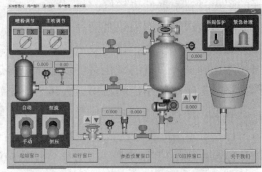
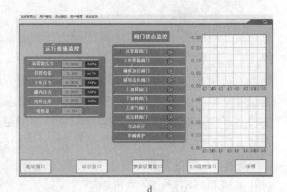

图 1-16 底喷粉系统的人机界面操控系统

a—起始窗口；b—运行窗口；c—参数设置窗口；d—状态监控窗口

图 1-17 为采用自制的底喷粉工艺自动控制系统进行的喷粉冷态实验在不同喷吹操作参数下的喷吹情况，其中喷吹粉剂为 600 目的 CaO、Al_2O_3 及 SiO_2 的混合渣料粉末。由图可见，该系统通过调节喷粉系统参数可以精确连续地输送粉剂，稳定性强，不存在传统顶喷粉气动输送造成的脉动现象，而且研究发现本研究开发的喷粉系统，喷粉量的实际值与理

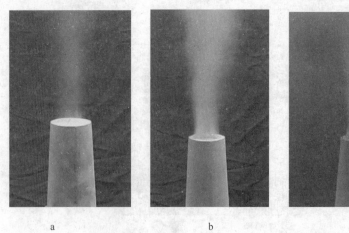

图 1-17 缝隙式钢包底喷粉元件冷态实验图

a—低浓度喷吹；b—中浓度喷吹；c—高浓度喷吹

论值的误差率均控制在 8.3% 以内，喷粉量的理论出粉量与实测值吻合较好。该底喷粉系统可实现连续稳定供粉，为钢包底喷粉高温热态和工业实验奠定了基础。

B 底喷粉高温热态实验研究

为验证钢包底喷粉元件的安全性和可行性，采用实验室所开发的钢包底喷粉元件和喷粉新工艺系统，在 1.5t 感应炉上进行了底喷粉脱硫精炼动力学热态实验。选择 CaO 基混合渣料粉作为脱硫剂，通过自行研制的喷粉元件和喷吹系统喷入感应炉内进行脱硫反应，并重点考察了研制的钢包底喷粉元件的工作状态（防渗漏性、防堵塞性和耐磨损及侵蚀能力）及喷粉工艺参数的影响规律，检验了底喷粉系统的可行性，并为大吨位钢包工业试验积累数据和经验。

图 1-18 为在 1.5t 中频感应炉中，将透气砖安装到炉底位置，并进行砌炉。砌炉要求紧密、细致，保证良好的结合性。砌炉完成后，连接气管路，调节各个氩气瓶的出口总压保持在 0.8MPa，开通各个阀门确保管道无漏气现象，保证吹氩正常运行，如图 1-19 所示。通过触摸屏控制各个阀门部件，并设定系统为恒流变压供气，即喷粉罐系统可根据该工艺中透气砖的阻力、供粉量、钢水静压力等参数来自动调节工作压力以保持系统恒定流量吹氩。查看触摸屏中压力、流量、电机转速等工作状态确保各个阀门安全稳定工作。

图 1-18 在 1.5t 中频感应炉砌筑炉衬示意图

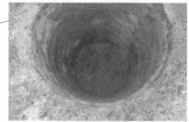

图 1-19 感应炉实验装置示意图

图 1-20 为将废钢和渣料加入感应炉中，开启感应装置加热熔化废钢和渣料。废钢全部熔化后，测量钢水温度和熔池深度，待达到冶炼要求后，把铝粒加入渣圈中心进行脱氧，并开启吹氩装置加速熔池成分温度混合均匀。完成脱氧后，开启底喷粉设备控制系

图 1-20　感应炉废钢熔化示意图

统、调节电动机供粉转速，开启自动控制按钮，
让系统自动监控运行。图 1-21 为底喷粉过程中
感应炉的冶炼状态。喷粉结束后，关闭喷粉阀
门，并继续保持吹氩状态，用来均匀成分温度，
并利用气泡去除夹杂物。

通过在 1.5t 感应炉底喷粉的热态试验，检
验了实验室研制出防渗漏与堵塞、耐磨损和抗
侵蚀的底喷粉元件的安全可靠性；采用实验室
专门制作的喷粉系统可以把脱硫粉剂安全稳定
地喷入高温钢液中，验证了所开发工艺系统的
可行性。为下一步更大规模的中间规模和工业

图 1-21　底喷粉过程中感应炉冶炼状态

规模钢包底喷粉实验提供重要依据和奠定基础，并积累了经验。

C　钢包底喷粉多相流行为和精炼动力学研究

图 1-22 为钢包底喷粉过程中气-液-粉多相流传输和精炼反应行为示意图，其中微细
的颗粒粉剂通过实验室开发的狭缝型透气砖和喷吹系统，在载气作用下喷入钢液内部进行

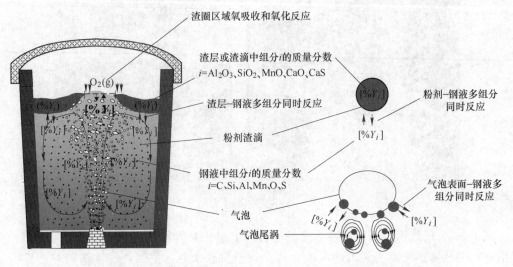

图 1-22　钢包底喷粉气-液-粉多相流传输和精炼反应行为示意图

精炼反应。在钢液中,气粉流的动力学传输及反应行为十分复杂,主要包含气泡扩散上浮、气泡搅拌引起的钢液湍流流场、粉剂间的碰撞聚合、粉剂与气泡间碰撞吸附、粉剂进入渣层去除,以及顶渣-钢液、粉剂-钢液和气泡-钢液界面精炼反应等单元现象,其中这些单元现象之间又相互影响。因此深入研究并揭示钢包底喷粉过程各个单元现象以及各喷吹操作参数对这些单元现象之间的影响规律,对于提高脱硫效率和钢产品质量有着至关重要的意义。

本研究首次建立 CFD-PBM-SRM 耦合模型描述钢包底喷粉过程中多相流传输及精炼反应动力学。通过考虑上述各个单元现象和机理,分别对钢包底喷粉过程的气泡行为、钢液湍流流场、粉粒传输和去除行为、组分元素的变化及分布进行数值仿真。

图 1-23 为 80t 钢包底喷粉过程中,粉剂在钢液内的不同碰撞聚合机制作用下的尺寸分布云图。图 1-24 为在不同喷粉参数下,钢液内粉剂颗粒平均尺寸随时间变化的模拟预测结果。熔池中的颗粒尺寸增长速率主要由两方面因素决定,一方面是颗粒间碰撞聚合的推动作用,另一方面是所形成的大颗粒易进入渣层或与气泡的碰撞黏附去除的抑制作用。在吹炼初始时,熔池内流动逐渐强烈,颗粒间碰撞聚合作用增强,颗粒尺寸迅速增大,但由于粉剂尺寸越大,就越容易被气泡黏附或进入渣层而去除。因此当粉剂尺寸增加到一定值时,粉剂颗粒尺寸增幅会逐渐减弱。在吹炼中后期,当两个作用逐渐达到平衡时,颗粒尺寸会基本保持不变。

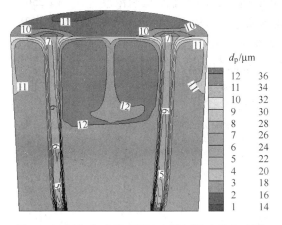

图 1-23　钢包底喷粉时钢液中粉剂尺寸分布云图

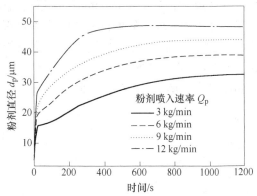

图 1-24　底喷粉过程中钢液内粉剂平均
尺寸随时间的变化

钢包底喷粉过程中,钢液内组分元素的传输分布分别依靠着钢液内的分子扩散运动、液体湍流运动,以及顶渣-钢液、粉剂-钢液、气泡-钢液和空气-钢液化学反应。图 1-25 是在钢包底喷粉过程中,不同吹炼时间下钢液内硫质量浓度分布云图的预测结果。由图可见,随着喷粉时间的延长,钢液中硫元素浓度逐渐降低。在钢包底部喷粉元件附近,粉剂-钢液界面及气泡-钢液界面脱硫反应剧烈,钢液中硫元素浓度最低。随着粉气流上升,在气泡浮力驱动下,不断有周围较高硫浓度钢液流股混合进入粉气流区域,且由于脱硫速率随上浮高度增加而逐渐减弱,因此钢液的硫含量随着高度增加也逐渐增大,当钢液达到液面后,由于渣-金界面反应,钢液内的硫元素浓度随着径向流动不断降低,最后沿着钢包壁面和两股鼓泡流中心流向钢包内部。因此该过程在整个钢包内形成环流,并随着喷吹

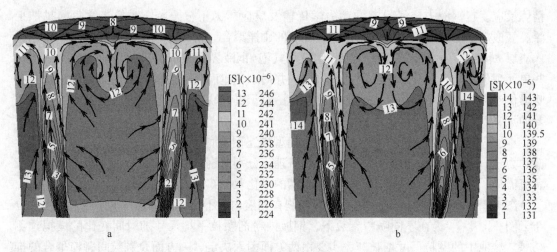

图 1-25　钢包底喷粉过程中不同时刻下钢液内［S］组分浓度的分布云图

a—$t=30\mathrm{s}$；b—$t=600\mathrm{s}$

时间不断进行组分传输和脱硫。

　　图 1-26 为模拟预测的钢包底喷粉过程中，钢液中硫平均质量浓度及各个脱硫机制下的脱硫比率随喷粉时间的变化典型曲线。其中底吹气流量（标态）为 200L/min，底喷粉量为 1.5kg/t。由图 1-26a 可见，随着喷粉时间的增加，钢液中平均硫浓度［S］由 250×10^{-6}快速降低，当喷粉 20min 后，钢液中平均硫质量浓度降到 35.6×10^{-6}。而由图 1-26b 可见，底喷粉 20min 后的钢液总脱硫率为 85.77%，其中对于钢液-粉滴、钢液-顶渣以及钢液-气泡三个脱硫反应机制而言，钢液中弥散粉滴与钢液间的脱硫反应贡献最大，即 $\varphi_{\mathrm{l-p}}$ 为 53.36%，其次是气泡表面-钢液间的反应，即 $\varphi_{\mathrm{l-b}}$ 为 17.66%，而顶渣-钢液界面反应贡献最小，即 $\varphi_{\mathrm{l-slag}}$ 为 14.75%。

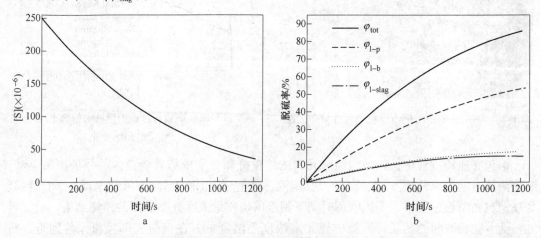

图 1-26　钢包底喷粉过程中预测的钢液中硫平均质量浓度（a）
及各个脱硫机制下的脱硫比率随时间的变化（b）

　　钢包底喷粉过程中，钢液脱硫效率会受到粉剂的传输、尺寸分布、喷气量、喷粉量、粉剂属性和成分等各个参数影响。本研究已经完成了数学模型的建立，目前正在进行热态实验和对数值模拟结果的准确性进行验证工作。模型在检验和完善的基础上，将进一步考察各个控制参数对工业钢包底喷粉过程中气-液-粉多相流传输行为和精炼脱硫效率的影响，合理优化喷吹参数和制度，为该工艺的现场试验及应用提供指导和奠定理论基础。

1.1.3.3 开展中间规模的现场试验工作和应用试验工作

L-BPI 工艺应用和推广的技术保障是其可靠性与应用可行性，为此，需要开展中间规模的现场试验工作和应用试验工作。

在实验室理论与实验研究的基础上，设计制作底喷粉元件和喷粉装置，确定喷吹参数，选择 5～25t 的钢包进行中间规模的试验。首先重点考察工业条件下所研制钢包底喷粉元件的工作状态（防渗漏性、防堵塞性和耐磨损及侵蚀能力），其次考察底喷粉的效果、喷粉工艺参数对喷粉元件工作状态及效果的影响规律，为后续的工业试验积累数据和经验。在此基础上，对底喷粉元件和喷吹参数进行进一步完善，设计制作适合 40～120t 钢包底喷粉的元件和喷粉装置，确定相应的喷吹参数，选择国内厂家进行生产规模的钢包底喷粉应用试验，继续考察喷粉元件的工作状态、底喷粉的效果与效率，研究探讨此新工艺工业应用的可能性和可操作性，为规模的工业应用奠定基础和提供技术保证。

1.1.4 研究计划

L-BPI 工艺技术研究开发在原工作的基础上，计划再用四年时间完成全部工作：

2014 年：开发钢包底喷粉精炼喷吹工艺、完善喷吹元件，提出符合高效精炼要求的钢包底喷粉喷吹工艺参数，研制出性能完备的底喷粉元件。

2015 年：钢包底喷粉精炼新工艺中间规模工业试验和工艺完善，成功完成钢包底喷粉精炼新工艺中间规模工业试验。

2016 年：钢包底喷粉精炼新工艺工业规模试验和工艺完善及应用，成功实施钢包底喷粉精炼新工艺工业规模试验、完善工艺应用。

2017 年：钢包底喷粉新工艺行业推广应用，在 2 家以上企业得到应用，进一步检验应用效果。

1.1.5 预期效果

L-BPI 工艺的研究开发应该属于国际首创的新一代钢包喷射冶金技术，其成功开发及应用，不仅给钢铁行业提供了一项新的精炼技术，改变我国在精炼工艺方面长期以来依赖引进、跟踪、模仿而无原创性技术的局面，而且对钢铁生产流程的变革和节能减排影响深远。首先体现在缩短流程方面，L-BPI 的高效化和多功能化（去除杂质元素和夹杂物、脱氧合金化、调整成分、均匀温度和成分等），不仅可以实现不用铁水预脱硫而实现低硫钢或超低硫钢的生产，而且为取消 LF 炉精炼脱硫处理开辟了一条新途径，从而使生产效率得以大幅度提升。保守估计 L-BPI 工艺的应用可以缩短冶炼周期 15～25min，吨钢降低成本 15～20 元，吨钢节能 2.5～4.5kg 标准煤，对于千万吨级的企业年增效在 2 亿元以上。如 BPI 与 RH 结合形成 RH-BPI 工艺（如图 1-27 所示），其发展潜力巨大，将对高端产品的高效化、低成本生产产生极其重要的影响。

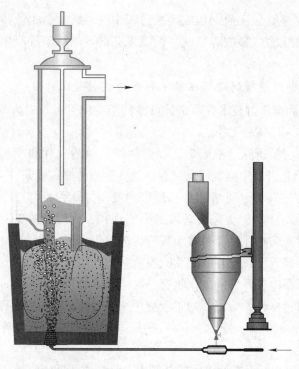

图 1-27 RH-BPI 工艺示意图

1.2 微合金钢连铸坯角部裂纹控制技术——内凸型曲面结晶器 (ICS-Mold)

1.2.1 研究背景

钢中添加微合金元素可使其在热加工过程中产生良好的晶粒细化和析出强化效果，全面提升钢的韧性与强度等力学性能。微合金钢已成为当前国内外钢铁企业生产的主力产品之一。其产量已占到世界平均钢产量的 10%~15%，且超过 98% 的钢坯通过连铸生产获得。然而，在实际微合金钢生产过程中，往钢中添加微合金元素，大幅提升了其铸坯凝固裂纹敏感性，连铸生产微合金钢连铸坯过程频发角部裂纹缺陷（如图 1-28a 所示），致使

a   b

图 1-28 含铌钢铸坯角部横裂纹 (a) 及轧材边部裂纹形貌 (b)

其后续轧材产生严重的表面质量缺陷（如图1-28b所示），给企业带来了巨大的经济损失。微合金钢连铸坯产生角部裂纹缺陷已成为制约微合金钢高质和高效化生产亟待解决的共性技术难题。研究开发稳定有效的微合金钢连铸坯角部裂纹控制技术正越来越受到广泛关注。

由于微合金钢连铸坯产生角部裂纹缺陷具有普遍性特点，针对该类型裂纹产生机理及影响因素的研究从20世纪90年代就已经开始。进入21世纪，随着微合金钢的需求量不断扩大以及先进检测仪器相继投入使用，对微合金钢连铸坯角部横裂纹产生机理的研究更加深入。造成微合金钢连铸坯角部裂纹缺陷频发的主要原因是：现有连铸工艺条件下，连铸坯凝固过程中微合金元素极易与C、N等元素结合形成碳化物、氮化物或碳氮化物，并在奥氏体晶界大量析出；与此同时，受晶界析出物析出行为与连铸过程传统冷却模式共同作用，膜状或网状先共析铁素体膜在奥氏体晶界加剧形成，从而打破了铸坯表层奥氏体组织分布的连续性。由于晶界铁素体强度相对奥氏体较低，铸坯受到拉伸力作用，优先在铁素体膜上产生开裂。因此，受上述二因素共同作用，连铸坯表层组织的塑性与强度大幅弱化，当连铸坯进入弯曲与矫直段时，在弯曲或矫直应力作用下铸坯角部组织晶界极易因应力集中而引发角部横裂纹缺陷。

可以看出，微合金钢连铸坯产生角部裂纹缺陷过程极其复杂，影响因素众多。因此，目前仅新日铁等极少数企业可以较好地控制该类型裂纹的产生，而国内尚未开发出十分有效且稳定的控制技术，多数钢铁企业多集中于钢水冶炼与精炼、连续浇铸、结晶器冷却结构与冷却制度、连铸坯二冷配水与矫直以及轧制送装等环节开展工艺优化研究，通过合理控制钢的成分以及连铸坯凝固过程的热/力学行为变化等手段来降低该类型裂纹的发生率。其中连铸坯二冷矫直区角部控温技术和大倒角结晶器技术是目前各大钢铁企业最广泛采用的微合金钢连铸坯角部裂纹控制技术。其基本出发点均是通过控制连铸坯的角部温度，使其进入铸流弯曲区和矫直段时避开对应钢种的第三脆性温度区，以达到铸坯角部高塑性通过弯曲或矫直区的目的。上述这些控制技术的实施，有效缓解了微合金钢连铸坯角部横裂纹的发生，但因其无法解决连铸坯在凝固过程中由于微合金钢碳氮化物与先共析铁素体膜于晶界析出所导致的铸坯自身组织弱化的问题，因此，尚未从根本上杜绝该类型裂纹的产生。

因此，要从根本上杜绝该类型裂纹产生，关键是提高铸坯角部组织塑性，使铸坯表层生成强抗裂纹能力的组织，即从微合金钢连铸坯角部横裂纹产生的内因出发，通过开发有效的连铸坯凝固控冷工艺，消除传统微合金钢连铸过程中铸坯角部组织晶界链状碳氮化物和膜状或网状先共析铁素体膜析出。基于该思想，近年来国内外研究者对微合金钢连铸坯不同冷却速度下的晶界析出物析出行为及表层组织演变行为开展了较深入的研究，并依此开发出了基于铸坯二冷足辊与立弯段控冷强化铸坯表层组织的微合金钢板坯角部裂纹控制新技术，且在部分先进钢铁企业取得了应用。该技术的核心是通过合理控制二冷足辊与立弯段区域内铸坯的冷却速度、冷却温度、回温速度以及回温温度等关键工艺参数，实现对铸坯表层组织晶界碳氮化物与先共析铁素体膜生长与演变的控制，从而强化铸坯表层组织。然而，在实际生产中，连铸机二次冷却控制十分复杂，要在足辊与立弯段这一较短区域内对铸坯实施大幅度快速降温与升温控制以强化铸坯表层组织，工艺控制窗口狭窄，在实际实施过程中工艺控制的稳定性难以把握。在较大的冷却速度下，铸坯角部组织往往不是由奥氏体直接生成铁素体，而是生成马氏体组织。按照该技术要求，需确保铸坯角部进入弯曲段前快速回温至组织完全奥氏体化温度，但实际连铸生产过程中，由于足辊段及立弯段上部冷却区所使用的冷却水量均较大，其多余冷却水仍将沿铸坯角部下流，并进一步冷却铸坯角部，造成铸坯角部温度无法回温至组织的奥氏体化温度。众所周知，钢的马氏体组织裂纹敏感性较强，往往因此加剧了铸坯角部裂纹产生。这也是目前尚无法大规模推广该技术的主要原因。

铸坯组织中的微合金钢碳氮化物析出与其所处的温度有关。在实际连铸生产中，结晶器内坯壳角部传热属于二维传热，铸坯出结晶器后的角部温度往往降至约1000℃。上述技术仅控制铸坯二冷足辊与立弯段立弯区内的铸坯表层组织，其控冷铸坯角部所处的温度区间为700~1000℃。根据微合金钢碳氮化物凝固析出温度特点，TiN在1350℃即开始析出，温度降至1000℃时，TiN析出已趋近结束。而对于Nb(C，N)与BN等二相粒子在1120℃温度也已开始析出。因此，采用该技术控冷铸坯角部，对于弥散化铸坯角部组织晶内及晶界碳氮化物析出作用是有限的，要彻底消除连铸坯角部横裂纹发生仍有一定难度。

根据现有微合金钢铸坯角部组织强化技术存在的难点及其固有缺陷，若能在连铸结晶器内实现初凝坯壳角部的快速冷却，一方面可以为铸坯角部组织凝固提供更大的过冷度，细化铸坯角部组织一次凝固过程生成的晶粒尺寸，达到整体增强铸坯角部塑性的作用；另一方面，若采用加快结晶器内铸坯角部凝固冷却速度，铸坯角部在结晶器内的温度将从钢液浇铸温度持续降至结晶器出口约800℃，该温度区间几乎涵盖了TiN、Nb(C，N)以及BN等微合金钢碳氮化物的整个析出温度区。快速冷却该温度区内的铸坯角部组织，可以显著弥散化其晶内及晶界的析出物，从而提升铸坯角部组织晶界强度和抵抗裂纹的能力。可以看出，若能实现结晶器内铸坯角部快速冷却，则是一种可以从根本上消除铸坯角部裂纹的技术。然而，在传统结晶器冷却结构及内腔条件下，直线型结晶器窄面铜板无法有效补偿初凝坯壳在其窄面中上部和宽面中下部的收缩，较大厚度的保护渣膜和气隙在坯壳角部区域集中分布，致使坯壳角部传热速度大幅降低而无法实现快速冷却。同时，需要特别指出的是，目前各大钢铁企业所生产的微合金钢碳含量绝大多数处于包晶和亚包晶范围，坯壳在结晶器内的收缩尤为显著，保护渣膜与气隙在坯壳角部的集中现象更为突出，造成了坯壳角部在结晶器中下部缓慢传热，引发坯壳角部表层奥氏体晶粒生长粗大以及碳氮化物呈链状形式大颗粒析出，从而不利于角部横裂纹的控制。为此，目前控制微合金钢铸坯角部横裂纹主要集中于二冷足辊与立弯段。因此，研究开发有效抑制结晶器内坯壳角部区域保护渣膜与气隙集中分布的结晶器内腔结构，是实施结晶器内坯壳角部快速冷却技术及其表层奥氏体晶粒细化与析出物弥散化工艺的重要基础，是从根本上控制微合金钢连铸坯角部裂纹发生的关键。

近年来，以国家钢铁共性技术协同创新中心朱苗勇教授为首席科学家的"先进冶炼与连铸工艺及装备"团队通过深入研究连铸结晶器内坯壳凝固热/力学行为，并根据坯壳凝固传热与动态变形行为演变规律、结晶器渣道内保护渣膜与气隙的动态分布行为，开发出了适合微合金钢连铸的新型内凸型曲面结晶器，即ICS-Mold（Interior Convex Surface-Mold），并在国内企业进行了检验和应用，取得了较好的效果，实现了铸坯角部在结晶器内的快速冷却，达到了显著强化微合金钢连铸坯角部组织、从根本上控制微合金钢角部裂纹产生的目的，形成了具有自主专利技术的结晶器及其配套工艺技术。下文将以1650板坯连铸机含铌钢连铸生产为例，对内凸型曲面结晶器的设计理论、结构特点以及使用效果进行介绍。

1.2.2 传统结晶器内铸坯动态凝固传热行为

抑制结晶器内坯壳角部高效传热的关键环节是气隙与渣膜在结晶器角部附近区域的集中分布，减小并均匀其在结晶器角部的分布，以实现微合金钢连铸坯角部在初凝过程中的快速冷却，因此，需要了解结晶器生产工艺条件下角部的传热特点，即结晶器内坯壳动态凝固传热行为。

1.2.2.1 结晶器内气隙分布及演变规律

气隙是限制结晶器内坯壳高效传热最关键的因素，其在结晶器中呈现出动态生长特征，而且在初生坯壳的宽面与窄面呈现出不同的分布特点，如图1-29所示。1650板坯连铸生产含铌钢过程，使用传统1.0%线性锥度窄面铜板，宽面自上而下设置2.0mm锥度，其气隙最早产生于弯月面下160mm高度，并集中分布于距坯壳宽、窄面角部的0~20mm与0~10mm区域。具体对坯壳宽面角部而言，因其铜板上下口锥度补偿作用仅有2.0mm，该区域的气隙呈持续生长形势变化，并在结晶器中下部快速增长，在结晶器出口处达到最大值0.78mm，如图1-29a所示。而对于坯壳窄面角部，其气隙主要在弯月面下160~300mm高度区域生长较快，而后又随坯壳收缩减缓和窄面铜板锥度持续补偿而快速下降。气隙在坯壳角部的生长与分布特点，将显著降低结晶器中下部角部区域的传热效率。

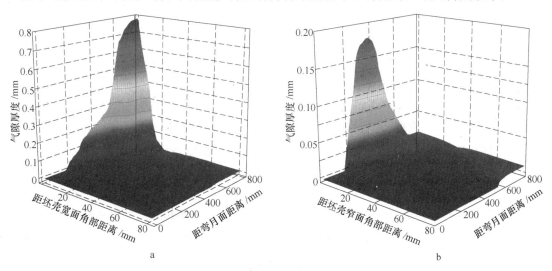

图1-29　传统直线型结晶器条件下铸坯宽面（a）与窄面（b）角部区域气隙分布

1.2.2.2 结晶器内保护渣分布及演变规律

图1-30为上述相同含铌钢连铸生产条件下，不同结晶器高度处坯壳宽、窄面角部附近区域保护渣膜的分布。可以看出，保护渣在传统直线型结晶器渣道内沿铸坯宽、窄面中心向角部方向整体呈逐渐增厚状分布，且集中分布于距铸坯角部0~40mm范围内。同时，随着铸坯下移过程，坯壳角部附近的保护渣膜厚度也整体呈逐渐增加趋势。保护渣膜在坯壳宽、窄面角部的集中分布行为，将进一步恶化铸坯角部及其附近区域在结晶器内的传热条件。

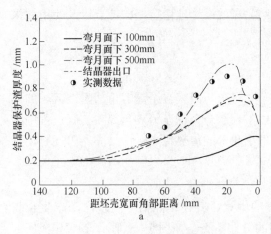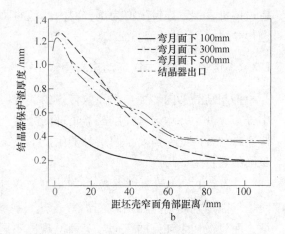

图 1-30　坯壳宽面（a）与窄面（b）角部区域保护渣分布

1.2.2.3　结晶器内铸坯温度分布及演变规律

　　图 1-31 为结晶器内坯壳角部表面温度沿拉坯方向的分布。在结晶器上部，由于坯壳角部的气隙和保护渣厚度均较小，并受二维传热作用，其温度快速下降，冷却速度达 45℃/s，可有效弥散化铸坯角部组织在 1125℃ 以上温度形成的 TiN。而当铸坯下行至离弯月面 200mm 及以下高度时，受气隙与保护渣膜在结晶器角部集中分布影响，铸坯角部传热开始放缓，并在离弯月面 200～300mm 高度区域基本维持恒定温度，其整体冷却速度仅为约 1.2℃/s

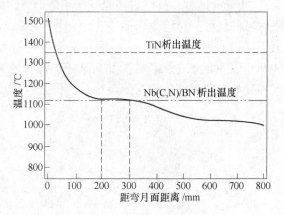

图 1-31　坯壳角部沿拉坯方向表面温度分布

（部分区域甚至出现回热现象）。根据冷却速度对钢中析出物析出行为测试实验研究发现，确保微合金钢碳氮化物在铸态组织中弥散化析出的最低冷却速度须达到 5.0℃/s。同时，该温度正处于 Nb(C，N) 与 BN 等微合金钢碳氮化物开始大量析出温度区。在该温度区内，铸坯角部缓慢冷却，将造成 Nb 与 B 等微合金钢碳氮化物在晶界大量析出，弱化铸坯角部组织晶界强度。而在结晶器弯月面下 300mm 至结晶器出口高度，坯壳角部的传热速度虽有所增加，但当铸坯运行至弯月面下 500mm 高度后，受结晶器宽面角部气隙快速生长影响，坯壳角部的冷却速度却又降至约 1.54℃/s，十分不利于铸坯角部晶界碳氮化物弥散化析出控制。为此，须设计新的结晶器铜板内腔结构，以充分补偿结晶器内角部区域的坯壳收缩，从根本上消除保护渣膜与气隙在结晶器角部的集中分布行为，实现铸坯角部快速冷却。

1.2.3　内凸型曲面结晶器（ICS-Mold）结构设计及冶金特点

　　根据微合金钢连铸坯在结晶器内的凝固特点，设计全新的可充分补偿坯壳动态凝固收缩特点的内腔曲面结构结晶器，以抑制结晶器内坯壳角部气隙和厚保护渣膜集中分布行为，实现铸坯角部组织快速冷却，从根本上强化铸坯角部初凝组织。

1.2.3.1 结构设计

根据上述传统直线型板坯结晶器内坯壳凝固收缩和气隙与保护渣分布特点，设计如图 1-32 所示的结晶器窄面铜板结构。其主要特点是：根据实际微合金钢连铸坯断面尺寸，设计窄面结晶器铜板上下口较传统窄面结晶器具有更大宽度差结构，由铜板上口沿结晶器高度方向线性减小至下口，以确保宽面铜板有效补偿坯壳在其厚度方向上的收缩。同时，设计窄面铜板的上下口厚度及结构均相同，并将铜板上下口之间区域的热面设计成由两个不同厚度补偿量构成的内凸型曲面结构，即由铜板内表面中部区域凸曲面和边部区域凸曲面两部分构成，且该两曲面在整个结晶器窄面铜板上连续线性平滑过渡。铜板内表面中部区域凸曲面，其在结晶器同一高度上的厚度补偿量相同，其厚度补偿值由对应结晶器高度下铸坯向宽面中心方向的凝固收缩量与相同高度下传统直线型结晶器窄面铜板外置锥度补偿量之差决定，从而形成沿结晶器高度方向的连续曲线形结构。铜板内表面边部区域凸曲面位于距窄面铜板

图 1-32 ICS-Mold 锥度设计
a—宽面；b—窄面

边部一定宽区域的两侧，靠近铜板边缘侧的厚度补偿量较其中部区域凸曲面的补偿量大，对应的曲面设计为在结晶器同一高度上由铜板边缘厚度补偿值线性减小至中部区域凸曲面厚度补偿值所形成的斜曲面，实现窄面结晶器边部区域凸曲面与中部区域凸曲面平滑过渡。该新型结晶器在使用过程中仅需设置其窄面铜板的上口与下口位置与原直线型结晶器窄面的上口与下口位置相同即可。

1.2.3.2 凝固坯壳变形行为

图 1-33 为相同成分其他微合金钢连铸工艺条件下，使用 ICS-Mold 下结晶器内坯壳凝固收缩行为。由于结晶器窄面铜板采用了适应坯壳动态凝固收缩特性的曲面结构，并在其靠近角部区域引入加厚补偿结构设计，窄面坯壳角部与铜板间的界面间隙最大值仅为传统直线型窄面结晶器的9.73%。同时，在结晶器宽面铜板整体增加锥度补偿作用下，坯壳宽面角部与铜板间的界面间隙最大值也下降了 66.7%，初凝坯壳与结晶器铜板间接触良好，将有效抑制铸坯角部附近区域厚保护渣膜与气隙

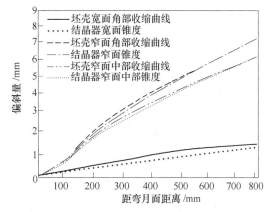

图 1-33 新型结晶器结构下结晶器内坯壳凝固收缩分布

生成的条件，实现铸坯角部快速冷却。

1.2.3.3　气隙分布特点

图 1-34 为 ICS-Mold 下微合金钢板坯生产过程结晶器内宽、窄面角部气隙分布。可以看出，在新型结晶器结构下，坯壳宽面角部气隙显著减小，厚度最大值较传统直线型窄面铜板情况下降 65%，且气隙的分布趋势也发生改变：沿结晶器弯月面至其出口方向的气隙呈先增加后减小趋势分布，最大值出现在弯月面下 450mm 处。同时可以看出，坯壳窄面角部的气隙基本消除，坯壳角部的传热效率将大幅提高。

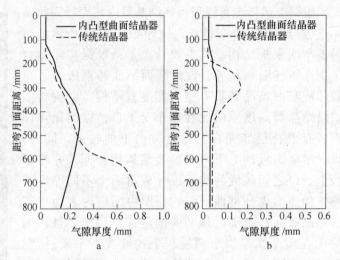

图 1-34　新型结晶器锥度下坯壳角部气隙分布
a—宽面；b—窄面

1.2.3.4　保护渣分布特点

图 1-35 为 ICS-Mold 条件下不同高度处的保护渣厚度分布。可以看出，使用新型结晶器结构连铸微合金钢，坯壳宽面与窄面角部保护渣厚度均大幅度减小，对应的保护渣厚度最大值也分别降为传统直线型窄面结晶器下保护渣膜厚度最大值的 46.5% 和 24.4%。此外，保护渣膜沿结晶器周向的分布也较为均匀，角部附近集中分布的区域大幅缩小，进一步改善了坯壳角部的传热条件，为铸坯角部快速传热提供了条件。

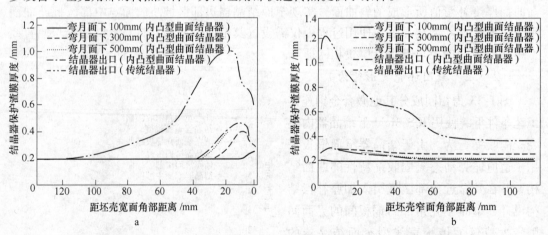

图 1-35　ICS-Mold 结构条件下坯壳宽面（a）与窄面（b）角部区域保护渣分布

1.2.3.5　铸坯温度演变规律

图 1-36 为新型结晶器条件下连铸微合金钢板坯过程中坯壳表面温度变化分布。可以看出，受坯壳角部附近区域气隙与保护渣膜厚度显著减小的影响，坯壳角部温度大幅降低，铸坯出结晶器时的角部表面温度降至约 800℃，实现了铸坯角部快速冷却。图 1-37a

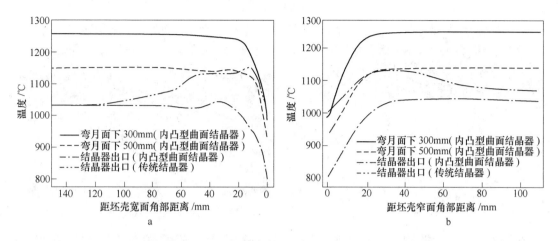

图1-36 新型结晶器结构下坯壳宽面（a）与窄面（b）表面温度周向分布

为传统结晶器与新型内凸型曲面锥度结晶器下铸坯角部温度演变。从图中可以看出，新型结晶器结构下，其中下部的铸坯角部传热速度显著加快。结合图1-37b可以看出，初凝坯壳角部在TiN与Nb（C，N）或BN开始析出温度之间的温度区内冷却速度可达60℃/s以上，而在Nb（C，N）或BN开始析出温度（弯月面下150mm）至结晶器出口区间内，铸坯角部凝固全程的冷却速度均大于10℃/s。根据微合金钢铸坯组织碳氮化物弥散化析出最低冷却速度5.0℃/s要求，在该冷却速度下，铸坯角部组织可很好地实现微合金碳氮化物在其晶内与晶界弥散析出，并确保铸坯角部在一次凝固过程中生成细化的晶粒。

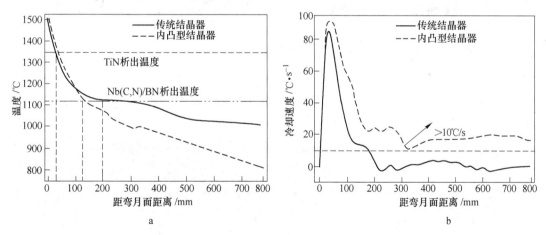

图1-37 不同结晶器结构下坯壳角部表面温度（a）与冷却速度（b）沿结晶器纵向分布

1.2.4 现场检验与应用

根据上述新型窄面内凸型曲面结晶器设计方案，加工制作新型铜板结构，并进行实际检验和应用。试用结果表明，使用本新型结构结晶器可很好地实现铸坯角部组织晶粒细化。使用前后的晶粒细化效果如图1-38所示。从图中可以看出，在传统直线型结晶器条件下，铸坯角部组织的晶粒尺寸均在100～200μm范围。而采用本新型结构结晶器，铸坯角部距表面0～10mm范围内的组织晶粒均多控制在20μm以下，可极大地提高铸坯角部组织塑性。同时，使用此新型结构结晶器连铸生产微合金钢，消除了传统结晶器条件下沿晶

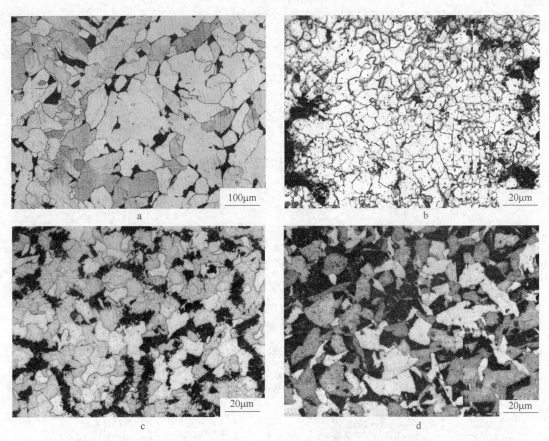

图1-38　传统结晶器铸坯角部皮下5mm（a）与ICS-Mold结构下坯壳角部皮下3mm（b），
5mm（c），10mm（d）处的组织晶粒形貌

界呈链状形式析出的大尺寸碳氮化物，实现了微合金碳氮化物组织内弥散化分布，析出效
果对比如图1-39所示。

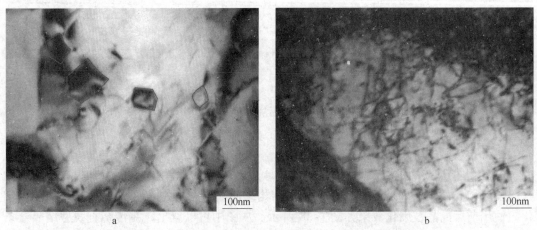

图1-39　传统结晶器（a）与新型结晶器（b）结构下坯壳角部组织碳氮化物析出形貌

通过试生产22.78万吨含铝钢、13.24万吨含铌钢和10.62万吨含硼微合金钢板坯，

其铸坯角部横裂纹发生率分别由使用传统线性锥度结晶器的 10.26%、29.77% 与 33.47% 下降至 0.49%、0.98% 和 1.13%，大幅度降低了连铸坯角部横裂纹发生率。

1.2.5 结语

采用传统直线型窄面结晶器及其相关技术生产微合金钢连铸坯，易因气隙与保护渣膜在结晶器角部附近区域集中分布而造成铸坯角部组织晶粒粗化和微合金碳氮化物在晶界大尺寸析出，造成微合金钢连铸坯角部横裂纹频繁产生；而采用新型内凸型曲面结晶器（ICS-Mold）可有效抑制结晶器角部气隙生成并大幅减小保护渣膜厚度分布，可实现铸坯角部组织快速冷却，细化其晶粒并弥散化微合金碳氮化物在铸坯角部组织晶内与晶界析出，从而从根本上控制微合金钢连铸坯角部裂纹产生。

1.3 高品质连铸坯生产工艺与装备技术

1.3.1 研究背景

进入 21 世纪以来，随着我国交通运输、能源石化、海洋工程、重型机械、核电、军工等国家重点行业与产业的快速发展，对高品质品种钢的需求量大幅增加。与此同时，受用途和使用环境特殊性的影响，对钢产品的质量、性能、尺寸规格等也提出了更高的要求。为此，对生产这些高性能品种钢的铸坯母材质量及尺寸的要求也日益提高，集中体现为铸坯表面的微缺陷化、铸坯内部的高致密度与均质化以及断面的大型化等特点。

我国钢铁工业经过数十年的快速发展，整体技术与装备水平均逐渐迈入世界先进行列。值得一提的是，经过近 20 年的引进、消化吸收与再创新，我国的连铸技术与装备水平更是获得了长足的进步，实现了超过 98% 的连铸比，是当前生产高品质品种钢铸坯母材最主要的工艺。受国家需求驱动，我国的品种钢微合金化技术和大断面连铸坯生产技术与装备更是得到了快速发展，合金体系涉及 Nb、V、Ti、B、Ni 等多个领域，已建成并投产宽（特）厚板坯连铸机生产线也超过 30 条、大方坯连铸机生产线 20 余条、$\phi600\,mm$ 以上大圆坯连铸生产线 20 多条，产能超过 1.2 亿吨，具备了生产高品质大规格品种钢的能力。正是由于品种钢微合金化技术的进步以及上述宽/大断面连铸机的大规模投产及其技术进步，在一定程度上缓解了我国长期以来依靠进口或使用铸锭来满足高品质品种钢轧制需求的局面。

与此同时，我们面临品种钢连铸生产过程铸坯裂纹频发、内部质量不理想的困境，特别是随着连铸坯断面的大型化，铸坯缺陷所带来的负面效应尤显突出，已成为限制高品质品种钢连铸高效化生产的共性技术难题。

微合金品种钢连铸坯产生角部横裂纹具有普遍性，开发形成有效且稳定的裂纹控制技术一直是国内外冶金工作者研究的热点。目前，除了钢水成分控制外，主要是围绕连铸工艺与装备技术而展开，体现在以下几个方面：

（1）优化连铸坯二冷配水工艺，使连铸坯通过铸流矫直区时避开相应钢种的第三脆性温度区。该技术是目前控制微合金品种钢连铸板坯角部横裂纹缺陷最常用的措施。其包括"热行"和"冷行"两条途径，并以"热行"路线最为普遍采用。然而，该二路径均以降低连铸机扇形段设备使用寿命为代价（"热行"路线须大幅减少连铸机矫直段前多个冷却区的冷却水量，常引发扇形段铸辊表面保护渣与氧化铁皮烧结物的黏结而降低铸辊的使用寿命；"冷行"路线则将大幅增加铸坯矫直应力，降低扇形段铸辊轴承及轴承套的使用寿命），且无法从根本上消除连铸坯角部横裂纹的产生。

（2）使用大倒角结晶器技术。使用该技术可大幅提高铸坯角部过矫直的温度，实现铸坯高塑性过矫直，从而有效控制微合金品种钢连铸坯角部裂纹的产生。但该技术使用过程对连铸生产工艺稳定性要求较高，同时也面临倒角面附近区域易产生表面纵裂纹、结晶器铜板使用寿命低等问题。

（3）实施铸坯二冷足辊与立弯段垂直区强冷却控制技术，使连铸坯表层生成一层具有较强抗裂纹能力的组织。但该技术需要在很小的控制窗口（足辊段与立弯段垂直区之间）内对铸坯实施较大幅度的快速降温与升温控制。一方面，该控冷工艺实施复杂，且稳定性难以把握；另一方面，目前多数连铸机的高温区冷却能力无法满足铸坯角部的降温与升温幅度。目前仅日本新日铁与韩国浦项等国际先进钢铁企业成功应用了该技术。

因此，结合微合金品种钢凝固特点与连铸坯铸流温度演变规律，深入研究微合金品种钢连铸坯裂纹产生的本质原因，开发可实现铸坯表层组织强化、从根本上消除裂纹产生的微合金品种钢连铸坯角部横裂纹控制技术成为关键。

连铸坯中心偏析与疏松是由于铸坯凝固过程中钢液选分结晶特性和凝固收缩特性所导致的固有缺陷，严重影响最终钢产品的质量和使用寿命，制约着高端品种钢的生产。在现有技术条件下，主要依靠优化连铸坯二冷工艺并对连铸坯施加外场作用（凝固末端压下、末端电磁搅拌），来解决铸坯内部偏析与疏松问题。这些技术对于较小断面或常规断面连铸坯生产较为有效，而对于宽（特）厚板坯、大方（圆）坯等宽大断面连铸坯而言，其浇铸速度较低、冷却强度较弱，铸坯凝固速率大大降低，同时随着断面的增宽加厚，其内部冷却条件明显恶化，凝固组织中柱状晶发达，枝晶间富含溶质偏析元素的残余钢液流动趋于平衡，导致铸坯偏析、疏松和缩孔缺陷愈加严重。使用常规技术手段，尚无法有效实现宽大断面连铸坯的高致密、均质化生产，具体体现在：

（1）由于铸坯加厚引起的变形抗力与变形量增大，铸坯增宽引起的溶质非均匀扩散与分布趋势加剧，传统的轻压下工艺已无法有效、稳定控制液芯变形，从而无法实现凝固末端挤压排除富集溶质的钢液和有效补偿凝固收缩的目的。

（2）近年来研究者提出了以日本住友金属 CPSS 等为代表的大压下技术，即通过增大凝固终点的压下量达到消除中心偏析与疏松、提高铸坯致密度的目的。然而，在大压下量实施过程中，两相区坯壳变形、凝固传热、溶质微观偏析、溶质宏观扩散、裂纹扩展等行为更加复杂多变，各行为之间的相互影响作用愈加突显，目前现有研究方法与传统轻压下工艺理论已难以指导压下参数设计，只能依靠反复的工业试验进行不断的优化和调试，从而严重制约着压下工艺的实施效果和稳定性。

（3）连铸坯凝固末端电磁搅拌技术。该技术实施需依靠准确的搅拌工艺为基础。目前由于对大断面连铸坯凝固行为认识不充分，无法准确描述非稳定凝固条件下的铸坯两相区凝固、流动和溶质传输行为。与此同时，随着坯壳厚度的增加，目前电磁搅拌能力与搅拌模式不足以驱动钢液的流动，从而严重影响连铸坯偏析与疏松的控制效果与稳定性。

为此，针对当前钢产品结构不断升级、产品质量要求不断提高的形势，开发高致密度、均质化的宽（特）厚板、大断面方（圆）坯连铸坯生产新工艺与装备技术显得十分重要而迫切。

东北大学朱苗勇教授及其研究团队长期围绕高品质连铸坯生产工艺与装备技术开展研究，先后承担和完成了国家杰出青年科学基金、国家科技支撑计划、国家技术创新计划以及企业重大合作开发等数十项课题，获得国家发明专利 30 余项，获省部级科技奖励 7 项。在连铸坯裂纹控制方面，研究团队通过近年的研究，揭示了产生微合金品种钢连铸坯表面裂纹的本质机理，开发形成了有效消除微合金品种钢连铸坯角部裂纹的内凸型曲面结晶器（ICS-Mold；Interior Convex Surface-Mold）与连铸二冷双相变控冷工艺相结合的裂纹控制装备与工艺技术。在连铸坯偏析与疏松控制方面，研究团队自 2003 年起就从事铸坯凝固末端压下工艺与装备技术研发工作，提出了确定压下工艺关键参数的理论模型，开发了核心工艺控制模型与系统，并率先实现了板坯、大方坯凝固末端工艺控制技术的国产化研发与应用，并在宝钢梅山、攀钢、天钢、湘钢、涟钢、首钢、邢钢等十余家企业推广应用。目前，针对高品质大断面连铸坯生产，研究团队进行了铸坯凝固末端重压下技术研究与开发，并率先在大方坯连铸机上实施了应用，取得了良好的应用效果。

1.3.2　关键共性技术内容

1.3.2.1　微合金钢连铸坯表面质量控制工艺与装备技术

微合金品种钢连铸坯凝固过程中，钢中的 Nb、V、Ti 以及 B 等微合金元素极易与钢中的 C、N 等元素结合，生成碳化物、氮化物以及碳氮化物。受传统连铸生产过程铸坯初凝行为及控冷工艺的限制，这些微合金碳氮化物将主要以链状形式于铸坯角部表层组织晶界处大量析出，从而极大弱化了其晶界的强度；与此同时，铸坯在后续凝固过程中，同样受不合理冷却模式的影响，膜状或网状先共析铁素体将优先在铸坯角部奥氏体晶界处生成。受奥氏体与铁素体软硬相间应力分配作用（铁素体强度仅为奥氏体强度的约 1/4），铸坯在弯曲和矫直过程中的应力极易在晶界铁素体组织内集中。受二者共同作用，微合金品种钢的连铸坯角部频繁发生微横裂纹缺陷。基于该本质机理，要控制裂纹的产生，最关键的是要消除微合金碳氮化物以及先共析铁素体膜在奥氏体晶界处的形成。为此，需进行如下关键技术研究：

（1）不同微合金种类及成分下碳氮化物析出行为研究。不同种类微合金元素与钢中 C、N 元素的结合能力不同，且析出物的晶界与晶内析出温度、析出种类均不尽相同。需根据钢中微合金元素的种类、钢的成分，建立不同成分体系及含量下微合金碳氮化物在不同钢组织相（奥氏体与铁素体）及位置（晶内、晶界）的析出热力学与动力学模型，明确与成分体系相对应的微合金元素碳氮化物在不同钢组织相及其不同位置的析出温度区及析出控制动力学条件。

（2）初凝坯壳角部快速冷却细晶化控制技术开发。研究结晶器内初凝坯壳凝固热/力学行为，设计最佳的内凸型曲面结晶器（ICS-Mold）铜板补偿量与冷却结构，并揭示不同锥度补偿量和冷却结构下坯壳角部热历程与晶粒生长规律，为开发有效实施结晶器内铸坯角部超快冷却、细化晶粒的 ICS-Mold 技术与工艺提供设计参数指导，确保铸坯角部一次凝固形成细小的奥氏体晶粒，并大幅降低铸坯角部温度，也减轻了连铸二冷高温区为强化铸坯表层的组织而进行控冷的负担。同时，通过铸坯角部在初凝期的快速冷却，抑制微合金碳氮化物在其奥氏体晶界生成。

（3）铸坯二冷高温区表层组织强化控冷装备与工艺技术开发。基于内凸型曲面结晶器（ICS-Mold）技术，揭示铸坯二冷足辊与立弯段温度演变规律，开发确保铸坯角部局部快速冷却、大回温强化铸坯二冷高温区表层组织的智能控冷喷淋装置与配水工艺，实现铸坯表层组织的进一步细化。与此同时，通过铸坯高温区角部局部快冷，进一步抑制铸坯晶界碳氮化物与先共析铁素体膜生成，有效实现铸坯角部表层组织自身强化。

（4）微合金品种钢铸坯表面裂纹控制技术的工业实施。结合企业微合金品种钢成分体系、连铸机装备特点、铸坯在铸流内的温度演变规律，开发长寿命、可在线调宽、稳定化的内凸型曲面结晶器（ICS-Mold）及其角部快速冷却工艺、铸坯铸流高温区角部表层组织强化的智能控冷装备与工艺，实现高品质微合金品种钢的高效化、稳定化生产。

1.3.2.2　高致密度、均质化宽/大断面连铸坯生产工艺与装备技术

针对宽/大断面连铸坯生产，采用传统动态二冷配水优化工艺、铸坯凝固末端动态轻压下技术，较难实现其高致密度、均质化生产。而解决该技术难题最为行之有效的方法是协同采用铸坯凝固末端重压下技术与铸坯凝固末端电磁搅拌技术。然而，由于难以准确描述大压下量实施过程中辊压力、热应力、矫直力、拉坯阻力等内外力共同作用下的凝固坯壳与两相区的动态变形行为，及其与溶质宏微观偏析、溶质宏观扩散、裂纹扩展之间的相互作用关系，严重制约了凝固末端重压下工艺的实施可靠性与稳定性。同时，由于暂无法准确描述非稳定凝固条件下的铸坯两相区凝固、流动和溶质传输行为，无法实现大断面连铸坯凝固末端电磁搅拌工艺的稳定投用。因此，需要从理论研究、工艺开发、装备控制技术开发等几方面开展研究工作，真正解决凝固末端重压下工艺的关键技术难点，实现该工艺的稳定、有效投用。

A　连铸凝固过程理论研究

建立两相区变形与溶质偏析宏微观多尺度多场耦合计算模拟，实现坯壳变形、凝固传热、溶质宏观传输、溶质微观偏析与相变的顺序耦合计算。全面考虑宽大断面连铸坯生产过程传热、流动和凝固现象，进而研究连铸工艺参数和外场（重压下、电磁搅拌、鼓肚力等）作用下宽大断面连铸坯坯壳与两相区变形行为。与此同时，建立考虑固相演变移动、夹杂物析出与多元合金交互作用的微观组织模型，揭示宽大断面连铸坯凝固组织演变机理，全面解释重压下工艺与电磁搅拌工艺对宽大断面连铸坯中心偏析与疏松的改善效果，以及凝固组织的均质化控制效果。

B　重压下工艺技术开发

合理、有效的工艺控制技术是实施重压下工艺的关键。在理论研究的基础上，针对宽（特）厚板坯、大断面方（圆）坯连铸机的具体特点，系统研究并开发形成一系列适用于宽大断面铸坯连铸的电磁搅拌和凝固末端重压下工艺协同高效控制技术，主要包括：

（1）基于扇形段/拉矫机压力实时反馈的凝固末端检测技术。开发出以压力实时反馈检测为主、热跟踪模型为辅，以铸坯表面热成像、坯壳射钉检测数据为校验的连铸坯凝固末端在线判定模型，其流程如图1-40所示。该技术首先通过现场试验与仿真分析研究，准确探明并建立压下量-压下力-坯壳厚度之间的定量关系；生产实践过程中，根据在线获得的扇形段/拉矫机实时压力与压下量反馈数据，即可根据已知定量关系反推得到坯壳厚

度数据,从而准确定位凝固末端位置。

(2)消除宽/特厚板连铸坯非均匀凝固导致横截面距窄面 1/8～1/4 区域中心偏析与疏松的宽/特厚板压下区间控制技术。在准确描述宽/特厚板连铸坯非均匀凝固前沿的基础上,充分考虑凝固末端在铸坯宽向 1/8～1/4 区域的延长特点,优化压下区间,从而实现全断面上中心偏析与疏松的改善。

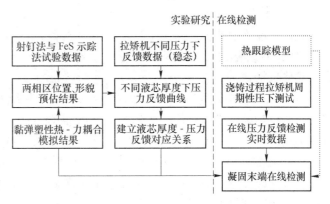

图 1-40　凝固末端检测技术流程图

(3)基于凝固补缩原理与坯壳变形量在线检测的最小压下量/压下率参数在线控制技术。如图 1-41 所示,根据连铸坯的凝固补缩原理,推动建立压下量/压下率理论计算模型,根据实时温度场计算结果,在线计算液芯凝固补缩量,进一步在线调用压下效率参数,推动得出表面最小压下量/压下率控制参数。

(4)确保铸坯在拉坯方向与宽向上温度平滑、合理过渡的多维动态冷却控制技术。根据仿真计算与实测研究结果,对二冷喷嘴布置、二冷分区、各区水量等工艺与装备参数进行设计优化,并结合裂纹敏感钢种的高温热塑性特点,实现铸坯温

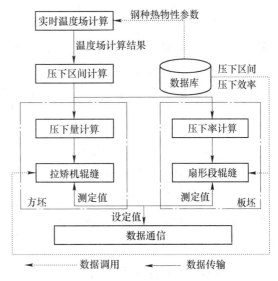

图 1-41　最小压下量/压下率在线计算

度的合理控制,确保铸坯纵向与横向温度的连续、稳定变化,从而为压下工艺的稳定实施奠定基础,并能有效避免压下过程的裂纹扩展等缺陷。

(5)改善两相区钢液流动方式、消除 V 形偏析的二冷电磁搅拌技术。采用双蝶形流动方式消除冲击流股和热浮力梯度共同作用下的沿拉坯方向的内循环流,从而达到扩大等轴晶形核区域、消除 V 形偏析的目的。该工艺可通过设计电磁搅拌器内部线圈的缠绕方式,控制连铸坯两相区内电磁场分布方式,实现两相区内钢液呈双蝶形流动,同时减弱凝固前沿钢液流速,防止白亮带形成。

(6)有效混匀两相区溶质偏析钢液、提高等轴晶率的凝固末端电磁搅拌技术。采用凝固末端强电磁搅拌对压下作用后挤压排除的富含溶质偏析元素钢液进行充分搅拌混匀,从而达到消除中心偏析缺陷的工艺目的。通过对电磁搅拌器的结构、参数、工作模式等设计,并通过增加搅拌器功率,以达到满足工艺要求的强电磁搅拌能力。

C　连铸装备技术开发

稳定、准确的装备控制技术是工艺实现的重要前提保障。针对宽（特）厚板、大断面方（圆）坯连铸机的具体特点，开发一系列保障重压下工艺稳定、有效实施的装备控制技术，具体包括：

（1）以热坯作为量尺的辊缝在线标定技术。与传统的引锭杆标定方法相比，该技术可实现拉矫机与扇形段（重压下区域）的在线辊缝标定，从而有效消除高温与扇形段/拉矫机结构变形所引起的辊缝误差，确保了压下量/压下率的准确实施。

（2）开发"堆钢"压下控制技术。该技术能有效控制铸坯延展变形，提高表面压下量向固液界面传递效率，真正达到补充凝固收缩、焊合凝固缩孔的压下工艺目的，从而显著提高工艺实施效果。

（3）开发渐变曲率凸型辊压下技术。采用凸型辊压下可有效避开铸坯边部已凝固坯壳，将压下力集中在大方坯中间区域，从而使中心区域液芯受到有效挤压，可降低压下过程的铸坯变形抗力，提高压下效率，达到提高工艺效果的目的。与此同时，通过辊面的连续渐变曲率设计，可有效克服传统凸辊压下过程接触边缘应力应变集中、易导致铸坯表面与皮下裂纹缺陷的不足。渐变曲率凸型辊结构如图 1-42 所示。

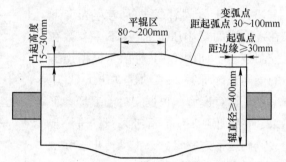

图 1-42　渐变曲率凸型辊结构示意图

（4）基于 ICS 结晶器/曲面斜倒角结晶器。通过对结晶器曲面锥度、斜切角等结晶器结构与连铸坯坯型的控制，可有效降低压下过程中已凝固坯壳的变形抗力，保证压下量向液芯的高效传递，从而有效提高压下工艺效果。

1.3.3　研究技术路线与实施方案

1.3.3.1　微合金钢连铸坯表面裂纹控制研究

利用数值模拟计算与在线测温相结合技术，研究铸坯在结晶器内与二冷铸流内的凝固热/力学行为，为内凸型曲面结晶器（ICS-Mold）技术开发与铸坯二冷高温区表层组织强化控冷装备与工艺开发提供理论基础。

建立不同类型析出物在不同钢组织相及其位置的析出热力学与动力学理论模型，并结合重熔凝固技术、透射电镜等检测手段，揭示铸坯在不同冷却热历程下、不同钢组织相及位置微合金碳氮化物析出行为规律，确定具体成分微合金品种钢连铸坯晶界析出控制的关键参数；基于铸坯二冷温度场演变规律，揭示连铸坯角部不同热历程与微合金碳氮化物析出行为下组织晶内与晶界的相变行为及演变规律，为综合开发有效抑制晶界膜状或网状先共析铁素体生成的连铸二冷配水工艺提供依据。

基于上述研究，结合现场实际工况，研究开发连铸坯表层组织控制的微合金品种钢角部横裂纹控制的 ICS-Mold 工艺与装备技术、铸坯二冷高温区表层组织强化控冷工艺与装备技术，集成开发从根本上强化铸坯表层组织的微合金品种钢连铸坯角部横裂纹控制技术。

1.3.3.2 宽/大断面连铸坯偏析疏松控制研究

受连铸坯生产过程高温特点以及凝固复杂性限制，目前尚无法定量描述铸坯凝固末端压下过程中坯壳变形对溶质偏析元素再分配行为的影响规律，限制了工艺的应用效果。对于宽（特）厚板连铸坯、大断面方（圆）坯而言，受其断面增加影响，铸坯凝固末端施加较大压下量（率）所引起的两相区的坯壳变形、钢液流动、溶质偏析和裂纹扩展等现象更为复杂，涉及现代冶金学、冶金反应工程学、材料力学、控制工程等多学科理论与研究方法，需要理论研究与模拟计算、高温物理模拟研究与现场试验研究紧密结合。

凝固末端重压下工艺开发方面，以数值仿真为主要研究手段，并采用试验研究和物理模拟方法对仿真结果进行校验，准确描述超大规格连铸坯凝固末端压下过程铸坯变形行为、溶质偏析行为以及内裂纹产生与扩展规律，最终开发出宽大断面连铸坯凝固末端压下工艺。物理模拟研究主要涉及铸坯高温物性参数测定，同时模拟具体条件下铸坯凝固前沿冷速、温度和受力条件，为数值仿真计算提供必要的建模数据和校验数据。最终，结合现场实验，全面验证凝固末端重压下工艺的合理性。

1.3.4 阶段研究进展

1.3.4.1 微合金品种钢连铸坯表面裂纹控制

在微合金品种钢连铸坯表面裂纹控制方面，现已成功开发出内凸型曲面结晶器（ICS-Mold）技术、铸坯二冷高温区表层组织强化控冷装备与工艺技术。部分技术先后在天钢、宝钢梅钢、建龙钢铁等企业投入应用，稳定实现了含铌与含硼微合金品种钢板坯表面无缺陷率达99%以上，效果显著。详见后续的专题报告。

1.3.4.2 连铸坯凝固微观组织模拟

在连铸坯凝固微观组织研究方面，宏微观多尺度耦合连铸过程宏观传输现象和微观晶粒形核与生长现象，已开发形成了亚尺度晶粒组织数学模型（CA-FD）和微观尺度枝晶组织数学模型（CA-FVM），全面揭示钢连铸过程凝固组织生长和演变规律，以及连铸工艺参数对凝固组织、溶质偏析和凝固缺陷的影响规律，从而为连铸工艺优化制定和无缺陷铸坯生长工艺技术开发与实施提供理论指导。

亚尺度晶粒组织数学模型（CA-FD）基于连铸过程宏观传热和简化的 LGK 枝晶尖端生长模型，能够描述连铸坯凝固过程晶粒形核、竞争生长以及凝固组织形貌。图 1-43 为 CA-FD 数学模型所预测的 0.65m/min 拉速和 20℃ 过热度条件下采用 280mm×325mm 断面生产 SWRH82B 帘线

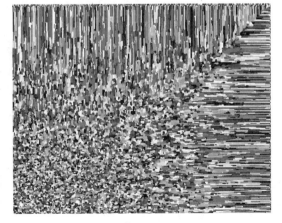

图 1-43 CA-FD 模型预测的 280mm×325mm 断面的 SWRH82B 连铸坯凝固组织

钢所获得的连铸坯凝固组织。该数学模型再现了钢凝固过程晶粒组织演变规律，同时能够定量分析连铸工艺参数对晶粒尺寸、柱状晶向等轴晶转变（CET）位置以及等轴晶率等的

影响规律。

微观尺度枝晶组织数学模型（CA-FVM）基于动量传输、热量传输和溶质传输的基础上耦合枝晶生长动力学模型，能够进一步从微观角度描述连铸坯凝固过程枝晶形核和竞争生长规律。图1-44为CA-FVM数学模型所预测钢液流动速度对柱状晶生长的影响，从图中可以看出钢液流动能够明显地改变枝晶生长的对称性以及溶质的分布规律。无流动状态下枝晶生长和溶质分布呈对称分布；流动状态下枝晶形貌和溶质场呈非对称分布。该模拟可以简化研究结晶器内浸入式水口（SEN）冲击流股对结晶器壁面初凝坯壳凝固前沿柱状晶生长的影响规律，以及电磁搅拌（M-EMS、S-EMS、F-EMS）作用条件下凝固前沿钢液流速对枝晶生长规律的影响，从而为优化浸入式水口和电磁搅拌工艺提供理论指导。

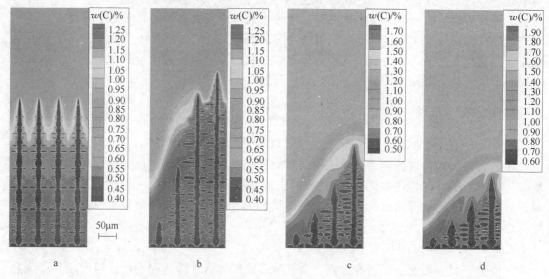

图1-44 CA-FVM模型预测的流速对柱状晶生长的影响

a—0；b—0.001m/s；c—0.003m/s；d—0.005m/s

图1-45为CA-FVM数学模型所预测连铸坯典型凝固特征。图1-45a为凝固过程柱状晶向等轴晶转变（CET），图1-45b为连铸坯中心等轴晶区。该数值模拟再现了连铸坯凝固过程柱状晶与等轴晶之间的竞争生长和转变，从而为优化连铸二冷工艺、浇铸过热度以及电磁搅拌工艺，控制CET转变位置，获得高等轴晶率，提供理论指导。

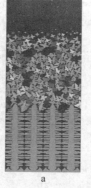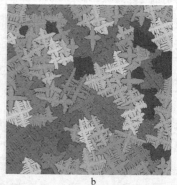

图1-45 CA-FVM模型预测的连铸坯典型凝固特征

a—CET区；b—等轴晶区

1.3.4.3 连铸坯凝固末端压下技术

在高致密度、均质化宽/大断面连铸坯生产技术方面，已开发形成宽厚板坯凝固末端非均匀压下技术，并在铸坯凝固末端重压下工艺的核心工艺与装备控制技术方面取得重要突破，顺利开发出扇形段辊缝在线标定技术、基于拉矫机压力实时反馈的凝固末端检测技术、辊缝在线标定技术、"堆钢"压下控制技术、压下量/压下率参数在线控制技术、非均匀凝固末端压下控制技术等重压下关键技术。目前上述技术已经在天钢宽厚板连铸机、大连特钢大方坯连铸机上投入使用。

　　为准确描述宽厚板连铸坯凝固末端压下过程中的坯壳变形行为，以 2100mm × 250mm 包晶钢为具体研究对象，取 1/2 铸坯建立了凝固末端压下过程的热力耦合计算模型。该模型考虑了宽厚板连铸坯表面非均匀传热、坯壳高温蠕变、分节辊-铸坯接触等具体特点；与此同时，为确保计算精度，建立微观溶质偏析计算模型，并根据计算结果基于相加权法获得了较准确的高温物性参数，同时采用射钉实验与红外热成像实验结果对计算结果进行了校验。图 1-46 为 2100mm × 250mm 包晶钢宽厚板连铸坯三维热/力耦合计算结果，其中图 1-46a 为距结晶器液面 22.95m 处的温度场计算结果，图 1-46b 为该位置处的等效应变。

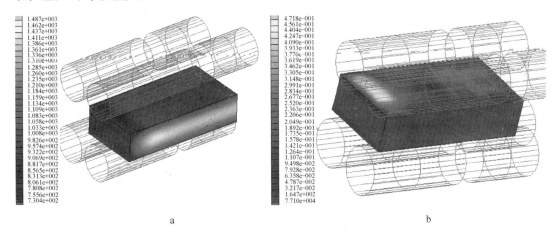

a　　　　　　　　　　　　　　　　　　b

图 1-46　2100mm × 250mm 包晶钢宽厚板连铸坯距结晶器 22.95m 处的温度（a）与等效应变（b）分布

　　由图 1-46a 可知，受二维传热的影响，铸坯角部温度明显低于铸坯宽面温度，且由于分节辊的连续接触作用，接触部位铸坯表面温度明显低于非接触部位温度。受铸坯表面二冷水非均匀分布的影响，铸坯液芯呈现出明显的"哑铃状"凝固特征，即铸坯中间区域坯壳较薄，宽向 1/4 ~ 1/8 区域液芯逐渐减薄，角部迅速增厚。由图 1-46b 可知，等效应变更多地集中在铸坯表面，其中由于角部温度较低，在靠近角部区域等效应变趋于集中；在铸坯宽面上由于分节辊的接触作用，等效应变分布也呈现出不均匀的特点。

　　图 1-47 给出了 2100mm × 250mm 断面包晶钢连铸坯在不同拉速下的固相率 $f_s = 0.6$ 及 $f_s = 0.9$ 等值线。其中，图 1-47a 给出了铸坯宽度 1/2 位置（宽向中心）与 1/8 位置剖面的固相率等值线。可以看出，随着拉速的增加，无论是铸坯中心位置还是铸坯宽向 1/8 位置处的凝固终点都逐渐后移，但铸坯横向压下区间内的等值线越来越不均匀，即凝固的不均匀性逐渐增加。当拉速分别为 0.9m/min、1.0m/min 和 1.1m/min 时，铸坯 1/8 位置处的压下起点分别向后移动了 1.57m、1.81m 和 2.09m，相应位置确定的压下结束点分别向后移动了 2.00m、2.28m 和 2.52m。图 1-47b 给出了铸坯厚度中心剖面的固相率等值线，可以看出无论何种拉速下，铸坯宽向 1/8 位置的液芯长度均超过铸坯宽向 1/2 位置处，所以

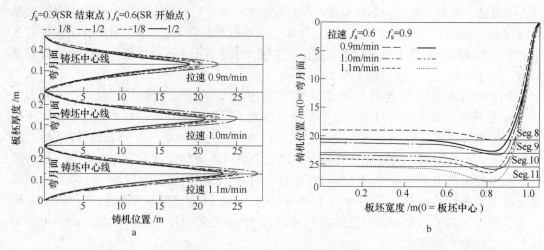

图 1-47　不同拉速下 2100mm × 250mm 铸坯厚度方向（a）与宽度方向
（b）剖面上的固相率等值线

相应位置的压下区间长度应变长。因此，当仅基于板坯中心固相率设计压下区间时，将不会减轻铸坯宽向 1/8 位置处的偏析。

图 1-48 给出了仅按中心固相率分布、仅按宽向 1/8 位置固相率分布以及考虑整个断面固相率分布三种条件下压下区间的长度随拉速的分布。由图可知，当拉速每提高 0.1m/min 时，分别由铸坯横向 1/2、1/8 和整个宽度方向决定的压下区间长度分别增长了 0.24m、0.23m 和 0.51m。为了有效改善铸坯整个横断面范围内的中心偏析现象，应充分考虑铸坯横向 1/8 处的液芯延展设计压下参数，即采用铸坯中心线的压下起点为整个铸坯实施压下的起点，采用铸坯宽度方向 1/8 位置的压下终点作为整个铸坯实施压下时的结束点。

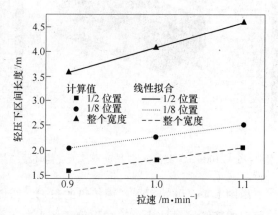

图 1-48　2100mm × 250mm 铸坯不同
拉速下的压下区间长度

图 1-49 给出了 2100mm × 250mm 断面包晶钢连铸坯凝固末端压下过程中的压下量与等效应变分布。由图 1-49a 可以看出，在内弧侧两压下辊间铸坯出现了明显的鼓肚变形和压下回弹，但由于坯壳已经具备了一定的刚性，因此整体压下趋势仍是随着压下的不断增加而近似线性减薄。由于分节辊的作用，靠近分节位置的压下回弹与鼓肚较小，远离分节位置的压下回弹与鼓肚较大。由于采用内弧辊压下，铸坯内弧变形量最大，而外弧侧只有鼓肚与压下回弹变形。铸坯中心位置远离接触面，因此变形趋势较稳定。由图 1-49b 可以看出，等效应变与压下量变化趋势相类似，在辊-坯接触位置处趋于集中，且由于分节辊的作用，各辊下的铸坯等效应变不尽相同。此外，由于内、外弧直接与铸坯接触，因此内、外弧处的等效应变均高于铸坯中心位置的等效应变。

图 1-50 为宽厚板非均匀凝固末端压下技术在天钢投用前后的效果对比，可以看出，

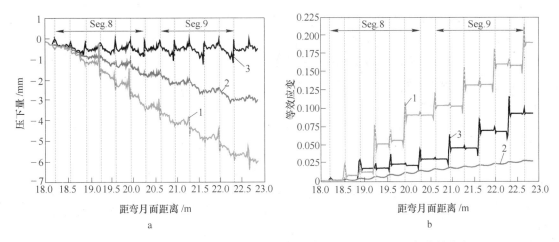

图 1-49 2100mm×250mm 铸坯压下区间内铸坯各点的压下量（a）与等效应变（b）
1—内弧中心；2—铸坯中心；3—外弧中心

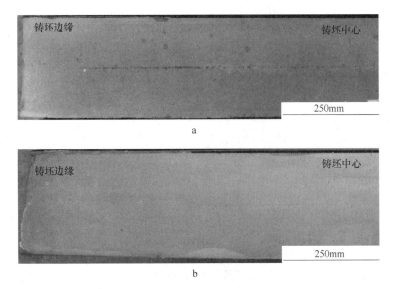

图 1-50 压下工艺优化前后生产 2100mm×250mm 宽厚板连铸坯低倍质量对比
a—优化前；b—优化后

采用原系统压下工艺时，铸坯中心为点状偏析，而宽向 1/4~1/8 区域为更严重的线偏析；而采用优化后的压下工艺后，铸坯整个断面上的偏析均得到了有效改善。目前，天钢生产高强船板钢、合金结构钢宽厚板连铸坯中心偏析不大于 C 级 1.0 比例达到 96% 以上，中心疏松不大于 1.0 级比例达到 100%。

式（1-4）为根据铸坯凝固补缩机理推导得出的大方坯连铸凝固末端最小压下量理论计算公式。若要达到充分焊合凝固缩孔并提高铸坯致密度的重压下工艺效果，压下量应至少大于此凝固补缩量。

$$R_i = \frac{\Delta A_i}{\eta_i X_i} = \frac{\int_0^{Y_i}\int_0^{X_i} \rho(x,y,z_i)\,\mathrm{d}x\mathrm{d}y - \int_0^{Y_{i-1}}\int_0^{X_{i-1}} \rho(x,y,z_{i-1})\,\mathrm{d}x\mathrm{d}y}{\rho_1 \eta_i X_i} \tag{1-4}$$

式中　　R_i——第 i 个拉矫机的压下量；

ΔA_i——第 i 个拉矫机下铸坯的凝固截面面积；

η_i——压下效率，可由热力耦合计算得到并存储在数据库中以供在线调用；

X_i——第 i 个拉矫机下铸坯的宽度；

ρ_1——钢液密度；

$\rho(x,\ y,\ z)$——与温度相关的密度函数。

由式 (1-4) 可知，只要能准确求解铸坯实时温度场分布，即可在线求得各拉矫机压下量。

图 1-51a 给出了 370mm×490mm 断面大方坯轴承钢 0.45m/min 拉速下固相率等值线分布，图 1-51b 给出了各拉速下液芯补缩面积在流线上的分布 （ΔA_i）。从图中可以看出，随着流线的增加，需补缩液芯面积近似线性增长，随着拉速增高，所需补缩总面积逐渐增大。

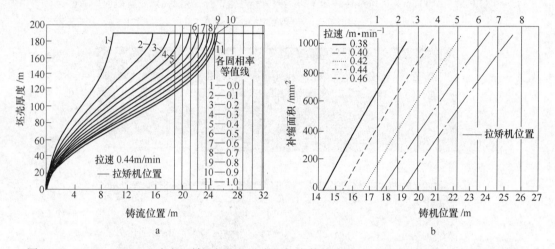

图 1-51　370mm×490mm 大方坯轴承钢 GCr15 各固相率等值线 （a） 与各拉速下液芯补缩面积 （b）

表 1-1 给出了最终计算得到的各拉速下的最小压下量。可以看出，随着拉速的增加，两相区长度增加且位置后移，参与压下的拉矫机数量不断增加。与此同时，由于坯壳相对变薄，变形抗力相对较小，压下效率提升，因此单个拉矫机的表面压下量显著下降，压下总量也随拉速增加而变小。

表 1-1　380mm×490mm 断面轴承钢 GCr15 连铸坯压下量

拉速 /m·min^{-1}	各拉矫机压下量与总压下量 /mm							
	2 号	3 号	4 号	5 号	6 号	7 号	8 号	总量
0.38	8.2	11.1						19.3
0.40	3.7	6.0	8.0					17.8
0.42	2.5	2.6	3.1	5.1	5.9			18.2
0.44		1.7	2.5	3.5	5.2	5.5		17.3
0.46			1.4	1.9	2.5	5.5	5.7	16.0

图 1-52 为重压下工艺在大连特钢 370mm×490mm 大方坯连铸机投用前后生产轴承钢 GCr15 连铸坯与对应的 ϕ110mm 轧材的低倍质量对比照片。可以看出，采用重压下工艺

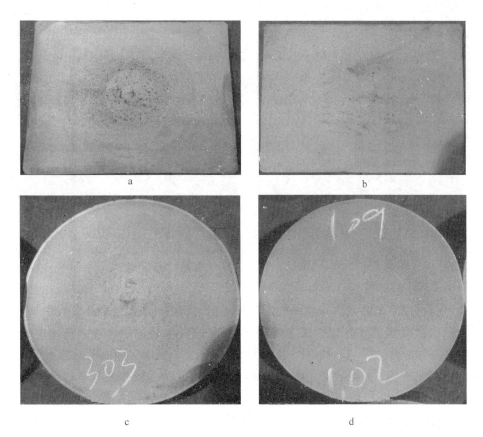

图 1-52 轴承钢 GCr15 连铸坯与对应的 φ110mm 轧材质量对比

a—370mm×490mm 连铸坯，未压下；b—370mm×490mm 连铸坯，压下后；c—φ110mm 轧材，未压下；
d—φ110mm 轧材，压下后

后，铸坯中心缩孔明显改善，轧材致密度与均质度也得到了显著提升。目前，重压下工艺已经在大连特钢轴承钢 GCr15、矿山钢 572C、矿山钢 LTB-6 等高碳合金钢大方坯连铸生产过程中投用，轧制产品棒材中心疏松从 2.0~2.5 级降至 1.5 级以内。

图 1-53 为攀钢 320mm×410mm 大方坯连铸机重压下技术调试期间生产重轨钢 U78CrV 铸坯与原轻压下工艺生产铸坯的低倍质量对比照片。可以看出，重压下工艺投用后，铸坯中心缩孔与偏析缺陷改善显著，其中中心连续偏析已基本消除（如铸坯纵剖低倍对比）。

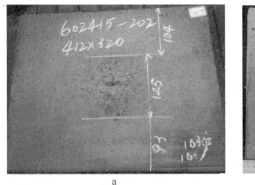

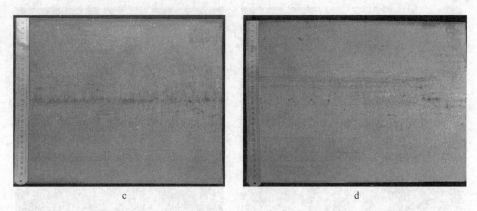

图 1-53　重压下调试期与原轻压下工艺下重轨钢 U78CrV 大方坯低倍质量对比

a—轻压下，铸坯横截面；b—重压下，铸坯横截面；c—未压下，铸坯纵截面；d—重压下，铸坯纵截面

1.3.4.4　板坯连铸二冷电磁搅拌技术

在板坯连铸二冷电磁搅拌方面，在磁流体数值计算的基础上，确定与连铸压下工艺相匹配的二冷电磁搅拌工艺参数。以涟钢 1850mm × 300mm 断面板坯连铸二冷电磁搅拌为例，建立了三维的传热、流动和电磁三场耦合数学模型，揭示二冷电磁搅拌工艺条件下连铸坯液芯内部电磁场、流场和温度场分布规律。图 1-54 为二冷电磁搅拌电流和频率分别为 300A 和 5Hz 时，连铸坯内部电磁力分布规律。从图 1-54a 可以看出，沿铸坯中心纵截面方向，电磁力分布并不均匀，在靠近电磁搅拌辊部分电磁力较大，远离搅拌器位置电磁力较小；从图 1-54b 可以看出，在两对搅拌辊横截面上电磁力在边缘最大，向中心不断衰减，这种分布规律使电磁搅拌作用下钢液在铸坯边部的流速较大，主要是由于钢液的趋肤效应，离铸坯中心越近，磁场减弱，感应电流变小，电磁力也减小。

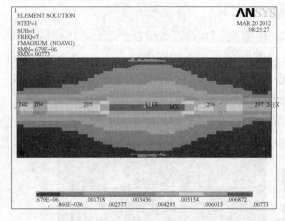 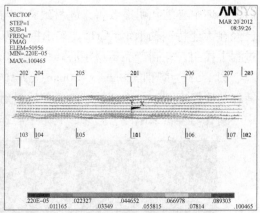

图 1-54　连铸坯内部电磁力分布

a—中心纵截面；b—搅拌辊中心横截面

图 1-55 为连铸坯内部流场分布规律。图 1-55a 为连铸坯中心纵截面流场分布，从图中可以看出，在铸坯内部形成三个漩涡，形成三零点流场，最大速度集中在搅拌辊的端部。

主要原因是在搅拌辊的作用下，钢液从一端开始加速，在端部界面前沿流体分布成两部分，分别向上回流和向下回流。在这种作用下，消除铸坯内部过热度，冲刷凝固界面前沿，打断柱状晶，有利于等轴晶的生长。图1-55b为搅拌辊中心横截面流场，从图中可以看出两个搅拌辊中间钢液速度分布，在水平面上钢液在向着磁场运动的方向加速，并在端部速度达到最大，加速后的钢液冲击界面，在两辊之间铸坯内部形成回流。

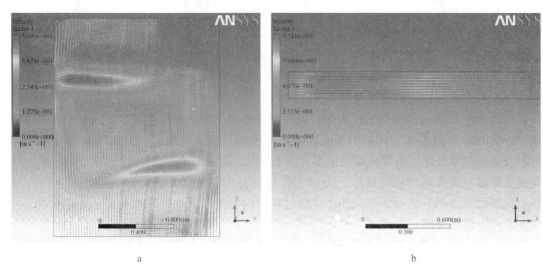

图1-55　连铸坯内部流场分布

a—中心纵截面；b—搅拌辊中心横截面

图1-56为涟钢1850mm×300mm断面板坯连铸采用二冷电磁搅拌和末端压下工艺前后铸坯质量对比。从图中可以看出，采用二冷电磁搅拌和末端压下组合工艺后，高强钢

图1-56　二冷电磁搅拌和末端压下组合工艺实施前后连铸坯内部质量对比

a—高强钢LG960QT组合工艺实施前；b—高强钢LG960QT组合工艺实施后；

c—硅钢LGW800组合工艺实施前；d—硅钢LGW800组合工艺实施后

LG960QT 连铸坯内部中心偏析明显改善，无取向硅钢 LGW800 内部中心等轴晶率明显提高，晶粒明显细化，偏析得到明显改善。

1.3.5　研究计划

在上述原有相关技术研究与开发基础上，计划使用 4 年时间完成高品质连铸坯生产工艺与装备技术开发。

2014 年：完成内凸型曲面结晶器（ICS-Mold）现场检验并开发出铸坯二冷高温区表层组织强化控冷装备与工艺技术，初步集成开发出有效控制微合金品种钢板坯角部裂纹新技术；获得重压下工艺、设备参数对铸坯变形行为的影响，开发大断面连铸方坯凝固末端重压下工艺方案并进行初步现场试验研究。

2015 年：微合金品种钢铸坯表面裂纹控制装备与工艺集成技术在 2 家以上企业得到应用，解决 ICS-Mold 技术实际应用所面临的多钢种和在线调宽等问题，实现企业含 Nb、B 等微合金钢宽厚板坯的角部横裂纹率不大于 1.0%，表面无清理率不小于 99.5%；进一步完善大断面方坯连铸坯末端重压下关键工艺与装备控制技术，研究形成避免宽（特）厚板、大断面方（圆）坯凝固末端压下实施过程中内裂纹形成及扩展的重压下限定准则，并在 2 家企业得到应用。

2016 年：全面推广微合金品种钢表面质量控制技术；在宽/特厚板生产企业应用实施宽/特厚板连铸坯凝固末端重压下工艺方案，实现典型品种钢连铸坯偏析和疏松的有效控制。

2017 年：进一步完善理论、工艺与控制技术研究体系，在国内 3 家以上企业推广大断面方坯、宽/特厚板坯凝固末端重压下工艺与控制技术，全面提高铸坯致密度与均质化。

1.3.6　预期效果

通过上述高品质连铸坯生产工艺与装备技术开发，有望从根本上消除微合金品种钢连铸坯角部表面横裂纹频发现状，实现我国微合金品种钢连铸坯的表面无缺陷化生产的目标。通过铸坯凝固末端重压下技术开发，有望最终开发形成具有自主知识产权的宽大断面连铸坯凝固末端重压下技术，全面实现高强工程机械用钢、高强桥梁钢、高强船板钢、高级别管线钢、新一代重轨钢与火车车轴钢等高附加值钢种的高致密度、均质化连铸坯生产，全面解决宽大断面连铸坯中心偏析与疏松及内裂纹缺陷严重的共性技术难题。

2　先进热轧生产技术

2.1　热轧-冷却-热处理一体化组织性能控制技术

2.1.1　研究背景

20世纪末期以来，国际上钢铁产量快速增长，钢铁行业取得了巨大的进步。然而，随着资源和能源问题、环境问题、全球气候变暖问题日益尖锐，特别是我国量大面广的产品仍然停留在相对初级的阶段，钢铁材料的潜力急待挖掘，开发节能、节省资源、减少排放、环境友好的轧制技术已迫在眉睫，钢铁行业面临脱胎换骨改造的巨大压力，低成本减量化生产技术的开发亟须提上日程。从材料研究的四面体来看，采用减量化的成分设计，就将压力更多地转移到生产工艺上，需要开发节省资源和能源、减少排放、环境友好的加工工艺方法。这种情况下，同样的资源和能源消耗，同样的成分设计，通过加工方法的改进能使材料性能提高。这一点，对于钢铁产品的升级换代十分重要。

热轧钢材产品占我国钢材总量90%以上，是品种规格最多的轧制钢材产品，和钢铁工业其他生产工序一样，热轧工序同样面临高能耗、高资源消耗、低效益的困境。因此，在热轧工序采用资源节约型的成分设计，大力发展节约型高性能产品及可协助下游用户实现绿色制造的钢材品种，即节省资源用量和降低能源消耗、减少对合金元素的过度依赖和资源的过度消耗、节能减排、获得性能优良且环境友好的热轧钢铁产品，实现以"资源节约、节能减排"为特征的钢铁材料的绿色制造已成为钢铁行业关注的重点，也是实现钢铁工业可持续发展的关键要素之一，更是我国钢铁工业发展的必然趋势。

热轧-冷却-热处理一体化组织性能控制技术就是通过对加热、轧制、冷却以及某些钢材品种的热处理工序的全流程工艺参数的精确控制，利用新一代TMCP技术的工艺原理，实现生产过程各工序显微组织状态的精准调控。通过充分发挥细晶、析出、相变的强化效果，实现综合强化，在不添加或少添加合金元素的前提下，满足钢材不同使用性能的要求。开发热轧钢材新一代控制轧制和控制控冷（TMCP）组织调控理论、关键装备与工艺技术，并且与高品质连铸坯生产工艺与装备技术协同，实施凝固-热轧-冷却-热处理一体化热轧组织性能控制技术，将是以"资源节约、节能减排"为特征的热轧钢铁材料的绿色制造技术的新突破，对热轧钢铁材料的循环利用具有重要意义。

2.1.2　研究现状及进展

2.1.2.1　新一代TMCP技术为实施绿色热轧生产提供了重要的手段

TMCP（控制轧制与控制冷却）技术作为调控热轧钢材组织性能、保证热轧钢材强韧性的核心技术，是20世纪钢铁业最伟大的成就之一，也是产品工艺开发领域应用最为普遍的共性技术之一，对钢铁制造行业的技术提升具有决定性影响，其发展历程如图2-1所示。

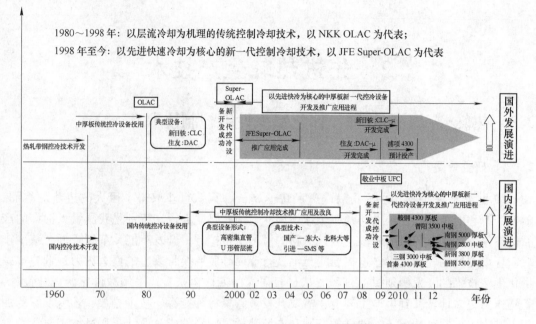

图 2-1　国内外 TMCP 技术发展历程

　　TMCP 的基本冶金学原理是：在再结晶温度以下进行大压下量变形，促进微合金元素的应变诱导析出并实现奥氏体晶粒的细化和加工硬化；轧后采用加速冷却，实现对处于加工硬化状态奥氏体的相变进程进行控制，最终获得晶粒细小的显微组织。其基本要素是"低温大压下"和"微合金化"，即实现这种工艺的前提是提高钢中微合金元素含量或进一步提高轧机能力。然而，前者会造成钢材成本的提升和资源的消耗，后者则因现代化轧机能力已接近极限而无法取得突破。另外，采用低温大压下易于导致热轧钢板表面形成过多的红色氧化铁皮，对表面质量造成破坏，影响后续加工过程。再者，传统 TMCP 在提高热轧钢板强韧性的同时，会因低温轧制产生残余应力而带来板形不良和剪裁瓢曲等问题。最后，传统 TMCP 技术生产高强钢厚板时，除非提高钢中合金元素含量或进行轧后热处理，否则已无法突破强度和厚度规格的极限。因此，作为材料物理冶金重要手段的 TMCP 技术，需要建立新的发展思路和开发框架，以满足人们对钢铁材料综合性能不断提升的需求。

　　与传统 TMCP 技术采用"低温大压下"和"微合金化"不同，以超快速冷却技术为核心的新一代 TMCP 技术的中心思想是：（1）在奥氏体区间，通过轧制和轧制过程冷却的适度结合，在适于变形的温度区间完成连续大变形和应变积累，得到硬化的奥氏体；（2）轧后立即进行超快冷，使轧件迅速通过奥氏体相区，保持轧件奥氏体硬化状态；（3）在奥氏体的动态相变点附近终止冷却；（4）后续依照材料组织和性能的需要进行冷却路径的控制。即采用"适当控轧 + 超快速冷却 + 接近相变点温度停止冷却 + 后续冷却路径控制"，通过降低合金元素使用量、结合常规轧制或适当控轧，尽可能提高终轧温度，实现资源节约型、节能减排型的绿色钢铁产品制造过程。新一代 TMCP 技术条件下多彩的热处理工艺如图 2-2 所示。

2.1.2.2 轧后超快速冷却技术已在部分热轧产线得到技术示范，成效凸显

依托于国家"十二五"科技支撑课题"热轧板带钢新一代 TMCP 装备及工艺技术开发与应用"及其他项目，"钢铁共性技术协同创新中心"与首钢、鞍钢、宝钢等数十家企业合作开展了新一代 TMCP 工艺的核心技术——超快速冷却技术的研制和应用。自 2007 年系统提出以来，通过工艺理论创新带动装备创新，实现了我国热

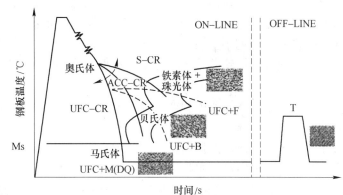

图 2-2 新一代 TMCP 技术条件下多彩的热处理工艺

轧钢铁材料的产品工艺技术创新。已经开发成功的热轧带钢、中厚板、H 型钢、棒线材等生产线的大量实践证明，以超快速冷却技术为核心的新一代 TMCP 技术，可以明显提高钢材的性能、减少合金元素的用量、降低钢材的生产成本，在节省资源和能源、减少排放方面可以发挥重要作用，具有极为广阔的应用前景。

中厚板方面：该技术已在鞍钢 4300mm、首秦 4300mm、三钢 3000mm、南钢 2800mm、南钢 5000mm、新钢 3800mm、宝钢（韶钢）3450mm、河钢（唐钢）3500mm、沙钢 3500mm 等中厚板生产线得到推广应用，如图 2-3 所示。并开展了典型中厚板产品以超快速冷却技术为核心的新一代 TMCP 的理论研究与开发应用等工作，已在节约型减量化轧制工艺开发与应用方面获得部分科研成果。采用该装备技术，可实现加速冷却 ACC、超快速冷却 UFC、分段冷却、间断淬火 IDQ、直接淬火 DQ、直接淬火碳分配等多种功能，实现铁素体/珠光体、贝氏体、贝氏体/马氏体及马氏体等各类产品的相变过程控制需要。截至目前，在中厚板生产过程中采用新一代 TMCP 工艺，已在低合金钢（Q345 等）、高强钢（Q550、Q690 等）、管线钢（X70、X80 等）、高等级容器钢（08MnNiVR、07MnCrMoVR

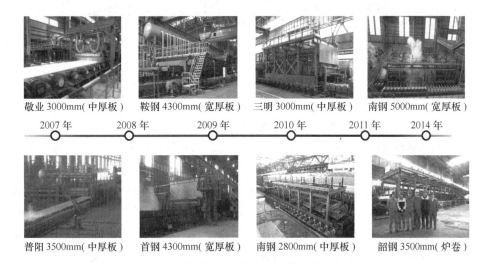

图 2-3 中厚板新一代 TMCP 装备技术应用

等）等的产品节约型成分设计、减量化轧制工艺方面取得显著成效，为企业带来了巨大的经济效益。经生产企业估算，采用这项技术有望每年减排 CO_2 1.5 万 ~ 4.5 万吨，对促进钢铁企业实现资源节约、节能减排有重要意义，展示出以超快速冷却为核心的新一代TMCP 技术的巨大应用潜力。

热轧带钢方面：轧后超快速冷却技术通过提高轧后带钢的冷却速度（为常规层流冷却强度的 2 ~ 5 倍），利用细晶强化机制显著细化了原奥氏体晶粒和后续生成相晶粒；利用析出强化机制使析出在铁素体相变中或铁素体区发生，细化析出粒子，增加析出粒子数量，低成本地提高析出强化效果；利用相变强化机制，抑制较高温度下发生的相变，促进较低温度下发生的中温或低温相变，低成本地实现材料的相变强化。上述强化机制对提升热轧带钢产品性能优势明显。实际上，充分利用细晶强化、析出强化、相变强化、固溶强化等综合强化手段，进一步挖掘钢铁材料潜能，进一步认识和理解"水是最廉价的合金元素"，采用节约型的合金成分设计和减量化的生产方法，以较低成本实现高性能钢铁材料的开发与大批量生产，获得高附加值的钢铁产品，已成为我国钢铁行业热轧板带钢企业的迫切需求。随着国内钢铁企业冶炼和轧制装备及技术水平的日益提高、发展近趋完善和成熟的情况下，提高轧后冷却设备冷却能力、减少合金元素使用量、充分发挥轧后冷却工艺对钢铁材料相变过程的组织控制、降本增效，已成为当前热连轧生产线工艺技术改造及设备升级的主要方向。目前，该技术已在涟钢 2250mm、涟钢 CSP、首钢 2160mm、首钢 2250mm、包钢 CSP、鞍钢 2150mm、沙钢 1700mm、山东钢铁日照精品基地 2050mm 等热轧带钢生产线得到推广应用，如图 2-4 所示。并形成了节约型低合金钢 Q345、管线钢、热轧双相钢、高强工程机械用钢及减酸洗钢等全新的生产技术，如图 2-5 所示。特别是作为热连轧产线重点产品的管线钢，通过进一步提高轧后冷却速度，改善和提高冲击及落锤（DWTT）等综合力学性能，满足厚规格产品的开发生产，已成为业界的共识。

图 2-4　热轧带钢新一代 TMCP 装备技术应用

棒线材方面：新一代 TMCP 技术已在萍乡、三明、石横、黑龙江建龙、新抚钢、宝钢特钢、兴澄、石钢等企业得到推广应用。我国大规模的基础设施和城镇化建设需要大量的带肋钢筋（俗称螺纹钢筋），2011 年其消费量已超过 8000 万吨，是我国需求和生产量最大的钢材品种。为提高钢筋的力学性能，目前我国普遍采用添加合金元素的方式，综合利用合金元素的固溶强化机制、析出强化机制和细晶强化机制，提高钢材的强度。通常生产HRB335 带肋钢筋（简称Ⅱ级钢筋）的钢坯，在普碳钢成分基础上增加 Si、Mn 合金元素；生产 HRB400 带肋钢筋的钢坯，在Ⅱ级钢成分基础上再添加 V、Nb、Ti 等微合金元素。但由于钢材消费量和生产量的迅猛增长，合金资源日趋紧缺，特别是钒资源严重短缺，生产成本飞涨，已危及钢铁企业的生存与发展，也必将制约我国国民经济的健康发展。采用新

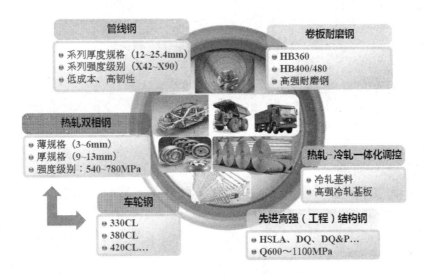

图 2-5　节约型热轧板带钢产品生产应用

一代 TMCP 技术，摒弃低温轧制、余热淬火、合金化等钢铁材料强化工艺，通过对钢铁材料及生产工艺的原料成分、轧制工艺及冷却制度优化，使带肋钢筋强度提高、塑性改善、抗震和焊接性能优良，为全国总产量近 1 亿吨带肋钢筋实现资源节约起到了示范作用，为企业和社会创造了巨大的经济效益。此外，新一代高铬轴承钢也是目前国内外研发的一个重点。高铬轴承钢中碳化物主要是合金渗碳体。碳化物的形状、大小和分布的均匀程度是决定轴承钢质量的另一个标准。按碳化物的组织特征，可分为液析碳化物、带状碳化物、网状碳化物及颗粒碳化物。采用新一代 TMCP 工艺控制碳化物的组织特征、数量、形状、大小和分布的均匀程度，对改善轴承钢的性能有重要意义，如图 2-6 所示。

图 2-6　新一代 TMCP 技术在热轧棒线材方面的应用（φ60mm 轴承钢）

热轧无缝钢管方面：新一代 TMCP 技术与烟台宝钢、合作，已显示出了良好的工业应用前景。近年来，随着改造或新建（包括筹建）无缝钢管轧制生产线的相继投产，据不完全统计，目前国内无缝钢管产能已达 3700 万吨，产能过剩且产品低档次同质化竞争激烈，已成为钢管行业面临的最大问题。但实际上，我国钢管产品在品种结构调整和性能质量提升方面还有较大提升空间。高强度、高韧性、耐腐蚀等高强结构管以及调质管产品因生产工艺技术难度较高，国内每年还需一定的进口。采用先进工艺技术，提质增效、降本增效，通过重点开发高强度、高韧性等高性能钢管产品，瞄准进口产品进行"顶替性"品种开发，提供更高性能的产品和个性化服务，追求差异化竞争，在产品越来越同质化的今天，愈发成为无缝钢管企业走出低层次同质化竞争的关键。对于热轧无缝钢管生产工艺，目前国内无缝钢管热轧工艺通常是在钢管定径后输送至冷床上空冷至室温。由于缺乏轧后冷却手段，热轧过程变形后无法利用控轧控冷工艺（TMCP）来提高产品强度、改善产品冲击韧性等综合力学性能，已成为制约无缝钢管产品减少合金用量、降低生产成本以及新工艺开发的关键问题所在。为充分发挥无缝钢管热轧后控制冷却工艺对产品组织性能的强大调控作用，提高产品性能，实现普碳管、高强结构管及至调质管等产品的低成本稳定生产，结合新一代 TMCP 技术，在现有连轧机组定径机后增设先进控制冷却系统，通过对热轧定径后的无缝钢管进行控制冷却（在定径机后新增水冷系统），与钢管轧制过程相结合，可以显著提高产品强度、改善产品综合力学性能、降低合金使用量，从而实现低成本高性能热轧无缝钢管产品的稳定生产。

热轧 H 型钢方面：近年来 H 型钢控制冷却技术的开发已引起国内外企业和科研院所的重视，在日本、德国、意大利等国家都有研究的报道。1990 年卢森堡阿贝德公司开发了 QST 技术，即 H 型钢轧后淬火 + 自回火控制冷却工艺。德国应用该工艺，在精轧机后设置一冷却段，H 型钢出精轧后立即进行喷水冷却，表面发生淬火及随后的自回火过程。QST 技术可以提高 H 型钢的屈服强度和韧性。但该技术还不成熟，存在冷却不均匀和轧件变形等问题。我国的用户不易接受采用轧后淬火 + 自回火工艺强化的钢材，普遍认为淬火 + 自回火后形成的回火层会降低钢材的使用性能。目前，新一代 TMCP 技术已经在马钢、津西等企业的 H 型钢生产中得到推广应用，系统开发出具有较高冷却速度而又不淬火并具有较强温度均匀性控制能力的热轧 H 型钢超快速冷却技术，显著提高了钢材综合力学性能、使用性能和生产效率。其中，低合金高强钢屈服强度提高 140MPa 以上，抗拉强度提高 80MPa 以上；腹板与翼缘温度差在 ±25℃ 以内。实现节约型的钢材成分设计和减量化的钢材生产，取得了显著的经济效益，推动了 H 型钢企业的可持续发展，如图 2-7 所示。

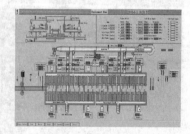

图 2-7　新一代 TMCP 技术在热轧 H 型钢方面的应用

2.1.2.3　新一代控制轧制技术对提高产品质量和性能起到重要作用

轧制压下和温度的协调控制是控制轧制的核心。传统的控制轧制粗略分为两大阶段，即高温粗轧阶段，主要是再结晶控轧，通过高温大压下促进奥氏体的动态再结晶，细化奥氏体晶粒；而在低温精轧阶段进行的大压下，主要是实现奥氏体的未再结晶控制轧制，目的在于实现奥氏体的硬化，为细晶化的铁素体相变做准备。因此，精轧的开轧温度和轧前厚度是两个极重要的参数。对于控制轧制与控制冷却技术的主要钢种，实际上是经历两个矛盾的轧制过程，即高温的粗轧和低温的精轧。因此常常需要在粗轧和精轧之间采用长时间的待温，严重地降低了控轧轧制和控制冷却的轧制效率。

　　新一代控制轧制技术（"超级控轧技术"）是将轧机与冷却设备有机结合起来，实现了轧制过程和冷却过程的有效同步。其核心技术是利用依附在轧机机架上的超快冷装置，可以在任何需要的轧制道次，在轧制钢材的同时，进行钢材的超快速冷却，并与轧制过程进行配合，即时调整轧件温度，实现轧制温度的高精度、高效率调整与控制，以及实现对轧制过程奥

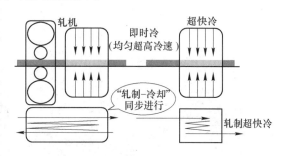

图 2-8　新一代控制轧制技术工艺原理

氏体晶粒尺寸、形貌、微合金元素的固溶和析出的调控，为随后的冷却相变过程奠定基础。新一代控制轧制技术工艺原理如图 2-8 所示。

　　日本 JFE、NSC 和韩国 POSCO 等企业通过采用先进的"新一代控制轧制"等技术，突破了热轧生产的系列关键技术，使产品质量、成材率、生产效率大幅提高。日本 JFE 钢铁率先提出"超级控轧"（Super-CR，Super Control Rolling）技术理念并用于实际生产中，获得了良好效果。从 2009 年研发投产到 2011 年，已累计生产 80 万吨，提高轧制效率 20% 以上，月产量从原来的 14 万吨提高到 15 万吨。JFE 后续还开发了很多用于建筑和船舶的新产品。日本神户制钢采用了一种在控轧过程中通过多阶段温度调整而能够严格控制钢板内部温度的系统，以实现设置再结晶和未再结晶温度区间合理的压缩比，可以有效地细化晶粒。该厂成功生产出大线能量焊接用 YP460MPa 级高强度厚钢板，厚度可达 60mm，贝氏体晶粒尺寸小于 $10\mu m$。该厂成功生产出具有高止裂性能的船舶用板，厚度可达 50mm，$-10℃$ 下 K_{ca} 值（脆性裂纹扩展止裂韧性）超过 $6000N/mm^{1.5}$。新日铁利用铁素体钢在升温过程中轧制，使钢板表面层晶粒细化，开发出具有高抗裂纹扩展性能钢板，并将其引进到钢板生产线进行试生产，轧制出 18mm 和 25mm 厚的钢板，化学成分同 EH36，屈服强度 430MPa 以上，抗拉强度 500MPa 以上，伸长率 18% 以上，钢板表层铁素体晶粒尺寸小于 $2\mu m$，钢板内部平均晶粒尺寸约 $10\mu m$，如图 2-9 所示。

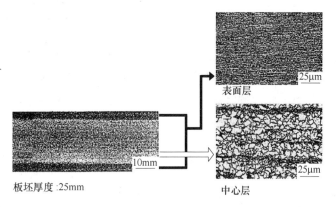

图 2-9　新日铁开发的厚板表面超细晶细化效果

　　国内沙钢在 5000mm 生产线也安装了简易的中间坯冷却装置，并用于厚板轧制道次间冷却，初步具备了"新一代控制轧制"功能；宝钢 5000mm 正在开展采用中间坯冷却实现"新一代控制轧制"的研制工作。东北大学分别为南钢 5000mm、唐钢 3500mm、沙钢 3500mm 提供了用于实现轧制-冷却一体化工艺的即时冷装置。其中，南钢 5000mm 即时冷

系统于 2016 年 1 月投入工业应用，如图 2-10 所示。利用该系统东北大学与南钢协同研发，开展了基于轧制-冷却一体化技术的厚规格产品高渗透性轧制工艺研究，增加钢板内部变形渗透性，改善了钢板内部质量，如图 2-11 所示。

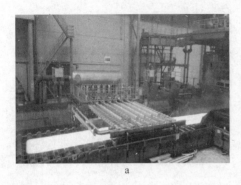

图 2-10 南钢 5000mm 生产线即时冷装置照片

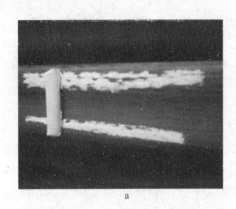

图 2-11 高渗透性轧制产品

a—普通轧制效果；b—差温轧制效果

通过采用新一代控轧技术，可取得以下显著效果：对于（特）厚板轧制，通过采用差温轧制，提高厚板心部的变形量，使厚度方向组织均匀，可以实现采用 320mm 坯料生产最厚 150mm 的特厚板；可使热轧板产品力学性能提高 30～50MPa 以上；钢板的温度（纵向、横向）均匀性提高，全板温度波动小于 15℃，性能波动小于 10MPa；对于轧制过程需要待温的钢板，可使轧机生产效率在现有基础上提高 20%～30%。

2.1.2.4 热轧-冷却-热处理一体化组织性能控制技术可实现绿色热轧技术的新突破

热轧-冷却-热处理一体化热轧组织性能控制技术就是通过对加热、轧制、冷却以及对于某些钢材品种的热处理工序全流程工艺参数的精确控制，利用新一代 TMCP 技术的工艺原理，实现生产过程各工序显微组织状态的精准调控。通过充分发挥细晶、析出、相变的强化效果，实现综合强化，在不添加或少添加合金元素的前提下，满足钢材不同使用性能的要求。这项技术的成功实施，将是以"资源节约、节能减排"为特征的热轧钢铁材料的绿色制造技术的新突破，对热轧钢铁材料的循环利用也具有重要意义。

2.1.3 关键共性技术内容

热轧-冷却-热处理一体化热轧组织性能控制技术的核心是新一代 TMCP 技术。"钢铁共性技术协同创新中心"在国家科技项目和企业重大课题的支持下，已初步建立了热轧钢铁材料新一代 TMCP 工艺技术理论体系，在热轧带钢、中厚板、棒线材先进快速冷却（超快速冷却）技术与装备、低碳低合金钢和管线钢等节约型品种等相关技术开发方面取得了显著的成果。

为建立完善的新一代 TMCP 技术理论体系，需要在热轧钢材综合强化机制、控轧与冷却耦合技术装备、复杂断面冷却技术、组织调控等关键共性技术方面实现突破。

2.1.3.1 基于细晶、析出和相变的新一代 TMCP 钢材综合强化机理

新一代 TMCP 条件下，钢材的强化是细晶强化、析出强化、相变强化等强化效果的综合作用，即：

（1）对于细晶强化，新一代 TMCP 条件下，尽管材料是在较高的温度区间完成热变形过程，但是变形后的短时间内，材料还来不及发生再结晶，仍然处于含有大量"缺陷"的高能状态。如果此时实施超快速冷却，就可以抑制晶粒再结晶的发生，从而将材料的硬化状态保持下来，直至终止冷却温度点（动态相变点附近）。在随后的相变过程中，保存下来的大量"缺陷"成为形核的核心，因而可以得到与低温轧制相似的细晶强化效果，如图2-12 所示。

（2）对于析出强化，超快冷通过抑制微合金元素碳氮化物在奥氏体中的析出，通过迅速穿越常规形变诱导析出的温度范围，令动态的铁素体相变的温度区间和碳氮化物析出温度区间重叠，此时碳氮化物由于具备较大的析出驱动力而发生相间析出，或使更多的微合金元素保持固溶状态进入到铁素体区发生微细弥散析出，其尺寸在 2~10nm，使铁素体基体得到强化，大幅度提高材料的强度水平，如图 2-13 所示。

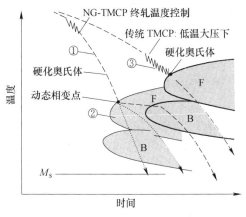

图 2-12 新一代 TMCP 技术细晶强化机制
①—超快速冷却；②—冷却路径控制；③—传统低温大压下

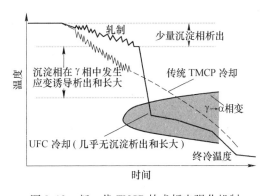

图 2-13 新一代 TMCP 技术析出强化机制

（3）对于相变强化，新一代 TMCP 工艺下，超快速冷却具有的快速高效控温能力，可以进行更有效的相变强化控制，将热轧钢材控温至相应的组织区间，通过对钢中组成相及其形态、尺度的控制，达到提高钢材力学性能的目的，实现理想的灵活多样的相变强化，

如图 2-14 所示。

2.1.3.2　新一代控制轧制条件下轧制与冷却耦合关键技术及装备

轧制与冷却的耦合控制技术的核心技术是利用依附在轧机机架上的超快冷装置，对道次间轧制温度进行调控，并与轧制过程进行配合，实现轧制温度的高精度、高效率调整与控制，对轧制过程奥氏体晶粒尺寸、形貌、微合金元素的固溶和析出进行调控，为随后的冷却相变过程奠定基础。需要开展以下研究工作：

（1）确定轧制与冷却耦合技术关键工艺参数及其对变形深透影响的基本规律；开发高精度温度、压下量、轧制力的耦合数学模型。

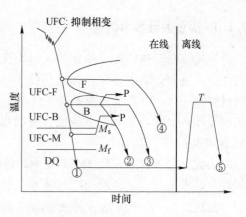

图 2-14　新一代 TMCP 技术相变强化机制
①—M；②—B + RA；③—B + C；
④—F + P；⑤—M + C

（2）开发冷却强度足够大、可靠性高的冷却装置，满足轧机机架上设备繁多、环境恶劣且空间狭窄的工况要求，如图 2-15 所示。必须进行冷却集管的整体结构、喷嘴角度、冷却水压力、流量的设计和优化。

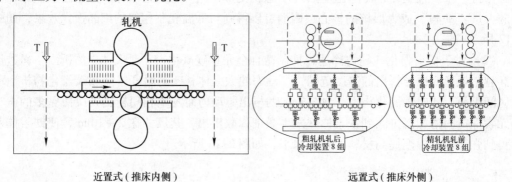

图 2-15　新一代控制轧制技术典型装备布置方案

（3）开发与现有轧线控制系统无缝衔接的一级和二级高精度自动化控制系统，以发挥轧制与冷却耦合控制技术的优势。

（4）开发提高厚板厚度方向组织均匀性的高渗透性轧制技术。采用机架旁超快冷装置，可在高温轧制阶段利用道次冷却，促使造成的轧件厚度方向的形成温度梯度，引发轧件厚度方向从表面到心部变形抗力差异，从而提高厚板心部的变形量，使厚度方向组织均匀，如图 2-16 所示。

2.1.3.3　热轧板带钢新一代控制冷却技术与装备的拓展应用

目前热轧板带钢轧后超快速冷却技术已经在国内得到了大量推广应用，新一代控制冷却技术与装备作为标准配置已成为热轧板带钢生产企业的共识，不仅新建生产线采用这项技术，越来越多的生产线也正在采用该技术进行改造。

为适应这种标准化的需求，板带钢新一代控制冷却技术需要在喷嘴设计、可靠性、数学模型、与外部系统接口等方面进一步开展工作。并在此基础上，针对各条生产线的实

图 2-16 普通轧制与差温轧制效果对比

a，b—普通轧制效果；c，d—差温轧制效果

际，进行个性化配置，满足不同企业对市场、产品定位的需求，实现热轧板带钢新一代控制冷却技术与装备的应用普及。

2.1.3.4 复杂断面的热轧钢材高强度均匀化冷却技术

对于复杂断面钢材，冷却均匀性问题是限制超快速冷却技术应用的重要瓶颈。例如，H 型钢由于断面形状的复杂性，其在线控冷很容易出现腰部残留水和腹板、翼缘等不同厚度部分冷却不均现象，这些都将影响轧件的断面形状和性能均匀性，产品易产生内并外扩变形及腹板浪、裂纹等缺陷。通过对上述问题分析，成功开发 H 型钢高强度均匀化冷却技术与装备，并取得了显著的效果。

基于 H 型钢技术的开发，重轨、复杂断面大型型钢、无缝钢管等产品高强度均匀化冷却技术的研制工作将是今后的工作重点。

2.1.3.5 一体化组织性能调控技术

根据对热轧钢铁材料新一代 TMCP 技术材料组织控制机理，开发基于新一代 TMCP 的热轧钢铁材料"十大"组织调控技术，具体为：（1）晶粒细化控制技术；（2）相间析出与铁素体晶内析出控制技术；（3）铁素体晶内析出的热轧＋冷轧全流程控制技术；（4）含铌钢析出控制技术；（5）贝氏体相变控制技术；（6）在线热处理取代（或部分取代）离线热处理技术；（7）双相钢、复相钢冷却路径控制技术；（8）集约化轧制技术；（9）高强钢冷却过程中相变与板形控制技术；（10）厚板与超厚板高质量、高效率轧制技术等。

2.1.4 研究技术路线与实施方案

基于前期实验室研究及工业化生产线初步应用实践，研制出具有我国自主知识产权的中厚板、热轧带钢、棒线材、无缝钢管、H 型钢等新一代 TMCP 工业化装备和自动控制系统，研发出多样化在线控制冷却工艺和组织性能调控技术，进而开发系列低成本、减量化、绿色化钢材产品。研究技术路线如图 2-17 所示。

结合实验室工艺模拟平台，通过系统研究中厚板、热轧带钢、棒线材、无缝钢管、H 型钢等钢材产品超快速冷却条件下的轧制、冷却等工艺制度，为工业生化生产线的大规模推广应用奠定研究基础。在生产线工业化推广过程中，本着小批量调试—系统检验—批量试制—系统检验评价—大批量工业化生产的技术路线，解决推广应用中存在的关键工艺等

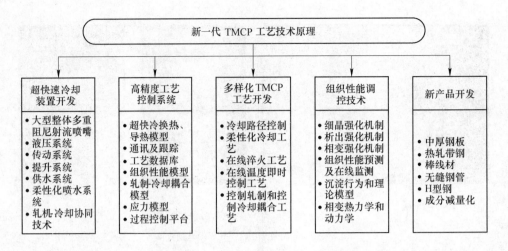

图 2-17　新一代 TMCP 研究技术路线

问题，开展基于超快速冷却工艺的钢材新一代 TMCP 技术开发及推广应用，制定实施方案如下：

（1）离线模拟。通过深入研究高温钢板高强度冷却换热机理，开发出可实现热轧钢铁材料超快速冷却的高强度均匀化冷却技术，研制出具有高性能射流能力的喷嘴结构；采用有限元方法分析研究超快速冷却过程流场的分布、冷却喷嘴结构形式对冷却能力和均匀性影响规律的研究；采用湍流分析标准模型和流体分析模拟手段，研究钢材表面流场分布情况及其对全表面温度场的影响；设计实现最佳冷却方式的超快速冷却系统的结构形式。以上工作可为冷却装置的开发和工艺设计提供技术支撑和储备。部分研究结果如图 2-18 所示。

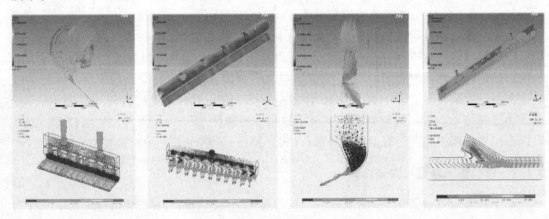

图 2-18　高性能射流喷嘴模拟开发

（2）钢板冷却规律的研究。超快速冷却条件下，不同类型、不同规格典型钢材的内部温度场的分布及表面换热条件的确定；在实验室条件下对超快速冷却进行模拟试验研究，验证冷却系统结构的合理性，如图 2-19 所示。

（3）试验装置开发。在东北大学轧制技术及连轧自动化国家重点实验室热轧钢材中试线上开发出超快速冷却设备和"轧制-冷却"一体化装置，包括新型加速冷却系统和轧制-

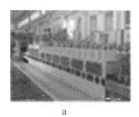

a   b   c   d

图 2-19   钢板换热及温降实验

冷却同步化系统的原理开发和设计，可完成钢材的超快速冷却和超快冷条件下的超级控制轧制工艺，如图 2-20 所示。

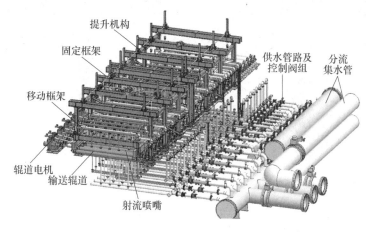

图 2-20   中厚板超快速冷却装备原型

（4）组织-性能对应关系及定量化模型研究。针对典型钢种完成超快冷条件下高强钢组织-性能对应关系的系统研究，得出建立新一代 TMCP 工艺的必要实验数据，为实施产业化做准备，如图 2-21 所示。总结出组织-性能对应关系的定量化模型，开发出基于组织演变的优化理论和方法。

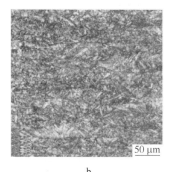

a   b   c

图 2-21   超快冷条件下 Q690 组织

a—上表面；b—1/4 厚度；c—心部

（5）新一代控制冷却设备的开发。以中试线的结果为依据，根据现场实际情况和生产线布置，通过对理论数值模拟、温度场的模拟以及温度控制模型的深入研究，构建了以射流冲击为主的超快冷热交换模型、控制冷却模型以及工艺控制模型，开发基于超快冷冷却工艺的新一代轧后冷却控制系统，如图 2-22 所示，适用于中厚板、热轧带钢、棒线材、无缝钢管、H 型钢等钢材产品。

图 2-22　新一代控制冷却设备开发
a，e—中厚板；b—热轧带钢；c—H 型钢；d—棒材；f—线材

（6）"轧制-冷却"一体化装备的开发。通过数值模拟研究超快速冷却条件下钢材内部温度场变化规律以及大梯度差温条件下钢材内部变形理论，如图 2-23 所示，建立轧制-冷却同步化工艺理论，对轧制-冷却装置进行一体化设计，开发新一代控轧关键技术、装备、自动化系统。

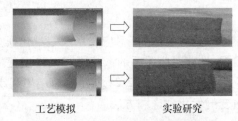

工艺模拟　　　　　　　实验研究

图 2-23　钢板内部形变及温度场耦合模拟及实验

（7）均匀化冷却装置的开发。针对钢板，研究粗轧机-精轧机之间和精轧机之后的均匀化冷却装置，开发针对钢板横向、纵向以及厚向特别是边部、头尾等局部过冷区均匀化控制方法和温度分布模型，提高钢板轧制流程中各个方向上的温度均匀性，提高产品全板性能的稳定性和均匀性，减少切损，提高成材率。

（8）新一代 TMCP 工艺条件下强化原理研究。通过热模拟实验、热轧实验研究轧制-冷却耦合工艺以及轧后超快速冷却条件下负荷分配策略对奥氏体组织演变、碳氮化物析出行为、冷却相变行为的影响规律，获得以超快冷为核心的新一代热轧钢铁材料组织性能控制原理，如图 2-24 所示。

（9）基于超快冷技术的新一代 TMCP 工艺开发。在小尺寸实验、实验室模拟生产和现场工业实验的基础上，基于新一代 TMCP 工艺技术，研究典型产品的资源节约型生产工艺技术，开发出满足工业化大批量连续稳定生产的我国"资源节约型、工艺节能减排型"典

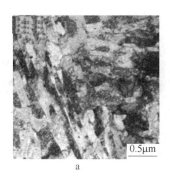  

图2-24 新一代TMCP工艺开发产品TEM微观结构分析

型产品和相关轧制及冷却工艺技术。

2.1.5 研究计划

在上述原有相关技术研究与开发基础上,计划使用4年时间完成热轧钢材新一代TMCP工艺技术及装备开发。

2014年:

(1) 有限元方法分析超快速冷却过程流场的分布规律。

(2) 冷却装置结构对冷却能力和均匀性影响规律的实验研究。

(3) 设计实现最佳冷却方式的超快速冷却系统的结构形式。

(4) 超快速冷却冷喷嘴结构的开发和设计。

2015年:

(1) 超快速冷却模拟实验装置的研制和开发。

(2) 典型钢种超快速冷却后组织性能演变规律。

(3) 超快速冷却装置的开发。

(4) "轧制-冷却"一体化装置的开发。

(5) 均匀化冷却装置的开发。

2016年:

(1) 超快速冷却过程控制模型关键技术研究。

(2) "轧制-冷却"耦合工艺数学模型的建立和控制模型的开发。

(3) 新一代TMCP物理冶金学机理研究。

2017年:

(1) 典型产品冷却路径的精细控制及其与产品性能的关系。

(2) 典型产品的轧制-冷却耦合工艺控制及其与产品性能的关系。

(3) 减量化品种开发。

(4) 实现新一代TMCP技术在中厚板、热轧带钢、棒线材、管材、H型钢生产中的广泛应用。

2.1.6 预期效果

通过钢铁企业实施先进的热轧-冷却-热处理一体化组织性能控制技术,形成新一代控轧控冷工艺、装备体系，建立"资源节约型、节能减排型"的热轧钢材产品绿色制造体系；在中厚板、热连轧、H 型钢、棒线材、管材等热轧领域的推广和应用，实现新一代 TMCP 工艺在热轧领域的全覆盖；60%～80% 以上的热轧钢材强度指标提高 100～200MPa 以上，或钢中主要合金元素（Cr、Mo、Mn、Nb 等）用量节省 20%～30%，实现钢铁材料性能的全面提升。

2.2　2011 计划关键共性技术——极限规格热轧板带钢产品热处理工艺与装备

2.2.1　研究背景

我国是世界第一产钢大国，中厚板年产量已达 7000 余万吨，中低档次普通中厚板产品过剩严重，但与此同时，我国部分高端高附加值中厚板产品仍主要依赖进口，其中绝大多数是热处理产品。"十二五"期间，国家将海洋、交通运输、能源和重大装备等领域作为我国发展战略重点，并将在"十三五"期间继续深化这些领域基础材料的研发，这对高端热处理中厚板产品在产品性能和规格方面提出了更高的要求。在全球绿色经济发展、能源和资源潜在危机的形势下，为了实现钢铁工业的可持续发展，高附加值中厚板产品势必向强度更高、寿命更长、综合性能更好的绿色方向发展。

高端热处理产品对性能、板形平直度等均提出了更高的要求，热处理工艺和装备是保证获得高性能和精确尺寸的重要手段。热处理装备包括连续热处理炉和冷却过程的淬火装备，其研发涉及多个学科，如机械设计与制造、金属材料、自动控制及仪表、液压控制等，研发难度大。长期以来，我国相关设备都是依赖进口，且进口设备不能满足大宽幅极薄、特厚极限规格特种钢板生产的需要，限制了相关装备制造业的发展。

辊式淬火机是板带钢热处理生产线的核心工艺装备，常规的辊式淬火机及其核心淬火工艺技术被德国 LOI 公司、美国 DREVER 公司、日本 IHI 公司等少数国外公司长期垄断，如图 2-25 所示。尽管日本 IHI 公司具备供货能力，但除鞍山厚板厂从日本住友金属和歌山厂以引进二手设备形式获得一套外，日本出于种种考虑，并不向我国大陆钢铁企业提供中厚板辊式淬火设备。且因美国 DREVER 公司在国内实际应用效果不佳，德国 LOI 公司已成为 2006 年我国中厚板企业新上辊式淬火设备的唯一供货商，形成了事实上的技术垄断。

图 2-25　LOI、DREVER 公司板带材辊式淬火机

而实际上，德国 LOI 公司、美国 DREVER 公司已垄断国际市场 40 余年，进口设备采用的垄断捆绑供货，价格高昂，供货周期长，已成为我国钢铁企业实现产品结构调整的巨大障碍。这些公司装备绝大多数具备了生产 10～80mm 厚热处理钢板的能力，部分企业通过改进和利用自主开发的设备具备了生产最薄 3～5mm 淬火钢板、最厚 200mm 淬火钢板的能力。例如，国内某企业引进 LOI 装备，其产品规格覆盖到 3mm，但是宽度仅 1800mm，宽度受限，不能满足工程机械大型化需求；对于厚度大于 120mm 的特厚板国内普遍采用浸入式淬火方式，因表面换热效率低、冷速可控性差以及厚向截面效应而无法满足高品质特厚钢板热处理的需要。

高等级的工程机械用钢、矿山机械用耐磨钢、军工钢等在淬火后需低温回火（≤300℃）来消除应力和改善性能。目前，国内钢厂的回火炉大部分采用脉冲加热方式，炉温在 300℃ 以下时，温度均匀性和控制精度都无法保证，偏差达 20～30℃ 以上，因此会经常造成低温回火板材的性能、质量波动，不利于高性能钢板的稳定生产。因此，研制与开发新型高精度低温回火炉对提升国内特种钢板的热处理装备技术水平、稳定高品质特殊钢的生产具有重要意义。

针对上述现状，围绕高等级热处理关键装备和核心技术，开发钢铁行业急需的特厚、超薄极限规格淬火和极限低温回火等高端板带钢热处理工艺及装备技术，对于提高我国中厚板热处理生产水平具有重要意义。

2.2.2 研究现状及进展

2.2.2.1 热处理是提升特厚钢板综合性能的关键工艺，目前仍存在技术瓶颈

特厚钢板（厚度不小于 120mm）是海洋工程、装备制造、石油化工、水电核电等领域的关键原材料，部分高端产品国内长期大量依赖进口。世界范围内仅德国迪林根、法国阿赛洛、日本 JFE 等少数公司能够生产此类产品，且对海工、军工等战略用途钢板针对我国实施出口限制，制约了国家经济建设和国防建设的发展。特厚钢板轧制后，为实现组织均匀化和细化、增强韧性、消除残余应力、减少微裂纹等目的，需要进行热处理，利用不同的加热制度和冷却制度来调控钢板组织，得到更优异的性能。在国内科研院所、高校和企业的共同努力下，特厚钢板冶炼、铸坯、轧制等环节核心技术及装备已逐步实现国产化，取得了突破性的进展，热处理便成为制约高等级特厚钢板生产和研发的主要工艺瓶颈之一。

目前，国内主要特厚钢板生产厂家普遍采用传统的浸入式淬火方式，通过搅拌淬火池或淬火槽内冷却水，加速钢板表面对流，实现较快速冷却，如图 2-26 所示。受淬火装置容积限制，搅拌水流速度偏低（3～5m/s）且流速分布不一致，相对于壁面射流换热，冷

图 2-26 特厚钢板浸入式淬火

却强度低、均匀性较差，钢板淬火后组织性能分布不均。随着特厚钢板使用领域的拓宽，较低屈强比、较高低温韧性、良好抗层状撕裂性和焊接性成为重要的评价指标，传统浸入式淬火已无法满足高品质特厚钢板热处理生产和产品开发的需要。

目前，国内学者正积极开展改善特厚钢板淬火质量方面的研究，主要形成两种研发途径：一是通过复合合金化提升钢板淬透性，改善心部淬火组织；二是升级淬火工艺技术及装备，提升钢板心部冷速。采用第一种途径，已经取得了很多有意义的成果，通过复合添加 Cr、Mo、Ni、V、B、Ti、Al 等元素，显著改善特厚钢板淬火后组织和强韧性匹配。而受机理研究、淬火方式研发、装备开发等方面因素限制，采用第二种途径取得的进展并不明显。

针对上述现状，需要从机理和模型两方面研究提升钢板心部冷速和厚向冷却均匀性的方法，在少添加合金元素的前提下通过冷速调控优化淬火后组织和性能，实现按工艺路径冷却。相关研究对提升特厚钢板热处理产品质量和研发水平，进而实现高效能、低成本、减量化生产，均具有重要的理论和现实意义。

2.2.2.2 极薄高强钢板高均匀性、高平直度淬火是行业公认技术难题，有待进一步攻关

极薄、超宽高强钢板典型规格为 3 ~ 10mm 厚、最大 5m 宽、最大 18m 长，这类钢板宽厚比大，淬火难点主要体现在：

(1) 淬火敏感性高。钢板淬火过程受冷却介质流场、温降及相变等因素影响，热应力和组织应力相互影响，边部过冷及上下表面非对称冷却等因素均能造成淬后残余应力不均匀分布。当残余应力累积到一定值时，钢板即出现失稳屈曲。按照弹塑性屈曲理论，钢板宽厚比越大，临界屈曲应力越小，越易发生淬火变形，如图 2-27 所示。

a   b   c

图 2-27 宽薄钢板淬火后板形问题（6mm 厚）

a—NM500 耐磨钢局部边浪；b—Q960 高强钢横纵向瓢曲；c—9Ni 储罐钢整体瓢曲

(2) 组织性能一致性要求高。极薄高强钢板多用于大型装备的核心部件，对材料的综合使役性能要求苛刻。淬火过程冷却不均将导致相变非同步发生，进一步影响温降的均匀性，温降、相变相互耦合影响，加剧了淬火后组织不均匀分布，产生淬火畸变。

(3) 易产生冷加工变形回弹。极薄钢板淬火后强度显著提高，较大淬火变形很难通过常规矫正手段矫平。即使表观矫平，因钢板组织或残余应力的不均匀分布，在后续的冷加工变形中，工件受表面或亚表面残余应力自然释放作用而产生二次弯曲或翘曲变形，对动态使用性能影响较大，而这也是影响大型装备整体结构加工质量和安全性的重要因素。

鉴于上述难点，极薄钢板高均匀性、高平直度淬火被视为行业公认的技术难题。目前，这一技术仅被瑞典 SSAB 公司独家掌握，该公司只高价出口成品钢板而不转让核心工艺技术，每年我国进口此类钢板达 200 余万吨。

近年来，改善极薄规格高强钢板淬火后板形、实现高质量淬火逐渐成为国内外研究热点，主要形成以下几种研发途径：一是通过合金成分微调，降低高强钢板淬火敏感性；二是采用新型淬火方式，通过降低淬火强度减小淬后钢板不均匀变形；三是结合其他热处理工艺，改善或挽救淬火后板形；四是采用极限冷速条件下瞬间淬火方法，使整板淬火过程"瞬时同步"完成，提升淬火均匀性。前三种途径，已经取得了一定的成果，通过复合添加 B、Nb、RE、Al 等元素，优化轧制及热处理工艺，采用汽雾、强风等淬火方式，借助细晶、析出等综合强化机制，有效改善极薄钢板淬火后组织和强韧性匹配，提高淬后板形平直度。然而，因存在资源耗费量大、工序复杂、淬后组织性能波动大等缺陷，前三种途径难以实现工业化应用。为此，东北大学通过采用极限冷速对高温钢板进行"瞬间冻结"，实现了 5（4）～10mm 板材淬火良好板形，取得了技术突破，并已经在南钢、涟钢、新余、湘钢（改造原设备）、酒钢等 10 余家企业得到了应用，如图 2-28 所示。

图 2-28　东北大学极薄钢板淬火板形

a—宝钢 4mm 316L；b—太钢 8mm 9Ni；c—涟钢 4mm LG700；d—新钢 5mm NM400；

e—酒钢 4mm 304L；f—湘钢 6mm Q960

因此，针对性开展极薄钢板极限冷速瞬间淬火过程高效均匀换热机理及温度、应力、相变耦合变化规律的研究，系统解决淬火过程板形高平直度控制的难点问题，对满足工程机械行业的需要生产最薄 3mm 高品质高强薄板，具有重要意义。

2.2.2.3　极限低温回火技术对提高超高强钢板性能稳定性意义重大

钢板热处理过程中良好板形及性能的均匀性与炉温的控制精度有直接的关系，一般要求偏差小于 ±5℃，对于低合金耐磨钢、超高强工程机械用钢等高端产品的回火工艺过程，一般要求炉温在 300℃ 以下，回火过程对温度的变化较为敏感，因此用于此类产品生产的回火炉低温温度均匀性和控制精度要求非常高。

目前国内钢厂的回火炉大部分采用脉冲加热方式，在 300℃ 以上工作时温度精度只能达到 ±10℃ 左右。炉温在 300℃ 以下时，温度均匀性和控制精度都无法保证，偏差达 20～30℃ 以上，因此会经常造成低温回火板材的性能、质量波动，不利于稳定生产。常规回火炉的这种缺陷是由其设备结构本身所决定的，无法通过简单的设备改造和特殊控制技术的使用来解决。

因此，研制与开发新型高精度低温回火炉对提升国内热处理装备技术水平、稳定高品质特殊钢的生产意义重大。

2.2.3　关键共性技术内容

2.2.3.1　热处理装备研制

A　特厚板辊式淬火机

特厚钢板专用连续辊式淬火机，配备喷水系统、供水系统、输送辊道系统和框架提升系统，可实现 120～250mm 厚钢板高强度均匀化淬火。喷水系统分高压喷嘴和中压喷嘴，沿输送辊道在辊道缝隙间上下对称布置，上喷嘴和上辊道固定在移动框架上，下喷嘴和下辊道固定在固定框架上；供水系统分高压供水系统和中压供水系统，分别向高压喷嘴和中压喷嘴供水，供水系统管路上设置开闭阀、流量计、调节阀，用于控制供水管路通断和管路内水流量；输送辊道系统由上辊道、下辊道、万向接轴、传动电机、变频器和编码器组成，用于精确控制钢板行进速度；框架提升系统由高压段固定框架、高压段移动框架、中压段固定框架、中压段移动框架以及移动框架提升系统组成，固定框架固定在地面上，移动框架由提升系统带动，按一定速度上下移动，实现辊道缝隙调节。

研制的特厚钢板连续辊式淬火机与现有特厚钢板淬火装备相比，具有如下优点：

(1) 采用整体超宽狭缝式喷嘴（简称狭缝喷嘴）作为高压喷嘴，采用多排整体倾斜式高密喷嘴（简称高密Ⅰ型喷嘴）和多角度倾斜射流喷嘴（简称高密Ⅱ型喷嘴）作为中压喷嘴。高压喷嘴瞬时冷却强度大，钢板宽向冷却均匀，可以在较短时间内迅速降低特厚钢板近表面区域温度，形成较大的厚向温度梯度，便于心部热量向表面传递；中压喷嘴持续冷却能力强，能够在不过分降低钢板表面温度的前提下，保持较大的钢板厚向温度梯度，持续较快速降低钢板心部温度，提高心部冷速。

(2) 淬火冷却系统高压淬火区内狭缝喷嘴和高密Ⅰ型喷嘴交错布置，避免因钢板近表面始终维持在较低温度造成的钢板表面与冷却水之间的过冷度小，提高了换热效率。

(3) 供水系统采用供水压力和流量双闭环控制，实现各种不同类型喷嘴喷水流量和喷水压力精确控制，缩短喷水流量和压力的调节时间，扩大冷却强度调节范围，提升了特厚钢板连续辊式淬火机自动控制水平，使操作更灵活、简便。

(4) 输送辊道系统设计过渡辊、压辊、螺旋辊、小径辊、框架间过渡辊、大径辊 6 种辊道，采用不同材质、辊径、辊身结构和驱动方式，实现钢板快速出炉、挡水、快速排水、表面冷却残水流量分区、框架间过渡等功能，提升了钢板运动换热、残水清除、单向运动和摆动等功能的控制精度。

(5) 框架提升系统设计高压淬火区框架提升系统和中压淬火区框架提升系统两套系统，实现各淬火区辊道缝隙单独可调，在单独使用高压淬火区或中压淬火区时，其他不投入使用的淬火区上框架提升至非工作位，避免因高温钢板烘烤而产生上喷嘴变形，延长喷嘴使用寿命。

目前，东北大学正与南钢、舞阳钢铁合作，开发特厚钢板辊式淬火装备，其中南钢已实现 180mm Cr-Mo 钢批量生产，强度、硬度均匀性等指标高于相关标准要求，如图

2-29 所示。

图 2-29 特厚钢板辊式淬火装备及批量化生产

a—特厚钢板辊式淬火装备；b—180mm 12Cr2Mo1R 淬火瞬间；c—特厚钢板批量生产

B 高精度低温回火炉

开发的新型高精度低温回火炉可实现 100 ~ 650℃ 高精度中低温回火，用于屈服强度大于 1GPa 超高强钢板的回火热处理。回火炉采用强制对流加热技术，加热过程中高速的炉气直接冲击金属进行加热，辅以特殊的炉型结构将与钢板热交换过的炉气回收加热，形成炉内气流的高速循环。与传统回火炉相比该炉型传热效率更高，加热温度更均匀，温差可控制在 ±3℃ 以内，具备炉内壁温度低、可大幅降低燃料消耗等优势，如图 2-30 所示。此外，开发的热处理炉可改善炉衬工作条件，炉子热惰性小，升、降温灵活，有利于实现自动控制。

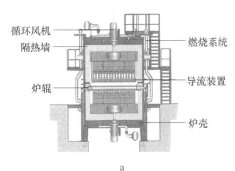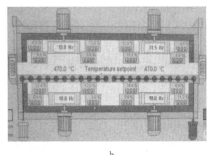

图 2-30 开发的新型高精度低温回火炉

a—低温回火炉结构；b—回火炉操控界面

（1）强制对流加热条件下传热机理研究。针对强制对流加热的技术特点，研究不同温度下炉内热交换过程和强制对流加热条件下板带的加热规律，确定新型热风循环加热低温回火炉的传热机理和数学计算方法，如图 2-31 所示。

（2）均匀化强制对流循环加热系统及其关键技术优化。利用有限元模拟仿真炉气导流、均流系统，分析装备结构参数、气流压力和流量等对均流的影响，实现炉内热空气均匀化分配，进而优化炉内热空气导流、均流装备结构，实现强制对流循环加热系统最优化加热，如图 2-32 所示。

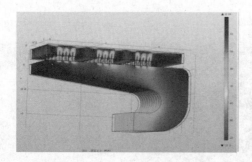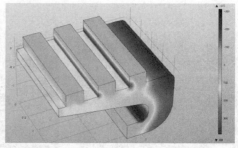

图 2-31 热风加热过程数值模拟

图 2-32 强制对流循环系统研发

（3）强制对流冲击加热控制。研究适用于强制对流冲击加热技术的控制模型，建立新型高精度低温回火炉全自动智能控制系统，以及实现温度精确控制，满足高性能钢材高品质、高效率、低能耗、低成本生产的需要。目前，已开发出热风循环加热试验线，如图2-33 所示。

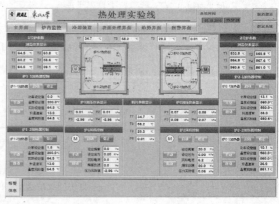

图 2-33 热风循环加热实验线及操控界面

新型高精度低温回火炉工艺技术复杂，加热过程控制难度大。开发的关键在于热流引导结构的设计、炉气均流装置的设计及其沿炉长方向的合理布置。解决这些技术难点需要高水平的流体力学和传热学技术，国外相关厂家将其视为核心关键技术对我国进行封锁。因此，如何设计开发出最优的大型强制对流循环加热系统，进而开发出具有自主知识产权和核心专利技术的工艺控制技术是进一步需要解决的关键技术难题。

2.2.3.2 高等级钢板热处理工艺及产品开发

A 极限薄钢板（3~10mm）高均匀性、高平直度淬火工艺技术

薄规格板材均匀化淬火工艺技术是钢板淬火领域内的核心技术，具有重要的实用价值，但因其对淬火过程的冷却均匀性要求极高，冷却过程影响因素众多，对淬火设备结构参数及工艺参数非常敏感，淬火过程的板形控制难度很大。

相对于常规中厚板来说，薄规格板材淬火过程中高冷却强度较易实现，但在冷却均匀性方面要求极为苛刻。这里主要在淬火系统对称性结构、流量分布、淬火运行速度及钢板自身条件等方面分析对冷却均匀性的影响。

薄规格板材淬火后残余应力达到一定值时，钢板即出现失稳屈曲，按照板材的弹性屈服理论，在理想弹性状态下，板材的临界屈服应力为：

$$\sigma_{cr} = \frac{KE\pi\ (t/b)^2}{12\ (1-\nu)^2}$$

式中　　σ_{cr}——临界屈曲应力；

　　　　K——临界屈曲应力系数；

　　　　t——钢板厚度；

　　　　b——钢板宽度；

　　　　ν——材料泊松比。

从临界屈曲应力的计算公式可以看出，淬火钢板厚度越薄、宽度越宽，临界屈曲应力越小，越容易发生对冷却均匀性极为敏感的淬火变形。因此，薄规格宽幅钢板的辊式淬火板形控制过程是研究中厚板材淬火变形问题的难点。

a 关键设备结构参数对称性冷却技术

薄规格钢板对冷却系统的均匀性更为敏感，其中钢板上下表面的对称性冷却对板形有重要的影响。钢板淬火过程中的对称性冷却可以理解为两个方面，首先是在单侧的冷却区域内的均匀冷却，考虑到钢板是连续地通过淬火区域，在单个喷嘴参数调整方面主要考虑钢板宽向的冷却均匀性；其次是淬火过程中保证钢板上下表面冷却区域内冷却强度的对称性。

单个喷嘴的机械参数调节主要有射流角度、缝隙宽度和喷嘴距钢板表面的位置参数，如图 2-34 所示。

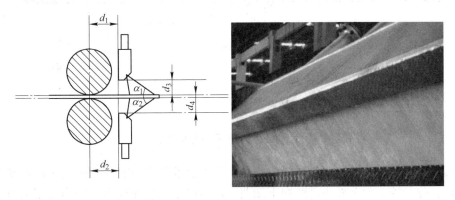

图 2-34　缝隙喷嘴位置参数及实际喷水效果

假设在理想的条件下，上下缝隙喷嘴水平度、狭缝开口度均匀一致、完全对称，上下缝隙到钢板上下表面的距离完全相等（辊缝完全等于钢板厚度），上下水幕面与钢板表面形成的二面角完全相等。在喷射速度快、压力高的条件下，忽略重力对射流射线的影响，则上下缝隙喷嘴入射点应该是对称的，即钢板在同一个铅垂面上由于钢板薄，缝隙喷嘴水量大，淬透性强，即仅缝隙喷嘴就可将钢板温度降至马氏体相变温度点以下。当上下淬火系统结构出现不对称时，先喷射到钢板上的水幕会造成单面淬透现象，宏观表现形式为淬火后钢板始终呈现头尾上翘或下扣，因此，不管如何极端地设定控制喷嘴水量、水比和辊道速度参数，也无法改变超薄规格钢板淬火后板形变化的总趋势。

在实际生产过程中，要确保对称的距离参数及角度参数相等，而且要确保喷嘴沿钢板宽度方向的两侧均保持一致，即确保上下喷嘴喷射水线的三维对称精度。此外，淬火机辊道平直度控制和调节很重要，下部辊道应水平，钢板应沿中心线进行运动，上辊道的中心线应与下辊道的中心线在一条基准线上，不能发生偏移，特别要注意辊道正确找平，尤其是高压喷嘴区的辊道，否则钢板通过该区时极易发生变形而不能保持平整。

b 关键工艺参数高精度控制技术

水量参数是满足低合金高强度钢板淬后组织和性能的重要工艺参数，也是保证薄规格钢板均匀性冷却的决定性因素。冷却水量对淬火冷却过程钢板表面换热系数有一定的影响。随着冷却水量的增加，钢板表面换热系数逐渐增加，达到一定水量后，水量增加对换热能力的提高效果不明显。

淬火过程中上下表面的水量比是板形宏观翘曲变形的决定因素。射流冲击换热过程中钢板上表面受残留水影响，而下表面冷却水由于重力作用自然下落，故上下水量比小于1，一般在 $0.6 \sim 0.9$，如图 2-35 所示。

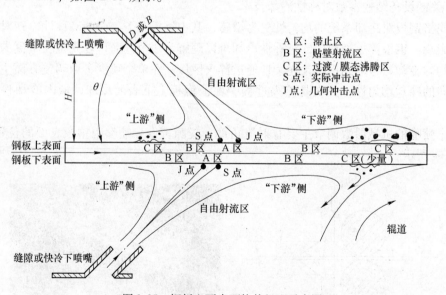

图 2-35 钢板上下表面换热机理示意图

钢板在淬火过程中，若水量比设定小于实际需要的设定值时，钢板上表面冷却速度大于下表面，先行淬火的钢板头部略向下凹曲，产生向上的翘曲变形。变形量很大时，钢板头部的上翘将受到上排辊道的反作用力。随着淬火进程的继续，钢板出现向上的中凸翘曲变形，导致淬火后钢板上凸，如图 2-36 所示。

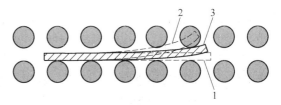

图 2-36 约束淬火板形控制原理
1—钢板原始形状；2—淬火钢板无约束翘曲变形；
3—淬火钢板最终翘曲变形

钢板在辊式淬火机内运行速度的快慢，直接影响着钢板在高压冷却区的淬火时间，即出高压区的心部温度会发生显著变化，在一定程度上，对钢板的性能有较明显的影响。同时，淬火运行速度对淬后钢板板形也有一定的影响。淬火过程中钢板上下表面水量设置有一定的比例关系，下水量大于上水量，尤其是高压冷却区的水量比对板形的影响最为明显，当设定比例不合适时，辊速的减慢会扩大水量比对其板形的影响。辊速降低，高压段的冷却时间增长，相当于增加了下表面的冷却强度，因此在板形控制过程中，辊速在某种程度上相当于水量比的影响。当钢板速度增大时，钢板在高压淬火区时间将越少。钢板高压区淬火时间减少将显著影响钢板上表面，导致钢板出现瓢曲变形。

c 钢板自身条件对均匀冷却的影响

钢板自身条件是指板温、板形、表面质量等，它们对钢板冷却均匀程度有着重要影响。

如果钢板表面存在氧化铁皮，由于其与钢的导热系数不同，将降低水的冷却效果；氧化铁皮的不均匀分布，导致钢板不均匀冷却。钢板表面存在麻点或其他缺陷，也将对钢板的冷却均匀性带来不利影响。在某种特定的淬火工况条件下，随着氧化铁皮厚度的增加，钢板表面综合对流换热系数呈急剧下降趋势，当氧化铁皮厚度为 0.2mm 左右时，表征钢板淬火过程热交换速率的对流换热系数降为正常过程的 1/3。所以，淬火钢板的氧化铁皮分布情况也就直接影响到冷却过程的均匀性。为了保证薄规格钢板淬火过程的表面均匀性及上下表面的高度对称性，严格控制氧化铁皮的含量是有必要的，如图 2-37 所示。抛丸机的质量直接关系到抛丸后钢板的表面质量，若抛丸机清扫不彻底，将氧化铁皮带入炉内，很容易造成炉底辊结瘤，不仅划伤钢板表面，而且结瘤清理困难。因此抛丸质量的好坏是影响产品表面质量的关键因素之一。

图 2-37 钢板表面质量及钢板板形照片

淬火前板温的不均匀直接决定了淬火开始温度的差异，并在整个淬火过程中不同的组织变化引发钢板变形。这点对薄板淬火过程尤为重要，一般来说同板温差需小于 5℃。如果淬火前钢板存在着浪形和翘曲，那将会严重地破坏钢板的均匀冷却，因为钢板不平必引起冷却水分布不均匀。无论采用什么样的厚度和板形控制技术，所轧制产品总是要存在同板差和板凸度的。同板差的存在要引起板长方向和板厚方向的不均匀冷却；板凸度的存在要引起板宽方向和板厚方向的不均匀冷却。一般来说，钢板两边部存在有压应力，加上冷却不均匀引起的热应力和组织应力，就会诱发钢板变形。因此，尤其对薄规格钢板来说，要尽可能控制及消除轧制、抛丸等工艺过程中板形的变化。

B   特厚钢板（100～250mm）高强度、极限冷速淬火工艺技术

厚度小于 120mm 的特厚板，高温区（900～600℃）表面冷速增大对心部冷速提升较明显，因此，高温区采用冷却能力较强的缝隙喷嘴，快速降低钢板表面至 1/4 处温度，强化心部导热，提升整体厚向平均冷速，进而提高厚向组织均匀性。由于缝隙喷嘴过后钢板表面温度迅速降低至终冷温度，在缝隙喷嘴之间设计冷却能力相对较小的高密喷嘴，维持心表温差，可在不影响厚向温度梯度的前提下节约不必要的冷却能力。中温区冷速对厚度小于 120mm 特厚板心部冷速影响不大，采用相对较低压力、较小流量的高密喷嘴，仅维持钢板内部导热处于上限值，不过度增加表面冷速，长时间持续降低钢板心部温度。

在表面冷却强度达到一定值（例如 150mm，80℃/s）后，厚度大于 120mm 特厚板心部导热已近上限值，表面冷速变化对心部冷速影响不明显，进一步加大表面冷速作用不大。而心部至表面的导热能力更多取决于材料本身热物性参数，表面冷速只要维持钢板厚向温度梯度，即表面温度维持到一定值（120℃左右）即可。因此，仅采用冷却能力相对较弱的高密快冷喷嘴，维持一定的冷却能力（不需要尽可能大）。为增加方案的可靠性，钢板快速进入到冷却区，先以较高水压、较大流量较快速地降低钢板近表面至 1/4 处温度，再调整水压和流量，以相对较低的冷却强度进一步维持心部导热上限值与表面换热的平衡，持续降低整体温度。

实现特厚钢板高强度、高均匀性淬火需要解决如下三个难题。

a   特厚钢板辊式淬火表面微观换热过程分析

射流参数（如冲击流速、水流量、水温、辊速等）和设备参数（如喷嘴类型、喷射角、喷射距离等）直接影响钢板表面流动结构、边界层分布和换热形式，进而影响钢板表面局部换热系数分布；而钢板表面局部换热系数作为边界条件直接影响钢板内部温度梯度分布，进而影响厚向温降和冷速。可见，换热系数是本项目各研究重点间的联系纽带。如何依据理论计算、数值模拟和试验测试，建立局部换热系数与射流参数及设备参数间的关系，利用已知边界条件求解淬火过程温度场是特厚钢板辊式淬火过程控制的突破口。这方面实验室研究已经开展，如图 2-38 所示。

图 2-38   特厚钢板淬火实验

a—钢板吊装至辊道；b—浸入式淬火；c—辊式淬火温降分区；d—测试中的实验装置

b 制定提高特厚钢板辊式淬火心部冷速和厚向冷却均匀性的淬火策略

心部冷速是特厚钢板淬火最重要的技术指标，如何提高钢板心部冷速及厚向冷却均匀性是研究的核心问题。具体包括：

（1）钢板表面热流密度决定厚向心表温度梯度，而导热热阻决定钢板导热能力，两者均与心部冷速密切相关。如何确定心部冷速与钢板表面换热及内部导热的关系，通过合理改善表面换热效率和钢板热物性参数提高心部冷速是待解决的关键问题。

（2）钢板厚向冷却均匀性取决于心部冷速的提高和近表面冷速的适当降低。近表面温度决定换热时与冷却介质的过冷度，对钢板表面换热形式和整体换热效果影响较大。如何实现钢板内部导热与表面换热的动态平衡，在维持表面较高换热效率的同时保持心表较大温度梯度是重点需要解决的问题。

c 特厚钢板辊式淬火组织调控技术

特厚钢板淬火过程中相变的发生与冷速密切相关，直接影响淬后性能。如何解决温度场与组织变化间的耦合作用，较准确地描述特厚钢板辊式淬火过程组织演变规律，建立钢板淬后金相组织和冷速分布的对应关系，通过调控厚向冷速改变淬火过程中的相变，是需要解决的关键问题，如图 2-39 所示。

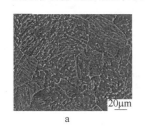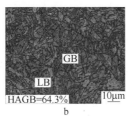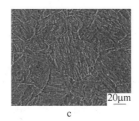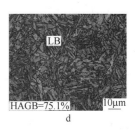

图 2-39 不同淬火方式下 120mm 厚齿条钢 A517Q 心部淬火组织和大角度晶界分析
a，b—浸入式淬火；c，d—连续辊式淬火

C 超高强度结构用钢（Q1300）和耐磨钢（NM600）的研制

超高强度结构用钢 Q1300 和耐磨钢 NM600 是调质钢中的高级别产品，该两级别产品代表了目前调质钢板的最高水平。它们不但要求具有极高的强度，而且要求具有良好的韧塑性、焊接成型性和板形平直度，生产难度极大。这两种钢板主要被应用于超大型工程机械、矿山机械及水泥化工等装备的制造，如大型起重机、盾构机及水泥球磨机等，目前世界上仅有 SSAB 独家生产。

两种钢板的主要力学性能指标要求为：

Q1300：$R_{p0.2} \geqslant 1300\text{MPa}$，$1400\text{MPa} \leqslant R_m \leqslant 1700\text{MPa}$，$A \geqslant 8\%$，$A_{KV2}(-40℃) \geqslant 27\text{J}$；
NM600：$570 \leqslant \text{HBW} \leqslant 640$，$A_{KV2}(-20℃) \geqslant 20\text{J}$。

其研究内容主要包括：

（1）超高强度结构用钢 Q1300 和耐磨钢 NM600 的成分设计。

（2）超高强度结构用钢 Q1300 和耐磨钢 NM600 的热轧-冷却-热处理一体化组织性能控制技术研究。

（3）工业生产过程中铸坯的低/无缺陷控制技术，包括铸坯的低夹杂物控制技术、防开裂控制技术、防氧化控制技术等。

（4）大宽幅高内应力薄规格钢板（4～10mm）轧制、热处理过程中的板形控制技术研究。

（5）超高强度结构用钢 Q1300 和耐磨钢 NM600 的焊接技术研究。

（6）超高强度结构用钢 Q1300 和耐磨钢 NM600 的抗延迟断裂性能研究。

（7）超高强度结构用钢 Q1300 和耐磨钢 NM600 的切削加工技术研究。

超高强度结构用钢和耐磨钢的研制，将带动调质钢从冶炼到热处理的整体技术发展，并形成一整套热轧-冷却-热处理一体化组织性能控制技术。

2.2.4 预期效果

围绕高等级热处理关键装备和核心技术，通过与国内相关企业合作，通过 4 年时间开发成功如下关键技术与装备并形成示范线：

（1）淬火厚度为 4～10mm 极薄规格淬火关键技术和成套装备。

（2）100～250mm 的特厚规格钢板淬火关键技术和成套装备。

（3）大型板带钢低温高精度回火装备技术，最低回火温度为 100℃。

（4）超高强度结构用钢（Q1300）、高级别耐磨钢（NM600）等高端热处理工艺技术及产品。

实现极限规格热处理装备、工艺技术及产品的创新突破。

2.3 钢铁材料高温/超高温塑性变形工艺理论及关键技术

2.3.1 研究背景

近年来，随着我国国民经济的快速发展，各行业对高品质钢材的需求越来越大，同时对钢铁材料的内在质量要求也越来越高。海洋、交通运输、能源和重大装备、基础零部件等领域作为钢铁材料开发与应用的发展重点，为钢铁行业发展提供新的机遇的同时，也对钢材的性能提出了更高的要求。铸坯作为钢铁材料热轧的原材料，其质量控制对最终钢铁产品的质量起决定性作用，特别是综合力学性能要求严格的高品质钢铁产品的生产，对铸坯的质量要求更为苛刻。

铸态组织的中心偏析、疏松和缩孔作为板坯内部主要质量缺陷严重影响着坯料质量的提高。很多铸坯或产品中心裂纹也是源自于铸坯的中心偏析、疏松和缩孔。中心偏析、疏松和缩孔等内部质量缺陷恶化了钢材加工制造后的力学性能及工艺性能，降低了钢铁产品的耐腐蚀性、抗疲劳性及产品的成材率及合格率，甚至涉及产品后续使用的安全性问题。例如对于天然气输送管道，输送气体中的氢会扩散到管壁的偏析、疏松处，产生裂纹并扩展，最终导致钢管破裂。而对于海洋钻探平台用的结构用钢铁材料，中心疏松、偏析会降低其焊接性能，导致钢铁材料不易焊接，甚至开裂，从而使材料使用寿命大大降低。对高强度船舶结构用钢，中心偏析、疏松及缩孔则降低了钢铁材料的低温韧性和焊接性能，威胁着船舶的安全性能。

另外，广泛应用于军用和民用工程装备的大尺寸规格的钢材产品，常因铸态组织的质量问题而面临产品合格率低、成材率低及成本高等问题。大规格尺寸的钢材产品生产过程，一方面受到坯料尺寸、变形均匀性、变形压缩比等条件限制，另一方面还受到国内生产线条件如装备、工艺方法以及矫直等后续精整设备条件限制，生产技术难度很大，生产能力受到极大限制。目前生产高级别、特别是厚度方向尺寸规格 100mm 以上的大型板材，普遍采用大单重钢锭、锻压坯或初轧坯料。为了控制材料内部组织疏松、偏析等缺陷，一般要求大的变形压缩比（不小于 3.0）。虽然最终钢材产品内部组织致密、质量优良，但存在着整个流程能耗高、金属综合成材率低等缺点。

对于高端的基础零部件用钢材产品，采用大尺寸的坯料，同样存在类似的铸态坯料质量问题，如铸坯的中心偏析、疏松及缩孔等固有缺陷，严重影响最终钢铁产品的质量和使用寿命。为提高最终产品质量，在生产过程中，大尺寸铸坯材料通过采用大的压缩变形进行开发生产，但有时仍难以稳定获得高品质的钢材产品，制约着高端品种钢的开发生产。

近年来实现工业化生产的热轧带钢 ESP 技术（2009 年意大利钢铁企业阿维迪与西门子公司实现世界第一套 ESP 无头铸轧带钢生产线的工业化），将薄板坯连铸工序与热轧工序结合起来，直接生产薄规格热轧钢带。该生产线充分利用铸坯的热能"趁热打铁"，板坯出连铸机后直接进入具有大压缩变形能力的粗轧机进行轧制，将在高温工况下实现钢铁材料的变形过程，对于板坯厚度方向组织性能将有一定的影响作用。ESP 生产线轧件温度履历如图 2-40 所示。

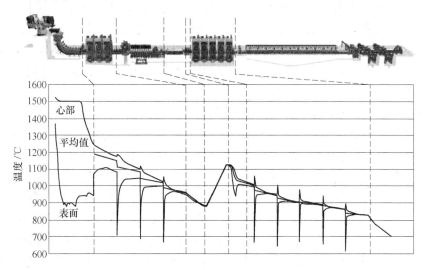

图 2-40 ESP 生产线轧件温度履历

在高温状态下，钢铁材料表面与心部温度与状态差异很大，心部温度处于塑性或高温塑性状态。采用数值模拟方法，对高温/超高温钢铁材料的温度场模拟分析如图 2-41 所示。

研究和开发钢铁材料高温/超高温塑性变形工艺理论及其相关技术，对改善大型铸件心部偏析、疏松及缩孔具有显著的效果，且还将可以对铸坯的组织形态进行调控，甚至实现小压缩比变形条件下的高品质热轧钢铁材料生产，这对生产高品质钢铁材料而言具有重要的意义。因此，有必要对钢铁材料在高温/超高温条件下的塑性变形特性、组织演变机理、装备技术及自动化控制技术进行研究，这对高品质钢铁产品生产工艺技术具有重要的理论指导及实用价值。

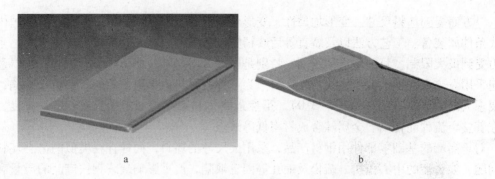

图 2-41 高温变形钢铁材料的温度场
a—变形前；b—变形后

2.3.2 关键共性技术内容

2.3.2.1 高温/超高温塑性变形过程的金属流动规律及组织调控技术

钢液凝固过程中，钢液选分结晶及凝固收缩特性容易导致铸件/坯形成中心偏析及疏松、缩孔等缺陷。特别是在特厚特大铸造件中，显著的铸造组织、内部粗大柱状晶或枝晶，将会严重影响后续的工艺性能及使用性能。因此，减轻铸坯的心部偏析、疏松及缩孔，细化铸坯内部粗大柱状晶或枝晶，对于生产高品质钢铁材料而言至关重要。

在传统的钢铁材料热变形工艺过程中，钢铁材料的塑性成型一般都发生在 1200℃ 以下，其变形特征主要表现为弹性和塑性。而当温度高于 1200℃ 时，钢铁材料塑性成型时，除了具有弹塑性变形特征外，黏性特征显著增加。目前，对于钢铁材料变形行为的研究，主要集中在加工温度 1200℃ 以下，在小变形的情况下将钢铁材料视为弹塑性体，在大变形的情况下，则可忽略弹性变形，将其视为刚塑性体。为了改善铸件品质，在临近凝固终了的高温/超高温塑性区施加变形载荷，进行连续累积变形，由此产生高温/超高温塑性变形过程。而对于接近固相线温度区间内钢铁材料金属流动规律的研究鲜有涉及。为实现钢铁材料的高温/超高温变形，有必要对钢铁材料的高温塑性金属流动规律进行研究，建立生产过程力能参数计算模型，这对开发高温/超高温塑性变形工艺具有重要的意义。

钢铁材料高温/超高温变形通过外在载荷施加变形力来补偿铸坯凝固过程中产生的体积收缩，同时，抑制富集溶质元素因鼓肚变形和收缩变形向铸坯中心的流动。高温/超高温条件下压下变形还可以有助于破碎铸件凝固过程中形成的发达的柱状晶、枝晶，减少枝晶间发生的"搭桥"行为，改善中心疏松问题，为后续生产工序提高优质致密的铸件。

另外，通过高温变形可使高温奥氏体在变形过程中发生动态再结晶，通过再结晶获得等轴均匀奥氏体组织，可改善发达的铸态组织，实现铸态组织调控。钢在高温变形条件下，高温奥氏体的再结晶行为是由变形温度、变形速率通过 Zener-Hollomon 参数（称为 Z 参数）的关系决定的，可表示为：

$$Z = \dot{\varepsilon} \exp[Q_d/(RT)]$$

式中 $\dot{\varepsilon}$ ——应变速率；

Q_d ——动态再结晶激活能；

R ——气体常数；

T——绝对温度。

Z 为温度补偿变形速率因子，用以描述奥氏体动态再结晶能否发生，而且 Z 越小，越有利于动态再结晶的发生。在变形速率一定的条件下，变形温度越高，Z 越小。因此，提高变形温度，有利于实现奥氏体的动态再结晶，甚至实现连续动态再结晶。在高温条件下，铸造过程心部温度远高于表面温度，在压缩变形时，心部可以承受较大的变形。因此，利用心部较高的变形温度及大变形的共同作用，可实现心部组织的动态再结晶，改善心部组织。

目前，在热轧钢材的生产中普遍采用动态再结晶细化原始奥氏体组织。铸坯重新加热进行充分奥氏体化后，在 950～1200℃ 范围内，通过连续变形实现动态再结晶。对于铸态组织条件下特别是处于塑性状态的高温奥氏体的动态再结晶行为开展研究，使铸件组织中的奥氏体能完全发生动态再结晶或多次动态再结晶，不但可以改善原始铸态组织，还可以细化奥氏体晶粒。若动态（或连续动态）再结晶获得的细化奥氏体组织能在铸造组织中保留下来，则为后续产品的晶粒细化提供了有利条件。

2.3.2.2 高温/超高温变形过程的温度控制技术

实现钢铁材料高温/超高温变形过程的温度精确控制是保证调控其内在组织的关键。超高温状态下，钢铁材料形成表层硬化层，心部处于塑性状态。结合材料厚度方向热传导特性，在保持塑性状态变形过程的同时，实现塑性过程到材料刚性的精确控制，作用至关重要。温度控制的精度不仅关系到变形过程中关键参数的计算，同时也关系到后续组织性能的控制。

温度数学模型是进行高温/超高温变形过程控制的前提和基础。目前工业上应用的温度模型大多数都是建立在传热学基础上的。从模型形式上来看，基本上可以分为两类，一类是简化的解析模型，这类模型形式相对简单，以求解变形轧件平均温度为目标；另一类是有限差分模型，有限差分模型除了可以求解轧件的平均温度外，还可以给出轧件厚度方向的温度分布。

（1）高温/超高温材料变形过程温度模型的建立。模型建立过程中需主要考虑如下环节：铸件凝固过程与同步输送过程的辐射和对流换热；材料变形过程中温度的变化，这一过程包括因材料变形过程中与相关设备接触热传导而引起的温降，高温钢铁材料受载形变发生塑性变形产生的变形热而导致材料的温升；变形过程中冷却介质对材料本身温度造成的温降。

（2）高温/超高温条件下变形材料热物性参数的确定。变形材料热物理性能参数是温度模型的基础，主要包括比热容、传热系数、导热系数和密度等物性参数，这些参数随着温度的变化而变化，其中比热容和传热系数受温度变化的影响较大。因此，在研究过程中，需对高温/超高温条件下材料热物性参数进行测定。

（3）变形控制系统温度的预测。在精确控制变形过程温度时，需合理地预测变形材料内温度分布情况，提高材料变形过程中长度方向温度控制的均匀性。采用有限元等数值计算方法，模拟分析凝固过程的铸件温度场分布以及热传导过程，获得高温铸件的温度演变规律。

（4）变形过程温度控制的自学习。变形过程温度模型主要包括空冷换热模型、水冷换热模型、材料变形温升模型、材料与其他设备之间热传导温降模型等。温度模型自学习需要考虑上述各因素的影响，利用变形过程不同阶段材料实测温度，提高温度控制的精度与稳定性。

（5）材料变形过程特定位置温度控制技术。凝固成型过程中，为便于后续工序的使用，一定尺寸条件下对于头尾等位置需要进行特殊控制处理。由于材料变形过程头尾温度控制影响因素较多，控制难度较大，因此需要采用预控和反馈等相结合的控制策略，提高变形过程头尾温度控制精度，为变形过程材料长度方向温度控制精度提供初始条件。

2.3.2.3 高温/超高温塑性变形控制的装备技术

钢铁材料在高温变形过程中，内部组织处于完全奥氏体状态，其塑性变形具有以下优点：变形抗力小、延展性好、回弹小。然而，变形温度继续升高时，高温效应及复杂的工作条件，给超高温变形装备及配套技术的开发带来较大难题。主要体现在以下两个方面：

（1）满足高温承载条件的轧辊及特定设备部件。当温度高于 1200℃ 时，钢铁材料塑性成型时，除了具有弹塑性变形特征外，黏性特征也变得更为显著，即具有塑性变形的特征，使得铸坯尺寸控制更为复杂。超高温条件下，与变形铸坯直接接触的施加载荷部件工况更为恶劣，且在受力件上还存在温度梯度，进而影响轧辊使用寿命及相关装备使用寿命。因此，超高温塑性变形装备的轧辊及其他部件，在满足高温恶劣服役工况条件方面需要予以重点考虑。

（2）高响应性装备自动化控制系统。一方面，金属在高温/超高温条件下变形时，内部组织结构将发生复杂的组织演变过程，常常伴随有动态再结晶、动态回复及加工硬化等现象，导致变形抗力、相变潜热等发生复杂的变化；另一方面，为保证铸件的质量，在高温变形过程中需对变形速率、变形量、变形温度及铸件尺寸进行联动控制，常常需要进行预控和反馈等相结合的控制策略。因此，这就需要高温变形装备的自动化控制系统及其配套机构具有高的响应性能，方能适应铸件高温变形的控制需求。

2.3.3 技术路线及实施方案

2.3.3.1 高温/超高温塑性变形金属流动规律的研究

采用实验室热模拟实验方法，建立典型钢铁材料高温变形条件下的塑性本构方程，确定本构方程中表征黏性性质的材料常数。以钢铁材料高温塑性本构方程为基础，采用有限元数值模拟方法，研究分析钢铁材料高温变形过程中的金属流动规律。在实验室条件下进行高温塑性变形实验，并与有限元数值模拟计算的结果进行对比分析。

2.3.3.2 高温/超高温塑性变形过程铸坯质量及组织调控技术

研究铸件高温变形工艺下，变形温度、变形速率及变形量对铸件心部偏析、疏松及缩孔的影响规律，用以指导、优化高温铸件变形工艺及参数，研究变形率等参数对中心偏析、疏松及缩孔等缺陷的影响控制规律。在实验室条件下，研究不同铸态组织形态的奥氏体在高温/超高温变形过程中的变形行为，研究动态再结晶及再结晶奥氏体晶粒的长大规律，建立动态再结晶模型以及变形抗力模型，研究分析高温变形对铸态组织的调控机制。

2.3.3.3 高温/超高温变形过程的温度控制技术

在实验室条件下，采用高温/超高温变形过程的模拟实验，研究高温/超高温变形过程的温度演变规律，获得钢铁材料高温塑性状态的热物性参数。采用有限元模拟方法，结合实验室高温/超高温变形过程特点，分析高温钢铁材料塑性变形过程各维度方向的温度变化规律。根据实验室研究结果，创建高温/超高温变形过程温度控制模型，采用适当的控制策略，开发高温/超高温钢铁材料变形过程中特定位置的高精度温度控制技术和方法。

2.3.3.4 高温/超高温变形装备及其控制技术

结合高温/超高温热变形实验，采用数值分析方法，研究高温/超高温变形过程中关键部件的应力应变分布，为开发高温/超高温变形装备提供理论数据。开发高温/超高温变形过程的自动控制系统及其控制技术和方法，为开发适合高温/超高温条件下可实现高精度及高响应性装备提供技术储备。

2.3.4 研究计划

研究拟利用4年周期，研究和开发集高温/超高温塑性变形工艺理论、原型装备与关键技术、典型钢铁材料产品工艺技术应用为一体的成套技术体系，具体研究计划如下。

2014年：

（1）通过实验室热模拟实验，研究高温/超高温条件下，变形过程中的应力-应变关系，确定本构方程中表征黏性性质的材料常数，建立典型钢材的高温变形条件下的塑性本构方程。

（2）以钢铁材料高温塑性本构方程为基础，采用数值模拟方法分析钢铁材料高温变形过程中的金属流动规律，为高温/超高温变形实验奠定理论基础。

（3）结合数值模拟计算的结果，在实验室条件下进行高温/超高温变形实验，研究变形过程中金属流动规律。

2015年：

（1）研究铸件高温/超高温变形工艺下，变形温度、变形速率及变形量等工艺参数对材料心部偏析、疏松及缩孔的影响规律，分析高温/超高温变形条件下铸件中心偏析、疏松及缩孔的控制机制。

（2）在实验室条件下，研究典型材料不同铸态组织形态的奥氏体在高温/超高温变形过程中的动态再结晶行为、动态回复行为、加工硬化行为及再结晶奥氏体晶粒的长大规律，建立动态再结晶模型以及变形抗力模型，分析高温变形对铸态组织的调控机理。

（3）在实验室条件下，采用高温/超高温变形过程的模拟实验，研究影响变形过程中高温钢铁材料的温度控制规律。

2016年：

（1）通过变形过程模拟实验，确立钢材热物性参数，并采用数值模拟方法，结合实验室高温/超高温变形过程特点，分析材料变形过程中各维度方向的温度变化规律。

（2）根据实验室研究结果，创建高温/超高温变形过程温度控制方法和模型，研究相关温度控制策略，开发高温/超高温钢铁材料变形过程的高精度控制技术。

（3）结合高温/超高温热变形实验，采用数值模拟分析方法，研究高温/超高温变形过程关键部件的应力应变分布规律，为开发高温/超高温变形装备提供理论数据。

（4）设计和开发高温/超高温变形原型装备及技术，研究分析变形过程的自动控制系统及其控制机构响应性的影响因素，为开发高控制精度及高响应性的工业化成套装备提供技术储备。

2017 年：

进一步完善高温/超高温塑性变形工艺技术原理及装备技术，建立涵盖高温/超高温塑性变形工艺技术原理、原型装备与关键技术及典型钢铁材料产品工艺技术应用在内的技术体系，为该技术的工业推广应用提供技术支撑。

2.3.5 预期效果

通过钢铁材料高温/超高温塑性变形工艺技术理论研究，分析钢铁材料高温/超高温变形工艺对钢材心部偏析、疏松、缩孔及铸态组织的调控机制，建立和完善高温/超高温塑性变形的金属流动规律和温度控制技术，研发满足工业化生产需求的原型装备及自动控制技术。建立涵盖高温/超高温塑性变形工艺原理、原型装备与关键技术及典型钢铁材料的产品工艺技术在内的成套技术体系，将对于提高板、带、型、棒、线等各门类热轧钢材产品高品质生产，起到重要的推动和促进作用。同时，也有望为小压缩比变形条件下实现典型热轧钢铁材料的高品质生产提供可行性及新的工艺技术路线。

3 先进短流程生产技术

3.1 带钢免酸洗还原退火热镀锌技术

3.1.1 研究背景

随着环境保护理念的强化，国家对废酸排放的惩治力度空前加大，对钢材后续加工的能耗指标要求进一步提高。传统的热轧、冷轧、热镀锌工艺流程中，酸洗在去除热轧过程氧化铁皮、为冷轧原料提供良好的表面质量的同时，也带来大量的废酸处理以及部分钢材基体的损耗，而且还会出现由于工艺控制失误导致的"过酸洗"和"欠酸洗"等表面缺陷，以及因氢脆而导致的钢材物理性能的降低。另外，酸洗生产线本身和废酸处理设备增加了投资成本，酸洗过程中酸液的挥发不仅腐蚀生产设备，还严重污染工作环境。热轧钢板表面氧化铁皮经酸洗去除后，冷轧后钢板表面仍会有一层极薄的氧化膜而影响冷轧板表面对锌液的浸润性。特别是，在先进高强钢和超高强钢中，由于大量 Mn、Si、Cr、Al 等元素的存在，在常规连续退火过程中，发生选择性氧化产生诸如 Mn_2SiO_4 等表面氧化物，在后续热镀锌过程中容易造成表面鼓泡等缺陷。因此，常规流程通常还需要在连续退火前增加预氧化工序，使得带钢表面预先生成铁的氧化物；在退火过程中，铁的氧化物在 H_2 气氛中被还原消除，提高钢板表面对锌液的润湿性。然而，这一工艺手段同样将增加设备投资，降低生产效率。近年来随着环境保护和产品质量意识的上升，酸洗所带来的弊端逐渐被关注，无酸洗去除氧化铁皮技术开始被钢铁行业所重视。由于 H_2 和 CO 气体在冶金行业易于获取，成本较低，并具有还原性强的特点，所以采用 H_2 和 CO 还原热轧带钢表面氧化铁皮对于探索新的无酸去除氧化铁皮途径具有重要的现实意义。

通过精细控制热轧带钢表面氧化铁皮结构而提高产品质量已成为世界钢铁行业的一项关键共性技术。日本、德国及澳大利亚等国钢铁企业对热轧带钢表面氧化铁皮的控制投入了极大研究精力，先后开发出了氧化铁皮控制技术，可大幅度降低热轧产品的酸洗量，甚至达到免酸洗的水平。由达涅利公司开发的无酸清洗（AFC）生产技术，在意大利威尼斯附近的 Ispadue 冷轧厂建成的第一条生产线正在运行，如图 3-1 所示。这种新型的无酸洗生产线的关键设备包括：加热炉、反应器、冷却段、洗涤器。经该生产线生产的带钢表面洁净度比普通酸洗技术高出很多，带钢表面洁净、光亮、平滑。然而，虽然这一技术可在

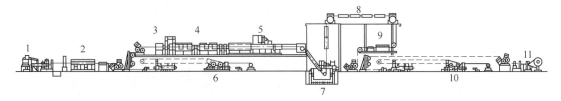

图 3-1 达涅利公司开发的无酸清洗（AFC）生产线

1—开卷机；2—刷洗段；3—感应加热炉；4—还原炉；5—喷射冷却段；6—入口活套；7—锌锅；
8—冷却器；9—化学钝化处理；10—出口活套；11—卷取机

一定程度上替代酸洗技术生产热轧酸洗板，但尚未攻克还原后的热镀锌工业化技术。

韩国POSCO开发了无酸洗还原热镀锌技术。这种新型技术要求精确控制热轧后的层流冷却工艺，使带钢的最终室温表面氧化铁皮含有20%以上的FeO。在连退过程中，在还原段中升温至550~700℃，在20%~100%的H_2条件下还原30~300s，将带钢表面氧化铁皮层部分还原为纯铁层；还原后的带钢浸入铝含量为0.2%~5.0%的锌锅中，最终形成的镀层组织如图3-2所示。由于这种技术要求控制热轧带钢表面氧化铁皮的最终室温组织中含有20%以上的FeO，要达到这种目标，需要在轧后冷却段采用较大的冷却速度将带钢快速冷却至300~400℃的卷取温度，因此对卷取机有较高的要求，对于高强钢和较厚带钢难度很大。同时，还原段要求很高的H_2浓度和较长的还原时间，这将造成成本升高。

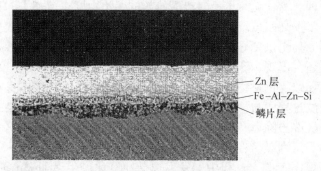

轧制温度：650℃；保温时间：250s
控制冷却速率：20℃/s；w(Al)：0.2%；放大1000倍

图3-2　韩国POSCO无酸洗热镀锌工艺的镀层组织

面对国家宏观政策的调整和国际钢铁工业技术发展的主要趋势，本研究方向主要针对我国钢铁工业中热轧、冷轧、连退、镀锌工序的技术现状，从热轧氧化铁皮控制入手，获得能够实现快速还原反应要求的氧化铁皮，从而省去热轧板酸洗工序，实现无酸洗热镀锌。由此，可消除酸洗所带来的环境污染和成本投入等诸多问题。带钢进入还原退火炉中，在还原性气氛（H_2）中经还原反应除去表面的氧化铁皮，还原产物纯铁可以提高带钢表面的浸润性，从而减少热镀锌板的表面缺陷，并且经还原退火后的纯铁层与基体紧密结合，保证了涂镀层的良好黏附性。宝钢已进行了MRT-4CA、QStE380TM和SECC低碳钢的黑皮冷轧现场试制，经73%压下量直接冷轧后，表面氧化铁皮出现起皮但未见脱落。经还原退火热镀锌后，免酸洗板锌层与基体间存在合金化层，锌层附着力较强，如图3-3所示。

图3-3　宝钢试制冷轧免酸洗还原退火热镀锌的锌层横截面照片

此外，对于普碳钢、高强钢、合金钢中含有的合金元素，在氧化过程中，Al、Si、Mn会在内层形成内氧化，外层为铁的氧化物，经 H_2 还原后，钢板表面只有纯 Fe，再经过锌锅热涂镀时即可消除热浸镀时常出现的缺陷。由此，实现热轧带钢无酸洗还原退火镀锌板的生产，大大提高了连退-热镀锌生产工艺的连续性，在提高生产效率的同时也可降低生产成本，减少废酸等污染物排放，将产生巨大的经济效益和社会效益。

另外，为进一步实现钢材生产的节能降耗和环境友好，东北大学 RAL 实验室提出了将薄带连铸技术与免酸洗直接还原退火技术相结合，不仅省去酸洗工序，同时可以完全取消连退前的预氧化工序，从而开发出薄带生产的最短工艺流程，将大大提高薄带生产工艺的连续性，如图 3-4 所示。这一流程将在常规流程免酸洗热镀锌的基础上进一步提高生产效率、降低生产成本、减少废酸等污染物排放，成为钢铁工业清洁化生产流程。

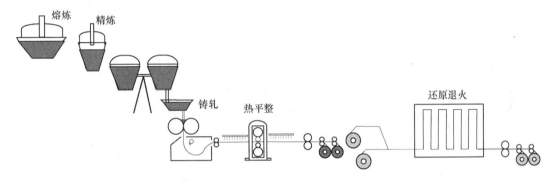

图 3-4　薄带连铸技术与免酸洗直接还原退火技术示意图

3.1.2　拟解决的关键技术问题

为开发新的免酸洗热镀锌技术，将针对热轧氧化铁皮控制、免酸洗冷轧工艺技术、热轧免酸洗直接还原技术以及氧化铁皮还原退火后的热镀锌技术开展系统研究，结合钢的薄带连铸技术开发出"热轧薄带免酸洗直接还原退火热镀锌"工艺流程，最终实现"热轧/冷轧-热镀锌"流程的无酸化生产，提高生产效率并降低生产成本。为此，计划重点解决以下关键技术内容。

3.1.2.1　关键共性技术内容

关键共性技术内容主要有：

（1）热轧氧化铁皮结构控制技术。氧化铁皮结构和厚度及其均匀性对于还原后钢板表面质量具有重要影响，只有实现热轧氧化铁皮的优化控制，才能为后续免酸洗还原处理奠定基础。为此，在全面系统地分析热轧板氧化铁皮结构和厚度演变规律基础上，将开发出热轧过程氧化铁皮厚度演变数学模型，通过模拟计算，获得实现氧化铁皮厚度优化控制的最佳热轧工艺参数。通过系统研究 FeO 共析转变行为，定量确定 FeO 转变的"温度-时间"关系，开发出氧化铁皮/基体界面结构控制技术，掌握可获得厚度均匀、界面平直、结构最优的热轧氧化铁皮控制工艺技术。

（2）氧化铁皮免酸洗直接冷轧工艺技术。热轧氧化铁皮的冷变形行为，直接决定着冷轧过程中是否大量脱落而污染乳化液。为此，在系统开展免酸洗冷轧实验的基础上，将建立热轧带钢表面氧化铁皮与冷轧工艺润滑及冷轧道次压下量之间的对应关系，提出免酸洗直接冷轧条件下带钢表面氧化铁皮开裂与脱落的预测理论，阐明不同氧化铁皮结构、界面结合力及润滑轧制条件下的协调变形机理，开发出免酸洗冷轧新工艺。

（3）热轧氧化铁皮在热处理升温过程中将发生逆相变，从而决定着还原反应动力学行为。为此，将通过系统研究氧化铁皮在升温与等温过程中的相变行为，建立相变动力学模型，确定升温制度对于氧化铁皮结构转变的影响规律并探究清楚相关机理，开发出以控制氧化铁皮结构为目标的最优热处理工艺制度。

（4）退火过程中氧化铁皮的还原反应行为，是决定本项技术能否得以实施的关键。为此，将在系统研究氧化铁皮还原反应行为的基础上，确定还原条件（温度、气氛、气体流体特性）对还原动力学的影响规律并探究清楚相关机理，建立起钢板氧化铁皮还原行为预测模型，掌握典型钢种带氧化铁皮冷轧变形后和热轧带钢直接进行还原反应的动力学规律，开发出控制氧化铁皮还原进程的最优工艺制度。

（5）由于先进高强钢中一般含有较高的 Si、Mn 等元素含量，因此其氧化铁皮结构及还原反应行为与普碳钢存在较大差别。为此，将在研究先进高强钢连退过程中组织和性能演变行为的基础上，分析加热与冷却速度、保温温度与时间对先进高强钢氧化铁皮还原行为的影响规律，开发出适用于先进高强钢的氧化铁皮还原退火技术。

（6）氧化铁皮经还原处理后形成的纯铁层，其表面状态与酸洗板有很大差别，因此必须重新认识热镀锌过程。为此，将通过对还原退火和热镀锌的工艺技术研究，确定热浸镀锌工艺条件（锌液成分、镀锌温度）对镀层附着性、耐蚀性能和表面质量的影响规律，并优化免酸洗热浸镀工艺，开发出具有自主知识产权的适合于普碳钢、先进高强钢和超高强钢材的免酸洗涂镀技术。

（7）基于钢材生产对节能减排的更高要求，将研究并突破"薄带连铸"与"还原热镀锌"相结合的关键技术难点，开发出"薄带连铸＋在线热轧＋还原热镀锌"工艺流程，实现"冶炼、连铸、带钢生产、表面涂镀"的集成化制造。

3.1.2.2 拟解决的关键技术问题

拟解决的关键技术问题是：

（1）热轧氧化铁皮控制技术。获得理想的热轧氧化铁皮结构、降低氧化铁皮厚度是整个工艺技术开发的关键，也是热轧氧化铁皮控制的基础。然而，由于热轧过程中表面温度变化复杂、轧制生产线在线取样点有限，如何实现热轧氧化铁皮厚度的"动态软测量"是控制氧化铁皮厚度的关键所在。另外，氧化铁皮结构与其相变行为密切相关。通过轧制与冷却工艺的优化，获得均匀、结构合理的薄层氧化铁皮是整个课题的基础。

（2）热轧带钢免酸洗冷轧技术。由于铁的氧化物在常温下通常表现为脆性，热轧带钢在冷轧过程中，基体金属发生流动而导致表面氧化铁皮势必发生断裂。因此，需要研究氧化铁皮在热轧带钢免酸洗直接冷轧过程中的演变规律，明确影响氧化铁皮与基体协调变形机理，建立氧化铁皮裂纹产生的理论并确定其表现形式，从而探索出新的免酸洗冷轧工艺技术。为了保证带钢冷轧后的表面质量，就必须掌握氧化铁皮在冷轧过程中的演变规律，以及轧制工艺制度和滑润工艺对于氧化铁皮完整性的影响。热轧带钢免酸洗冷轧技术是一项全新的工艺技术，也是保证后续镀锌层结构均匀性的前提。

（3）退火升温过程中氧化铁皮的相变。升温过程中氧化铁皮发生相变，不同结构氧化铁皮的还原反应进程存在较大差异。因此，有必要针对升温制度对氧化物相变动力学的影响进行深入研究，为工业条件下获得最优氧化铁皮结构的工艺制定提供理论依据。通过优化加热工艺制度控制氧化铁皮的最终结构，使之在还原退火中更容易被还原。

（4）氢气环境中氧化铁皮的还原机制。还原退火工艺是整个工艺技术的重点组成单元，它关系到氧化铁皮的还原效果，也就决定了最终热镀锌工艺的效果。因此，必须探索还原条件（温度、还原气氛、流体特性）对还原产物和还原效率的影响机制，寻找最优还原条件，从而建立起钢板还原行为的精确模型，实现还原行为的有效控制。

（5）热轧先进高强钢还原退火工艺。先进高强钢含有较高的合金元素含量，因此其氧化铁皮结构较普碳钢存在较大差别。因此，需要研究还原温度制度对于热轧先进高强钢的组织和性能的影响，分析加热与冷却速度、保温温度与时间对钢中残余奥氏体与马氏体含量及力学性能的影响，并将还原温度制度与退火制度进行耦合优化，开发出最优还原退火工艺技术。

（6）无酸洗还原退火镀锌工艺。免酸洗还原退火处理后，钢板表面状态发生很大变化，因此热镀锌工艺需要进行调整以适应这种变化。为此，在现有的热浸镀锌工艺基础上，调整锌液成分并优化镀锌工艺参数，才能优化无酸洗还原退火镀锌层的性能和表面质量，获得达到要求的热镀锌产品。

（7）"连铸薄带-在线热轧-免酸洗还原退火热镀锌"技术。在现有"薄带连铸+在线热轧"技术的基础上，结合后续"免酸洗还原热镀锌"技术，开发出近终成型的一体化"薄带连铸-还原退火热镀锌"原型技术。

3.1.2.3 拟采取的研究方案及研究计划

拟采取的研究方案及研究计划是：

（1）氧化动力学测定。采用高分辨率热重分析仪，针对实验钢种通过连续称重法获得氧化增重与时间的关系曲线，通过氧化动力学可以评价实验钢种的氧化速度，测定氧化动力学模型参数。对氧化铁皮厚度进行统计，掌握温度、时间与氧化铁皮厚度之间的内在关系。

（2）热模拟实验。设计 FeO 在连续冷却过程中的共析反应实验，通过控制冷速和共析反应时间，得出 FeO 的共析反应曲线，为热轧过程氧化铁皮结构控制提供实验基础。结合热模拟实验结果，模拟工业生产中的卷取和空冷过程，研究连续冷却过程中氧化铁皮的结构转变规律。

（3）热分析和热模拟实验。利用高温同步差热分析仪和热模拟机，研究热轧带钢表面氧化铁皮在升温过程中的相变，通过热分析和热模拟实验结合分析温度和升温速率对氧化铁皮升温相变的影响，建立最优化的升温制度，最后通过调整加热工艺制度实现对氧化铁皮高温结构的控制。

（4）实验室还原退火模拟实验。在高温同步差热分析仪连续退火模拟实验机上设计不同气氛、不同退火制度的连续退火实验，通过退火后的板带断面检测，确定典型钢种带氧化铁皮冷轧变形后氧化铁皮的还原特性，并对退火后带钢润湿性进行评价。

（5）连续退火实验。通过连续退火实验研究不同退火工艺下先进高强钢的组织和性能演变规律，将还原和退火工艺制度优化结合，确立最优还原退火工艺。

（6）热浸镀锌实验。通过改变锌液中有效铝含量、锌池温度、钢带入锌池温度、钢带速度、基板化学成分及镀层厚度进行镀锌模拟实验，并通过热动力学分析、连续镀锌模拟实验对锌层组织的生长动力学进行研究，分析合金元素对抑制层形核和生长作用的规律，最终确定最佳镀层微观组织和工艺路线。结合工业化热基镀锌生产线，开展工业化试制，找到最佳工艺窗口。

（7）薄带连铸与还原热镀锌相结合实验。采用实验室中试薄带连铸机，结合热镀锌实验机，开展连铸薄带氧化铁皮还原实验，确定薄带连铸过程中的最佳氧化铁皮结构控制方案及还原退火热镀锌工艺，开发出"薄带连铸-在线热轧-还原热镀锌"原型技术。

3.1.3 研究进展

3.1.3.1 热轧氧化铁皮控制技术

A 氧化铁皮厚度控制技术

获得理想的热轧氧化铁皮结构、降低氧化铁皮厚度是整个工艺技术开发的关键。较薄的氧化铁皮不仅有利于带钢无酸洗冷轧时氧化铁皮与基体的协调变形，更有利于氢气还原。根据 Wagner 的氧化理论，温度和时间是影响带钢氧化铁皮厚度的两个重要因素。在现有的常规热轧工艺条件下，钢板表面的氧化铁皮厚度通常在 $15\mu m$ 以上。如此厚度的氧化铁皮在后续的无酸洗冷轧过程中极易产生裂纹和脱落，影响热镀锌板表面镀层的均匀性。而且，氧化铁皮厚度增加，直接增加还原反应所需时间，导致生产效率的降低。本技术采用"高温快轧"的工艺思路，通过热轧工艺参数调整，降低带钢在高温区的停留时间，从而实现对氧化铁皮厚度的减薄。热轧氧化铁皮厚度控制技术在宝钢、邯钢等热连轧生产线上进行了试制，并取得了良好的实际效果，将带钢表面的氧化铁皮厚度降低至 $5 \sim 6\mu m$，控制效果如图 3-5 所示。

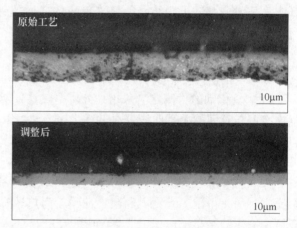

图 3-5 氧化铁皮厚度控制效果

B 氧化铁皮组织均匀性控制技术

热轧板卷取进行空冷至室温后，带钢表面出现颜色差异，靠近中间部分区域呈现浅灰色，靠近边部区域呈现深蓝色，这就是所谓的"色差"缺陷，如图 3-6 所示。缺陷一般出现在离带钢边部 $20 \sim 30cm$ 的位置，且呈对称分布。这种"色差"缺陷是影响氧化铁皮还原均匀性及热镀锌锌层均匀性的重要原因。通过实验室的基础理论研究，掌握了氧化铁皮结构变化的规律，如图 3-7 所示。

通过对不同颜色氧化铁皮的结构组织进行系统分析，掌握了色差出现的原因，色差部位氧化铁皮存在组织和厚度上的差异，主要是由于带钢板宽度方向上的冷速和供氧差异造成的。通过调整卷取温度，使氧化铁皮组织在冷却过程中直接进入共析区间，钢卷边部与

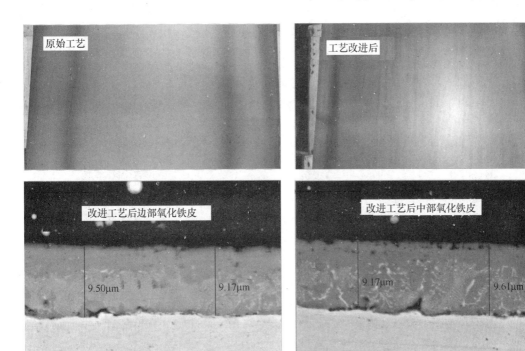

图 3-6 热轧氧化铁皮组织均匀性控制效果

钢卷中部氧化铁皮中的 FeO 都能充分地进行共析反应，形成片层状的共析组织。从而得到的钢卷中部与边部的氧化铁皮组织结构均匀一致，同时卷取温度较低，边部氧化铁皮虽处于富氧区，但由于继续氧化被抑制，因此带钢表面边部与中部的氧化铁皮厚度基本一致。带钢表面氧化铁皮横向均匀性大大提高，从而使得钢卷表面的色差缺陷消失，除去了"海带纹"色差缺陷，为实现氧化铁皮均匀还原及热镀锌奠定了基础。

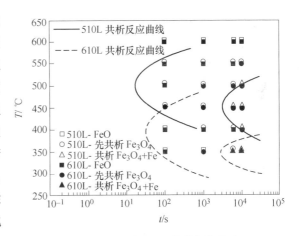

图 3-7 510L 和 610L 热轧氧化铁皮
结构转变的温度-时间关系

3.1.3.2 免酸洗直接冷轧技术

本技术采用热轧带钢免酸洗直接冷轧，不仅能够消除酸洗的不足，同时还可提高生产效率。考虑到铁的氧化物在常温下是脆性的，在氧化层的生长过程和基体承受工作载荷时可能会发生断裂。在轧制过程中氧化铁皮主要受到轧制力和摩擦力作用，由于复杂而各异的受力条件，氧化铁皮可能发生裂纹，甚至是剥落、粉碎。本技术通过冷轧实验系统地研究氧化铁皮在带钢免酸洗冷轧时的变形行为，分析轧制工艺参数对氧化铁皮的影响。

图3-8 示出的是在单道次冷轧且进行冷轧润滑的条件下，道次压下量对氧化铁皮开裂与剥落变化的影响。不同轧制工艺条件下带氧化铁皮的变形行为如图3-9所示。在无润滑

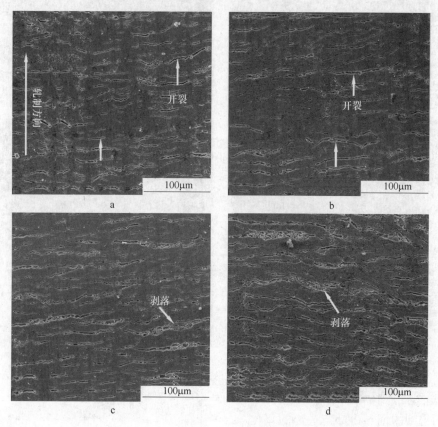

图3-8 润滑条件下单道次冷轧后的氧化铁皮表面形貌

a—15.2%；b—17.4%；c—19.56%；d—23%

低速轧制时，单道次轧制压下率不宜超过15%，低于15%轧制，氧化铁皮受摩擦力只发生断裂，出现垂直于轧制方向规律性分布的裂纹。如果压下率过大，氧化铁皮受力超过氧化铁皮与基体的附着力，则氧化铁皮容易产生剥离和粉化。同样的轧制总压下率，多道次轧制能够降低轧制力和氧化铁皮的摩擦力，可以有效地保护带钢表面氧化铁皮，减少对氧化铁皮的破坏。润滑液的使用可以降低轧制力，有利于氧化铁皮的保护，临界道次压下率提高至23%。在此基础上，通过优化

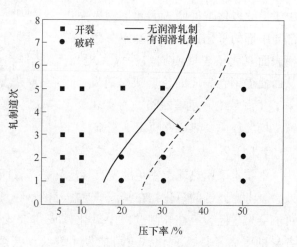

图3-9 轧制规程对氧化铁皮破碎的影响

轧制工艺，使氧化铁皮在免酸洗冷轧过程中与基体保持良好的变形协同性。

3.1.3.3 还原热镀锌技术

A 氢气还原热轧氧化铁皮研究

用还原性气体还原氧化物是冶金行业中最重要的一个环节，热轧带钢表面氧化铁皮主要是由 Fe_2O_3、Fe_3O_4、FeO 三种铁的氧化物组成，利用 H_2、CO 等气体还原氧化铁皮作为一种替代传统酸洗的清洁除鳞方式一直是冶金工作者研究的热点。热轧带钢表面氧化铁皮的还原过程是一个气-固反应过程，带钢表面氧化铁皮在 H_2 中的还原过程，包括 H_2 气相边界层扩散、H_2 在固态产物中的内扩散、H_2 与氧化铁的界面化学反应以及气体反应产物向外的扩散过程。

图 3-10 示出的是在 10% 浓度的 H_2 条件下，带钢氧化铁皮的等温还原动力学曲线。图 3-11 示出的是不同温度下还原产物的断面形貌的 SEM 照片。在低浓度氢气中的等温还原反应过程具有气-固反应的特征，整个还原反应包括三个阶段：第一阶段是反应初期的诱导期，诱导期的长短取决于温度和还原性气体中的氢分压，温度越高，诱导期越短；第二阶段是反应加速期，在 10% H_2 中还原时，除去 600℃ 和 700℃，其他温度的反应稳定期从还原率 8% 一直持续到 80%；第三个阶段为减速期，加速期之后还原反应速率急剧下降。在还原反应初期，还原率随着温度升高而增大，但是反应 6min 以后，由于 600℃ 和 700℃ 的还原反应速率下降，导致在这个温度区间出现还原率的低谷，这是由于在这个温度区间，还原反应产物由多孔铁转变为致密铁，致密铁将试样表面氧化铁皮覆盖，气体反应物 H_2 只有扩散通过纯铁层，才能发生界面反应，所以反应速率下降。

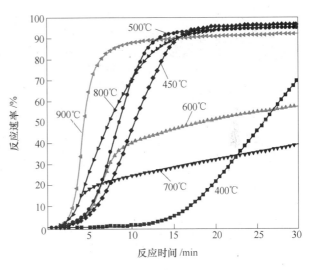

图 3-10 氧化铁皮的等温还原动力学曲线

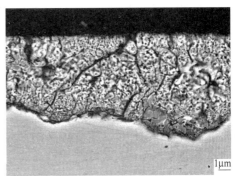

a b

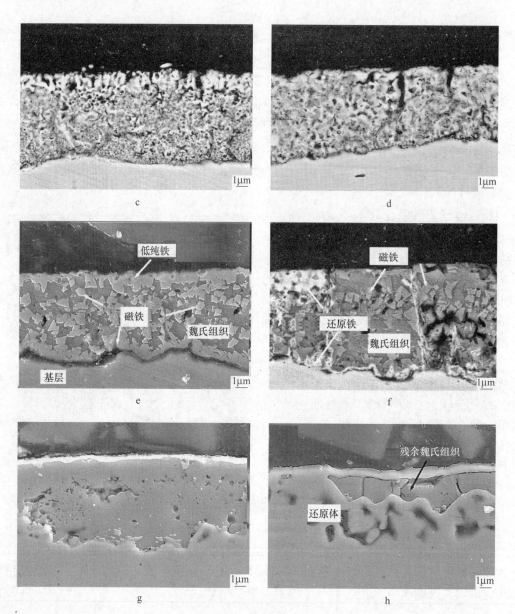

图 3-11 不同温度下还原产物的断面形貌

a—400℃；b—450℃；c—500℃；d—580℃；e—600℃；f—610℃；g—700℃；h—800℃

B 还原热镀锌工艺研究

图 3-12 示出的是还原工艺对镀锌层结构影响的 SEM 照片。图 3-13 示出的是镀层断面元素分布的 EPMA 分析结果。采用低温还原工艺其还原产物为多孔铁，多孔铁的出现将加大热轧带钢表面的粗糙度，恶化原板表面质量，加剧镀层组织的复杂化。而当还原产物为致密铁时，带钢表面具有较好的表面质量，可以优化镀层组织和表面质量。合理控制铝含量，在热镀锌过程中形成 Fe_2Al_5 抑制层，Fe_2Al_5 抑制层和氧化铁皮共同阻止了 Zn 和 Fe 的合金化过程，阻止形成大量的 δ 相和 ζ 相，最终的锌层组织为均匀的 η 相，从而提高锌层的附着力，保证镀锌板的表明质量。利用还原退火炉将热轧氧化铁皮还原为纯铁，以此提

高基板的润湿性，这样就省去了酸洗和预氧化工序，大大缩短热镀锌工艺流程，这是一种绿色高效的短流程热镀锌工艺。通过热轧带钢免酸洗还原热镀锌工艺实验研究，系统得出还原工艺、Al 元素、原板表面状态和氧化铁皮等对镀层组织和附着性的影响规律。在实验条件下进行了热轧免酸洗还原热镀锌板和热轧免酸洗直接冷轧还原热镀锌板的工艺开发。

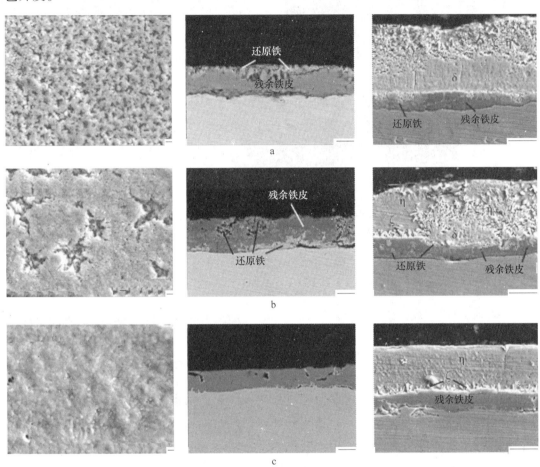

图 3-12　还原工艺对镀层结构的影响

a—550℃；b—600℃；c—750℃

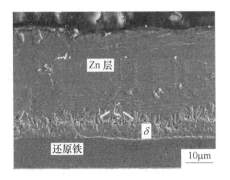
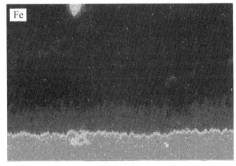

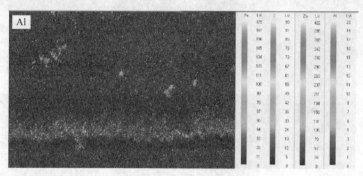

图 3-13 镀层断面元素分析

3.1.3.4 工业试制

RAL 研究团队与河北钢铁集团邯钢公司合作开展的前期研究工作表明，在实现热轧氧化铁皮优化控制的前提下，采用 1450mm 热轧酸洗板热镀锌生产线，经有限还原处理后，可以实现热轧板免酸洗热镀锌，涂层附着力和表面质量均可达到国家相关标准的要求。热基镀锌线的热处理炉技术为改良森吉米尔法。卧式加热炉全长 97m，包括无氧化加热段、辐射管加热段、均热段、喷气冷却段、炉鼻段。无氧化加热段长 32m，辐射管加热段长 25m，均热段长16m，喷气冷却段长 16m，炉鼻段长 8m。根据现场实际生产条件结合实验室研究结果，制定优化的热轧带钢免酸洗还原热镀锌板试制工艺，在工业条件下进行多卷试制。图 3-14 所示为热轧带钢无酸还原热镀锌卷板的宏观形貌，镀锌板表面锌花均匀，表面质量良好；但是在边部有少量区域存在一些缺陷，表现为镀层粗糙度增大，破坏了镀锌板的镜面效果，这是由于热轧原板表面氧化铁皮中缺陷造成的。

图 3-14 试制过程中热镀锌板
表面和板卷照片
a—试制过程中镀锌板表面；
b—镀锌板表面形貌；c—镀锌板卷形貌

在锌锅中经3s热浸镀后，镀锌层厚度约20μm，带钢的锌层厚度相对均匀，如图3-15所示。由于还原工艺相对苛刻，在还原退火炉内还原1.5min后，仍有部分的氧化铁皮保留，最终随试样进入锌锅，这层氧化铁皮与Fe_2Al_5共同作用阻碍了Zn和Fe的合金化过程，避免了Fe-Zn合金相的产生，最终的镀锌层完全为纯锌（η）相。

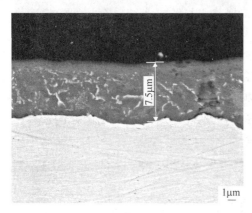
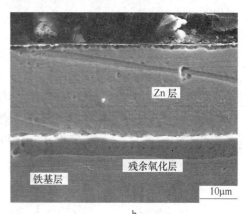

图3-15 热轧带钢表面氧化铁皮和镀锌板镀层断面结构
a—氧化铁皮；b—镀层

通过180°冷弯来验证镀层的附着性。尽管基体与镀层之间残留有大量的$Fe_{1-y}O$，但是纯锌层具备良好的延展性，在冷弯变形时，镀层能够保持较好的完整性，T弯试样宏观照片如图3-16所示，在"2T"试样的弯角部位未出现肉眼可见的裂纹。但如果继续进行大幅度变形，"0T"试样弯角部位的镀层中出现裂纹，用胶带撕扯能够发现镀层剥落。

图3-16 "2T"冷弯试样

图3-17所示为镀层中元素分布的线扫描结果，在还原热镀锌板的完好部位元素分布

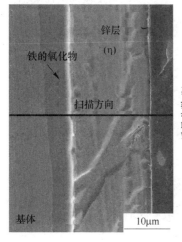
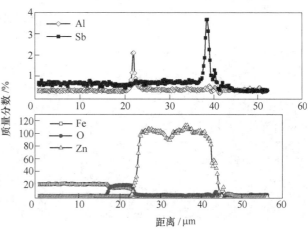

图3-17 镀层形貌及元素分布

规律性明显，锌锅中添加的锑元素主要起锌花促进作用，所以 Sb 元素主要集中分布在镀层表面；由于铝的化学性质比锌更为活泼，所以在锌锅中，Al 更容易与带钢表面的还原纯 Fe 反应形成金属化合物，故而 Al 元素在锌层与氧化铁皮表面的还原纯铁层之间富集。

利用 EPMA 面扫描分析镀层中的元素分布规律，与线热线结果有相似的规律，如图 3-18 所示。从 O 元素和 Fe 元素的分布来看，带钢表面氧化铁皮仍有大量的残余，并且在靠近右侧的氧化铁皮已经被还原为纯铁，所以结构相对疏松；而在纯 Zn 层中，未出现 Fe 元素的富集，说明镀层中未出现 Zn-Fe 合金相，锌层的组织均匀；Al 在带钢表面有明显的富集，说明形成了有效的抑制层 Fe_2Al_5，但抑制层不连续，热轧带钢表面粗糙度较大，0.2% Al 含量相对不足，并且在图中靠近右侧的疏松状还原纯铁中 Al 有明显的富集，可见 Al 容易聚积在凸起部位；Sb 的分布与 Al 相似，除了在表面富集，在界面和镀层中少量颗

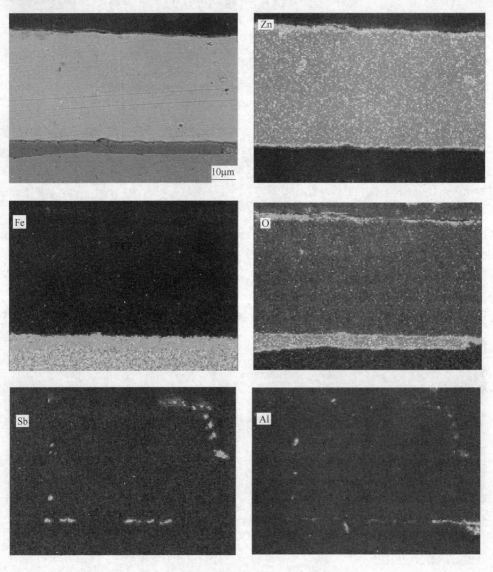

图 3-18 镀层正常部位元素分布（EPMA）

粒周围也有 Al 和 Sb 的富集。

在热镀锌板生产过程中，热轧带钢的边部出现了较多的缺陷，表现为镀层表面粗糙、锌花杂乱，除此之外，热镀锌局部区域镀层表面粗糙度较大，分布着一些凸起。对这些凸起部位镀层做断面结构分析，结果如图 3-19 所示，表面凸起位置对应的界面组织都存在缺陷，由于带钢表面氧化铁皮被破坏，该部位表面积明显大过正常位置，导致 Al 相对不足，未能抑制 Zn-Fe 合金相的快速生长，Zn-Fe 合金相的快速生长又将压迫氧化铁皮，进一步加剧氧化铁皮层基体的分离，最终导致该位置的镀层组织不均匀，形成表面凸起。因此，必须对热轧基板的表面状态进行控制，避免热轧基板表面氧化铁皮破坏，从而达到消除凸起缺陷、提高镀层质量的目的。

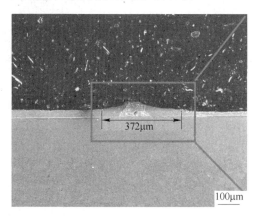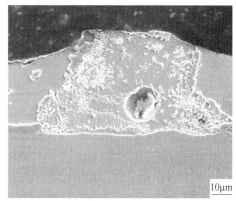

图 3-19 凸起缺陷断面形貌

3.1.4 预期效果

热轧带钢无酸洗冷轧还原退火镀锌技术的研发成功将大大提高冷轧-连退-镀锌生产工艺的连续性，在提高生产效率的同时也降低生产成本，减少废酸等污染物排放，将产生巨大的经济效益和社会效益。

（1）经济效益：该项目关键技术的开发和示范线的投入运营，产生的直接经济效益主要分为两部分，一部分为直接的节能减排效益；另一部分为采用示范线所生产的高强汽车板，带来了产品结构的重大调整和巨大的直接经济效益，同时增加了汽车的安全性和减重节能，提升了我国汽车工业的国际竞争力，也会产生巨大的社会效益。

本项目热轧板免酸洗直接冷轧、还原退火和热镀锌或电镀锌的工艺技术省去酸洗工序，按照吨钢节约酸洗成本 150 元/t 计，同时由于取消酸洗工艺和连退前预氧化工序可使得整个生产线生产效率提高 10%~20%。

（2）社会效益：本项目试制的各种超高强钢成功试用到国内外中高档轿车、卡车和新一代集装箱中，对汽车的减重节能降耗、提高安全性能起到了关键作用，对我国交通运输行业的节能、减排和增效也将有重要作用。

（3）环境效益：吨钢减少废酸排放 20kg，环保效果会非常明显，该技术如能在冶金行业推广普及，会对我国钢铁工业可持续发展起到积极的促进作用。

3.2 薄带连铸制备高性能硅钢工艺与装备

3.2.1 研究背景

钢铁工业作为我国国民经济的支柱产业正在迅猛发展，我国早已成为全世界最大的钢铁生产国和消费国。但是，我国只是世界钢铁大国而非钢铁强国，日益突出的高能耗、高污染、低效益、资源匮乏和环境负荷重等严峻问题正威胁着钢铁工业产业链的安全。然而摆脱当前困境的唯一出路就是加快实现由"高消耗→高品质"生产方式（如过度依赖添加贵重合金元素、生产流程冗长等）向"低消耗→高品质"（即资源能源节约型、环境友好型、低成本、高性能）ECO 生产方式的转变。只有大力开发节省能源资源、减少环境污染、增加循环利用、实现环境友好的新一代钢铁生产工艺流程，才能保障我国钢铁工业的可持续发展。其中，发展先进短流程、紧凑化生产工艺和技术是这一转变的重要组成部分，将发挥重要作用。

近终形薄带连铸技术正是适应这种形势的一种短流程、低能耗、投资省、成本低的绿色环保新工艺技术。薄带连铸技术作为当今世界上薄带钢生产的前沿技术，不经厚板坯连铸、加热和热轧等生产工序，由液态钢水直接生产出厚度为 1~5mm 的薄带坯，同传统的薄带生产流程相比，可节约设备投资约 80%，降低生产成本 30%~40%，能源消耗仅为传统热连轧生产流程的 1/8。更重要的是，其独有的亚快速凝固过程在获得钢材某些特殊性能方面具有独特优势，是实现高性能钢材短流程生产的重要途径。正因如此，国外钢铁企业如 Nucor、POSCO、NSC 等纷纷投入巨资竞相开发薄带钢连铸技术。目前，其研发重点一般放在了普碳钢、不锈钢等品种上，并且已取得了突破，实现了产业化生产；而针对硅钢薄带连铸的研究才刚刚起步，研究工作还不深入，研究数据严重缺乏，这为我国开展薄带连铸硅钢研究和引领世界硅钢生产技术带来了重要的历史机遇。东北大学轧制技术及连轧自动化国家重点实验室（RAL）一直把双辊薄带连铸技术作为一个前瞻性、储备性和战略性课题进行研究。针对双辊薄带连铸过程中存在的关键冶金学基础问题，重点研究了如何发挥薄带连铸亚快速凝固特性和近终形成型过程特点生产一些常规流程无法生产或者生产难度较大的产品，并赋予产品以常规生产过程无法得到的特殊性能，从而为实现高性能钢铁材料的减量化生产提供重要支撑。前期的研究工作表明，采用薄带连铸生产硅钢这种高投入、高技术、高难度、高消耗、高成本的钢铁"艺术品"具有无可比拟的优势。

硅钢（包括取向硅钢（GO）、无取向硅钢（NGO）及 4.5%~6.5% Si 高硅钢）作为电力、电子和军事工业领域不可缺少的重要软磁材料，主要用于电动机、发电机、变压器的铁芯和各种电讯器材，是产量最大的金属功能材料且具有高附加值和战略意义的钢铁产品。硅钢生产工艺复杂，制造技术严格，具有高度的保密性和垄断性，同时其制造技术和产品质量是衡量一个国家特殊钢生产和科技发展水平的重要标志之一。我国冷轧硅钢在产能、质量、规格牌号等诸方面，还远不能满足相关工业领域发展的需求。我国在硅钢生产方面面临的主要问题是，低端产品产能过剩、产品利润较低，高端产品如高磁感取向硅钢（HiB）的常规生产技术难度大，产品合格率低于 75%。我国在硅钢制造方面缺乏自主知识产权的硅钢制造技术、工艺装备及研发能力。近年来，国外又凭借其积累的技术优势和严密的专利覆盖，对我国硅钢发展实施了严格的技术封锁，已经达到无条件拒绝转让硅钢制造技术的程度。因此，大力加强自主知识产权的高品质硅钢制造技术研究，对于我国钢铁工业的持续发展和国家安全具有重大意义。

硅钢的传统生产流程冗长、工艺复杂、技术苛刻，是一种高投入、高技术、高消耗、高成本的钢铁产品。从 20 世纪初期发现取向硅钢以来，美国、日本等国的研究者对硅钢进行了大量的研究，生产工艺不断改进，性能水平不断提高，但是基本以传统的厚板坯流程为主。近年来，随着薄板坯连铸连轧技术的发展，又出现了薄板坯生产流程，但薄板坯流程本质上与厚板坯流程差别不大。传统硅钢生产流程分为热轧和冷轧-热处理两个大的阶段。其中，热轧阶段是对热轧后的晶粒尺寸、析出物尺寸、分布、数量以及织构分布和强度进行精细化控制，为后续冷轧-热处理做组织、织构方面的准备。热轧过程对硅钢生产的质量、产量、效率和稳定性具有决定性的影响，产品的质量、成材率均与热轧带钢质量密切相关。在传统硅钢的热轧过程中，使用厚度为 230~250mm 的板坯，经过 9~10 道次的热轧过程，轧制成为 2~3mm 的热轧带，总压缩比高达 100 左右，不仅流程冗长，能耗高，而且影响参数很多，生产稳定性差，组织控制难度很大，成材率很低。对于硅钢生产这种组织控制非常精细的材料而言，复杂、冗长的常规流程甚至会带来一些致命性的、无法补救的组织和织构缺陷，极大地损害硅钢的性能。

3.2.2 薄带连铸生产高性能电工钢的研究进展

在国家自然科学基金重点项目及"973"课题等的支持下，RAL 系统研究了电工钢、铁素体不锈钢、高 P、Cu 超高耐候钢、高氮不锈钢、TWIP 钢、高速钢、镁合金等薄带连铸的凝固组织特点及材料性能。通过这些研究发现，与传统厚板坯热轧流程相比，除了流程紧凑、工序缩短、节能降耗等短流程优势外，薄带连铸的亚快速冷却过程在微观组织和织构控制上也具有独特优越性，采用薄带连铸生产硅钢产品具有无可比拟的优势，这主要体现在以下几个方面：

（1）双辊薄带连铸凝固组织和织构的可控性。在研究体心立方结构的金属材料（铁素体不锈钢和硅钢均为此种结构）时发现，通过控制凝固的工艺条件可以获得不同的结晶组织，凝固组织具有极强的控制柔性。利用这一特点，可以依据 NGO 和 GO 的最终织构要求，控制浇铸工艺制度，得到与最终需要的织构相匹配的凝固组织和织构，有利于提高材料的磁性能。

（2）双辊薄带连铸直接由钢水凝固制备带坯，采用固有抑制剂法无需高温加热，避免了常规流程高温加热的瓶颈问题，更不需要后期渗氮处理。

（3）薄带连铸为亚快速凝固过程，冷却速度高达 $10^3℃/s$ 以上，通过铸后冷却过程与后续的常化工艺配合，可以灵活地控制材料的晶粒尺寸和析出物尺寸，对于硅钢织构形成、提高材料的磁性能具有重要意义。

（4）取消了传统流程大压缩比热轧过程，抑制了 NGO 硅钢有害的析出物和不利的 γ-织构的产生，避免了 GO 硅钢中 AlN 的过早析出粗化现象，可以在单道次热轧甚至无热轧条件下生成位向准确和数量足够的高斯晶核。

（5）薄带连铸提供了获得薄规格铸坯的可能性。通过减薄铸带厚度和优化组织织构控制，可以提高 NGO 硅钢中有利织构比例，保证成品 GO 硅钢中抑制剂及高斯晶核数量、密度和均匀性，有望开发（超）薄规格电工钢，极大地降低铁损，进一步提高磁性能。

综上所述，可以看到采用薄带连铸生产硅钢产品是一个极具潜力的发展方向。在认真分析目前国际上最先进硅钢生产技术的成分设计、组织与织构控制原理以及存在的工艺技术难题的基础上，结合薄带连铸亚快速凝固、短流程的特征优势，RAL 从 2008 年开始，以国家自然科学基金钢铁研究联合基金重点项目为依托（50734001），开展了基于双辊薄带连铸的硅钢制造理论研究并形成了系统的工艺和装备技术，旨在突破目前国际上采用的传统流程的限制，彻底解决其存在的问题，开发出易控制、高效率、低成本、低消耗的绿色化短流程生产技术，提供高性能、绿色化的硅钢产品，为硅钢生产开辟一条由中国领跑的特色化、绿色化创新发展道路，为我国在硅钢制造领域跻身国际前沿做出贡献。围绕薄带连铸高品质硅钢成套制造工艺与装备技术的各类关键问题，本方向将深入而系统地开展研究及开发，尽快形成具有我国自主知识产权的新一代硅钢先进制造技术，既符合我国科技发展"节能、高效、促进循环经济发展"的总体战略目标，又能在国际硅钢生产领域占领制高点。

目前，RAL 正与我国钢铁企业密切合作开展薄带连铸 GO、NGO、高硅钢产业化技术研究。通过在实验室条件下系统开展薄带连铸硅钢"化学成分-工艺-组织性能"演变及控制技术研究，开发出了薄带连铸关键单体设备和核心控制系统，形成了具有我国自主知识产权的薄带连铸高品质硅钢成套工艺与装备技术，为在国际上率先实现薄带连铸硅钢的工业化生产提供重要支撑。已取得的主要研究进展包括：

（1）解决了制约薄带连铸产业化发展的一些瓶颈问题，建成了完备的薄带连铸硅钢全流程实验研究平台，完成了薄带连铸硅钢工业化生产线的详细设计。

针对双辊薄带连铸硅钢的生产特点，创造性地解决了诸如浇铸水口的材料设计与结构优化设计、低成本-长寿命-高换热效率铸辊的材料研发及结构优化设计、低成本-长寿命侧封板材料开发、浇铸保护系统设计等长期困扰薄带连铸产业化的瓶颈，形成了具有自主知识产权的成套技术，满足了薄带连铸硅钢低成本、高效率、高可靠、多炉次稳定生产的需要。完成了熔炼炉、薄带连铸机、热轧机、冷轧机、温轧机、酸洗装置、脱碳退火炉、高温退火炉、涂层模拟机等实验研究装备的设计、制造、安装、调试及应用，建成了世界上目前最完备的薄带连铸硅钢全流程实验研究平台。令人关注的是，许多单体设备针对薄带连铸硅钢的特点采用了首创的独一无二的设计思想，如热轧机可实现异步轧制功能，温轧机采用带钢直接通电电阻加热设计，冷轧机可实现带钢张力的无极可调等。这些研究工作不但提供了良好的基础条件和强力手段，满足了开展薄带连铸硅钢研究的苛刻要求和迫切需求，而且提供了完备的柔性化实验平台，为硅钢的工业化产线及装备提供了设计原型。研发了熔池液面检测与控制系统、凝固终点位置检测与控制系统、铸轧力检测与控制系统、铸带坯厚度/板形检测与控制系统、热轧板厚度/板形检测与控制系统、表面质量检测与控制系统等关键控制系统，为生产厚度均匀、板形良好、表面质量优异的硅钢带坯奠定了坚实的基础。在此基础上，对薄带连铸硅钢工业化生产线进行了详细设计，如图 3-20 所示。

（2）建立了薄带连铸高性能无取向硅钢的组织性能调控理论，形成了全流程系统工艺技术，并成功制备出高磁感、高牌号无取向硅钢原型钢。

传统观点认为：薄带连铸条件下每秒高达 1000 ~ 2000℃ 的冷却强度可使钢水以极快速

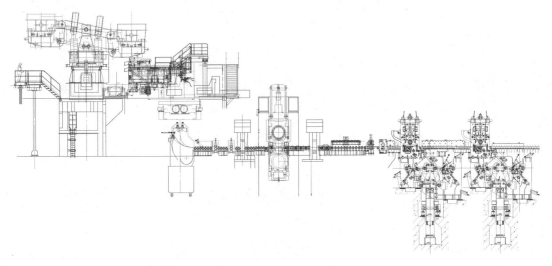

图 3-20 工业化薄带铸轧产线设计示意图

度凝固，不利于枝晶组织的定向发展，故只能形成细小的等轴晶组织和随机织构。课题组却发现：即使在亚快速凝固条件下，通过改变熔池内钢水的过热度也可以制备出具有不同组织和织构特征的铸带坯（图3-21）。取向硅钢和 6.5% Si 钢也呈现出相同的变化规律。不仅打破了人们对薄带连铸亚快速凝固的传统认识，而且满足了无取向硅钢、取向硅钢、6.5% Si 钢对初始凝固组织和织构类型的个性化需求，为制备较之传统产品更高性能的硅钢产品提供了有利条件。

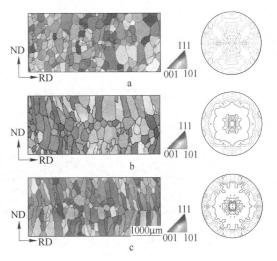

图 3-21 不同过热度条件下无取向
硅钢铸带坯的组织及 {100} 极图
a—20℃；b—80℃；c—110℃

前人由于未能成功地获得具有不同初始组织和织构特征的铸带坯，所以对其遗传影响的研究一直处于空白。课题组分别以等轴晶组织（漫散织构）和柱状晶组织（{001} 织构）的铸带坯为初始材料进行了对比研究，经过相同的冷轧和退火处理后发现：前者的 {001} 织构非常弱，而后者的 {001} 织构显著增强（图 3-22）。等轴晶铸带坯成品板的磁感 B_{50} 与传统产品相当，而柱状晶铸带坯的成品板则提高 0.03T 以上，达到高效无取向硅钢的水平。从而明确了无取向硅钢铸带坯初始组织和织构的控制目标。

长期以来，如何强化 {001} 再结晶织构并弱化 {111} 织构以提高无取向硅钢的磁感一直困扰着材料研究工作者。在传统流程条件下，大压缩比导致强烈的 {111} 再结晶织构成为超低铁损薄规格产品开发的瓶颈。人们不得不采取一些繁琐的附加措施（如热轧板常化处理、两阶段冷轧等），但是效果非常有限。课题组研究发现：在薄带连铸条件下，通过对晶内剪切带和形变带这些亚结构的合理设计可以实现对再结晶行为的调控（图 3-23），

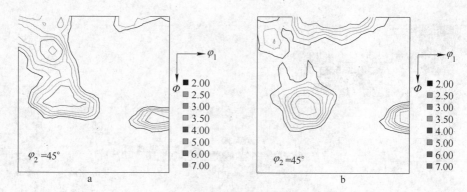

图 3-22 无取向硅钢等轴晶铸带坯（a）和
柱状晶铸带坯 (b) 的成品板织构比较

在无需采取附加工序的条件下，轻而易举地即可获得近乎完美的织构组态：{001} 织构全面占优，{111} 织构基本消失（图 3-24）。这种优越的织构特征在传统流程条件下是无法获得的。磁感指标 B_{50} 优于国内外现有产品 0.04T 以上。由此，采用最简单的工艺措施，突破了传统生产流程的局限，提供了一条无需加热、无需常化处理、无需两步冷轧和中间退火的短流程、低难度、低成本制造高效无取向硅钢的全新工艺流程，为高品质无取向硅钢薄带连铸产业化生产提供了原型技术。

图 3-23 进行亚结构调控设计后的再结晶行为 EBSD 观察结果

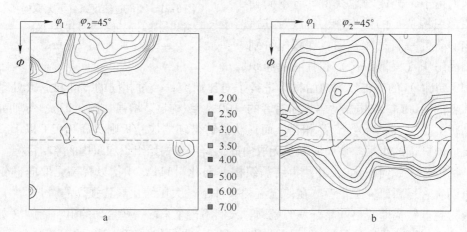

图 3-24 薄带连铸流程（a）与传统流程（b）的再结晶织构比较

（3）建立了薄带连铸高性能取向硅钢的组织性能调控理论，形成了全流程系统工艺技术，并分别成功制备出普通取向硅钢和高磁感取向硅钢原型钢。

在传统的厚板坯连铸流程条件下，取向硅钢二次再结晶形成的全高斯织构源于热轧板亚表层1/4~1/5处的高斯晶粒。大于100倍的压缩比、多道次热轧对于高斯织构的形成至关重要。但是，在薄带连铸条件下，不可能实现传统流程那种大压缩比的多道次热轧过程，这成为制约薄带连铸取向硅钢的一个瓶颈。课题组研究发现：通过对化学成分进行合理设计并对亚快速凝固过程进行调控可以获得非常细小的凝固组织，在这种细小的初始组织中即存在大量的高斯取向的晶粒（图3-25a），经小变形量的热轧后也可以保证存在一定数量的高斯"种子"（图3-25b），能够完全满足后期二次再结晶的需要。另外，当铸带坯初始凝固组织过于粗大时可采用两步冷轧法，在第一次冷轧后进行中间退火也可以确保一定数量的高斯"种子"，同样也能够满足后期二次再结晶的需要。从而全面解决了薄带连铸条件下热轧压缩比太小、剪切变形不够所引起的高斯"种子"不足的难题，扫清了制备取向硅钢的第一个障碍。

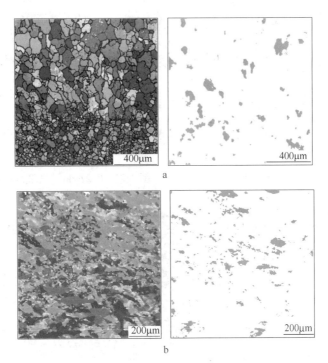

图3-25　铸带坯（a）与热轧板（b）的晶体取向图及
高斯晶粒分布图（偏差角为15°）

抑制剂控制技术是取向硅钢制造流程的核心技术，抑制剂的数量、尺寸及分布状态是决定能否发生二次再结晶的关键。在传统的厚板坯生产流程条件下，为获得抑制剂需对铸坯进行长时间的高温（>1350℃）加热，导致炉内氧化、断坯、熔化、烧损现象十分严重，成材率大幅降低。抑制剂对热轧过程参数异常敏感，其工艺控制窗口异常狭窄。因此，取向硅钢的生产难度非常大，废品率非常高。在薄带连铸条件下，课题组创造性地提出：在二次冷却阶段采用快速冷却以减少抑制剂的析出，对抑制剂的调控则主要集中在热轧板的常化处理阶段进行。实践证明，通过改变常化处理参数可以实现对抑制剂的数量、大小及分布状态的精确调控，最终使抑制剂较传统流程更加细小（25～50nm）且尺寸分布更加集中（图3-26）。不但取消了传统生产流程的高温加热和渗氮工序，而且使抑制剂调控难度显著降低，调控精度显著提高，找到了一条取代传统高难度、高技术、高成本生产流程的短流程、易控制、低成本的取向硅钢制造新流程。

通过以上工作，在实验室条件下成功制备出0.27mm厚的普通取向硅钢，磁感指标B_8达到1.85T，与国内外现有CGO产品相当；成功制备出0.23mm厚的高磁感取向硅钢，B_8达到1.94T，优于国内外现有Hi-B产品。提供了一条无需高温加热、无需渗氮处理的短流程、低难度、低成本制造取向硅钢的全新工艺流程，为取向硅钢薄带连铸产业化生产提供了技术原型。0.27mm厚普通取向硅钢的二次再结晶显微组织照片如图3-27所示，0.23mm厚高磁感取向硅钢的二次再结晶显微组织照片如图3-28所示。

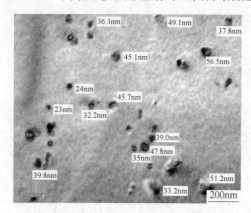

图3-26 取向硅钢抑制剂TEM观察结果

图3-27 0.27mm厚普通取向硅钢的低倍组织

（4）建立了基于超低碳成分设计制造高性能取向硅钢的组织性能调控理论，形成了全流程系统工艺技术，分别成功制备出0.18～0.23mm厚的超低碳3.0% Si、4.5% Si、6.5% Si取向硅钢原型钢。

在传统厚板坯生产流程条件下，由于抑制剂AlN在很大程度上是通过调控γ/α相变过程得到的，故碳元素对于制造取向硅钢而言非常重要，热

图3-28 0.23mm厚高磁感取向硅钢的低倍组织

轧和常化处理过程的奥氏体含量由此成为一个关键指标。但是，碳本身并不是取向硅钢成品板必需的元素。所以，在生产过程中需要对冷轧板进行脱碳处理。随着碳含量的增加，脱碳难度增大，脱碳效率显著降低。因此，炼钢加入碳元素与脱碳处理之间存在一个天然的矛盾。那么，取向硅钢生产能否不加入碳元素呢？在薄带连铸亚快速凝固及二次冷却条件下，由于没有高温加热和较长时间的多道次热轧过程，抑制剂形成元素可基本固溶于铸带坯中。课题组研究发现：在碳元素含量低于0.003%的情况下，通过冷却及常化处理控

制抑制剂的形核和长大，在全铁素体组织中可以形成足够数量的细小、弥散的抑制剂质点（图3-29），完全能够满足二次再结晶的需要。从而提供了一条可省去脱碳退火的更短流程、更低成本的取向硅钢制造新流程。

在对抑制剂调控的基础上，课题组又对微观组织、织构的优化控制进行了研究，解决了初次再结晶组织不均、微织构分布不均的难题，制备出细小、均匀的初次再结晶组织（图3-30），为二次再结晶的发生扫清了障碍。

通过上述工作，课题组最终在实验室条件下分别制备出 0.18 ~ 0.23mm 厚的超低碳 3.0% Si、4.5% Si、6.5% Si 取向硅钢原型钢，磁感 B_8 分别达

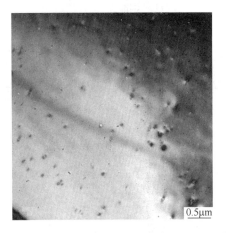

图 3-29 超低碳取向硅钢中的
抑制剂 TEM 观察结果

到 1.94T、1.78T、1.74T，显著优于国外产品。从而提供了一条利用温轧、冷轧技术，无需高温加热、无需脱碳、无需渗氮处理的短流程、低难度、低成本制造取向硅钢的全新工艺流程。0.18mm 厚 6.5% Si 取向硅钢的二次再结晶组织如图3-31所示。

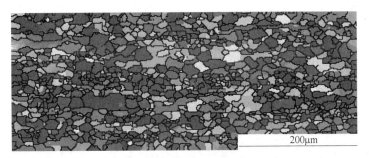

图 3-30 超低碳取向硅钢初次再结晶组织的 EBSD 观察结果

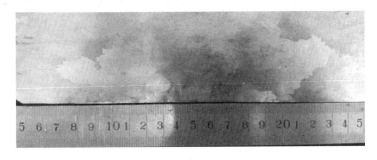

图 3-31 0.18mm 厚 6.5% Si 取向硅钢的低倍组织

（5）建立了薄带连铸高性能 6.5% Si 高硅电工钢的组织性能调控理论，形成了全流程系统工艺技术，成功制备出 0.10 ~ 0.50mm 厚的 6.5% Si 高硅电工钢原型钢。

6.5% Si 钢是硅钢制造领域最难啃的一块骨头。在常规铸造和热轧条件下，6.5% Si 钢中通常形成 B2(FeSi)、DO_3(Fe$_3$Si) 有序相。这些有序结构被认为是导致 6.5% Si 钢脆性的主要原因。各发达国家相继采用快速凝固法、化学气相沉积扩散法（CVD）、粉末冶金

法等制备6.5%Si电工钢薄板以避开其室温脆性。但是，目前全世界范围内只有日本钢管公司（现为JFE钢铁公司的分支）一家企业利用CVD方式实现了6.5%Si电工钢的工业化批量生产。CVD法存在诸多缺点如能耗大、设备腐蚀严重、生产效率低、生产成本高、污染环境等。因此，试图用低成本、高效率、环境友好的轧制法制备6.5%Si电工钢的努力始终没有停止，仍然是6.5%Si电工钢研发的一个重要方向。而揭示其有序-无序转变行为并进行有效调控是改善6.5%Si钢热加工性能和室温塑性的关键。

课题组研究发现，变形温度是影响材料塑性的关键要素（见图3-32）。当变形温度低于300℃时，伸长率几乎为零。但是，当变形温度高于300℃时，延伸率接近40%。这表明采用温轧技术制备6.5%Si钢薄带是可行的。因此，课题组提出了主要依靠热轧和温轧、小变形量冷轧为辅的工艺技术路线。另外，课题组还发现，通过综合匹配连铸过程的凝固速率、热轧后的冷却速度与冷却路径、常化处理制度可以有效地调控B2、DO₃有序相（见图3-33），可进一步改善材料的塑性，为轧

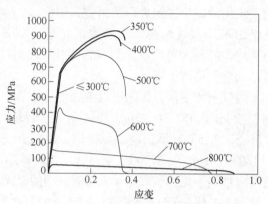

图3-32 不同变形温度条件下6.5%Si钢拉伸时的应力-应变曲线

制工序提供了便利条件。课题组从而创新性地提出了应用"薄带连铸＋热轧＋温轧＋冷轧"制备薄规格6.5%Si钢的思想，开发出改善6.5%Si钢塑性的工艺路线及工艺技术，掌握了关键的工艺控制窗口。

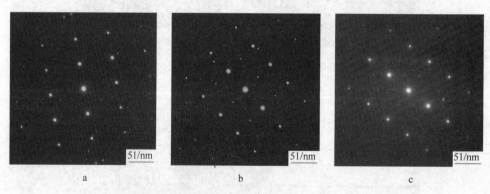

图3-33 不同工艺条件下试样的TEM衍射斑（[011]轴）
a—A2；b—A2＋B2；c—A2＋B2＋DO₃

掌握了基于双辊薄带连铸的全流程工艺技术，在实验室条件下，成功制备出宽度达160mm，厚度规格分别为0.10mm、0.15mm、0.20mm、0.30mm、0.50mm的6.5%Si无取向硅钢薄带（见图3-34），磁感指标（尤其是磁感B_8）显著优于CVD产品。薄板边部质量良好，并未观察到明显的边部裂纹。从而提供了一条短流程、低成本、高效率、环境友好的制造6.5%Si钢薄板的全新流程，为薄带连铸6.5%Si钢产业化生产提供了技术原型。

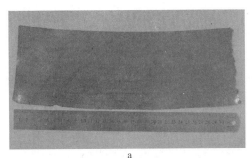

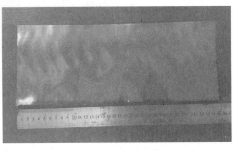

图 3-34　不同厚度规格的 6.5% Si 无取向硅钢薄板

a—0.15 mm; b—0.20 mm; c—0.30 mm

3.2.3　拟开发的关键技术

拟开发的关键技术有:

(1) 薄带连铸条件下硅钢的组织性能控制理论及全流程工艺技术。其中包括:

1) 亚快速凝固条件下硅钢带坯初始凝固组织、织构控制理论及方法;

2) 薄带连铸 NGO 钢的组织性能优化控制理论与全流程工艺技术;

3) 薄带连铸 GO 钢的抑制剂控制理论与全流程工艺技术;

4) 薄带连铸 4.5%~6.5% Si 高硅钢的晶体塑性控制理论与全流程工艺技术等。

(2) 薄带连铸关键设备开发、产线设计与单体技术。其中包括:

1) 铸轧机设计与装备开发;

2) 长寿命铸辊设计原理与制备技术;

3) 长寿命侧封板材质开发与制备技术;

4) 熔池液面控制原理与技术开发;

5) 全线自动化控制系统及模型开发等。

(3) 全流程薄带钢的厚度、板形与表面质量等控制技术。其中包括:

1) 薄带坯厚度控制原理与关键技术;

2) 薄带坯板凸度控制原理与关键技术;

3) 在线热轧板型控制原理与关键技术;

4) 全流程薄带温度均匀性控制关键技术;

5) 全流程薄带表面氧化铁皮控制技术等。

3.2.4 拟解决的关键问题

拟解决的关键问题是：

（1）低成本、高效率、长寿命、高可靠度薄带连铸设备研制（结晶辊、布流包、侧封板、浇铸水口等）。

（2）高精度、高可靠度控制系统开发（熔池液面检测及控制、铸轧力检测及控制、带坯厚度检测及控制系统等）。

（3）双辊薄带连铸亚快速凝固条件下硅钢（包括 GO 硅钢、NGO 硅钢、6.5%Si 钢）带坯初始凝固组织与织构的形成、演变原理及调控方法。

（4）双辊薄带连铸全流程条件下 NGO 硅钢组织、织构演变特征，遗传行为及组织性能优化调控理论。

（5）双辊薄带连铸全流程条件下 GO 硅钢的抑制剂设计及其演变行为与调控原理，高斯织构的演变行为及调控原理与调控方法。

（6）双辊薄带连铸全流程条件下 4.5%~6.5%Si 钢的组织演变、有序-无序转变行为及调控方法，以及晶体塑性的系统控制原理及方法。

（7）双辊薄带连铸条件下各钢种的制造路线及全流程系统工艺技术。

3.2.5 拟采用的研究技术路线

坚持实验室装备研制与工艺开发为中试/产业化生产和工业产线设计服务的方针，贯彻"产学研"相结合的基本原则。在实验室条件下开展硅钢薄带连铸关键单体设备的设计、研制、制造以及共性技术开发，建设薄带连铸硅钢综合实验研究平台，实现单体装备与技术的系统集成和再开发。针对工业化薄带连铸硅钢生产流程，完成取向硅钢、无取向硅钢、4.5%~6.5%Si 高硅钢组织性能控制为核心的制造流程和关键工艺的优化设计，形成新一代短流程、低难度、低成本、高效率、环境友好的硅钢创新制造理论及系统原型工艺技术，从而具备薄带连铸硅钢成套创新装备、技术和工艺研发能力，引领世界薄带连铸技术和硅钢生产技术的发展。

3.2.6 实施方案

3.2.6.1 薄带连铸工艺原理与关键单体技术研发

（1）通过采取优化内部冷却路径、优化辊套厚度、选择适合的辊套材质及表面处理等措施，提高铸辊的冷却强度及冷却均匀性，降低铸辊工作温度，减轻铸辊的热疲劳，提高铸辊的耐磨性能，从而实现铸辊长寿命化。

（2）对铸轧过程中铸辊温度场和热凸度变化进行有限元模拟计算。通过模拟分析，得出不同冷却水路设计方案对铸辊温度场及热凸度的影响规律，为铸辊设计及优化提供数据支持。模拟分析各工艺参数如浇铸温度、铸轧速度等对铸辊温度场和热凸度的影响规律，为铸轧过程控制提供指导。

（3）优化侧封装置的结构设计，使侧封板的受力减小而且均匀；同时开发耐高温钢水的侵蚀、低的热损失和线膨胀系数、强度高的侧封板用材料或采用表面涂层等技术措施，提高侧封板使用性能。

（4）通过对铸辊熔池内液态钢水三维流热耦合数值模拟，研究不同水口结构参数情况下，熔池内钢水的流动和温度分布规律，选择最佳的水口设计结构参数，提高铸带组织和横向温度分布均匀性，据此设计出适应不同品种薄带铸轧的水口，实现水口结构的优化设计。

（5）根据硅钢不同抑制剂析出行为确定温度控制方式，包括保温和汽雾冷却控制；轧后冷却控制，根据硅钢性能要求，实现多阶段快速冷却，实现铸轧薄带坯的组织和性能的柔性控制。

（6）薄带连铸过程的液面控制系统开发，建立熔池液位预测模型，配合 CCD 检测装置对液面进行检测，实现熔池内钢水液面的闭环控制。

（7）铸轧过程控制系统开发，建立数据采集与处理、铸辊及熔池的温度监控、设定值计算、生产数据存储等功能。在系统开发过程中，重点解决以下关键问题：开浇阶段及稳定浇铸阶段控制策略、铸轧辊温度场及热凸度在线计算模型、熔池凝固终点在线计算模型、铸轧分离力计算模型等。

3.2.6.2 薄带连铸高品质硅钢成套工艺开发

（1）在实验室条件下开展 GO 硅钢、NGO 硅钢、6.5% Si 钢薄带连铸、轧制及热处理实验。

（2）以 NGO 硅钢为研究对象，研究薄带坯初始组织、织构的形成演变规律及调控原理和方法。

（3）以 NGO 钢为研究对象，研究薄带坯的初始组织、织构类型对后续组织、织构演变及磁性能的遗传影响规律及机理。

（4）以 NGO 钢为研究对象，系统研究工艺技术路线及关键工艺对组织、织构演变以及磁性能的影响，并研究组织性能的优化调控原理及方法。

（5）以 6.5% Si 高硅钢为研究对象，对组织、织构演变行为、有序-无序转变行为进行深入研究，研究晶体塑性和组织性能的优化控制原理和方法。

（6）对薄带连铸条件下普通取向硅钢（CGO）的组织、织构及抑制剂演变行为进行深入研究，并研究系统的调控原理和方法。

（7）对薄带连铸条件下 HiB 硅钢的组织、织构及抑制剂演变行为进行系统研究，并研究相应的调控原理和方法。

（8）采用超低碳成分设计，对薄带连铸条件下 CGO 硅钢、HiB 硅钢的组织、织构及抑制剂演变行为进行系统研究，并形成相应的调控原理和方法。

3.2.7 研究计划

（1）2014 年：薄带连铸关键设备研制及关键单体技术开发，包括：低成本、高导热效率、长寿命铸轧辊设计开发；长寿命侧封板技术研究；布流水口结构优化设计；铸轧过程保护浇铸设计；在线热轧机设计等。

（2）2015 年：薄带连铸全线控制系统设计开发，具体包括：熔池内钢水液面检测及控制系统；铸轧力检测与控制系统；薄带铸轧过程计算机控制系统；厚度控制及板形控制系统；带坯表面质量控制系统等。

（3）2016 年：适合薄带铸轧流程的高性能硅钢（包括无取向硅钢、普通取向硅钢、高磁感取向硅钢、6.5% Si 高硅钢）化学成分体系、工艺路线设计及优化，包括：典型低、中、高牌号无取向硅钢（NO）主要成分设计及工艺路线设计；CGO 硅钢抑制剂设计及工艺路线；HiB 硅钢抑制剂设计及工艺路线设计；6.5% Si 高硅钢的合金化设计及工艺路线设计等。

（4）2017 年：在实验室条件下开展各硅钢品种的薄带连铸、轧制、热处理等实验研究，阐明双辊薄带连铸亚快速凝固条件下硅钢（包括 CGO 硅钢、NGO 硅钢、6.5% Si 钢）带坯初始凝固组织与织构的形成、演变原理及调控方法；揭示双辊薄带连铸全流程条件下 NGO 硅钢组织、织构演变特征，遗传行为及组织性能优化调控理论并提出调控方法；揭示双辊薄带连铸全流程条件下 CGO 硅钢的抑制剂设计及其演变行为与调控原理，高斯织构的演变行为及调控理论与方法；揭示双辊薄带连铸全流程条件下 4.5%~6.7% Si 钢的组织演变、有序-无序转变行为及调控方法，以及晶体塑性的系统控制原理。

（5）2018 年：实现薄带连铸关键单体设备或技术的集成和再创新，形成工业化产线的全线装备和控制系统原型；建立完善的基于薄带连铸的高品质硅钢制造理论，形成薄带连铸高品质硅钢全流程原型工艺技术，制备出系列高性能原型钢。

3.2.8　预期效果

（1）解决诸如低成本、长寿命、高换热效率铸辊的材料研发及结构优化设计，浇铸水口的材料设计与结构优化设计，低成本、长寿命侧封板材料开发，浇铸保护系统设计等长期困扰薄带连铸产业化的瓶颈，实现硅钢薄带连铸关键装备的研制和控制系统的开发，全面实现自主集成创新，替代甚至超越国外进口装备及技术，具备硅钢薄带连铸创新装备和技术的研发能力，具备提供薄带连铸硅钢工业化产线成套装备设计及系统技术的能力。

（2）建成完备的薄带连铸硅钢全流程工艺技术综合实验研究平台，不但满足开展薄带连铸硅钢研究的苛刻要求和迫切需求，而且提供完备的柔性化实验平台，为硅钢的工业化产线建设及装备研制提供设计原型和试验平台。

（3）形成新一代高品质硅钢短流程、低难度、低成本、高效率、环境友好的创新制造理论及具有我国自主知识产权的系统原型工艺技术，具备硅钢薄带连铸创新技术、工艺研发能力，具备引领世界薄带连铸技术和硅钢生产技术发展的能力。

3.3　高强韧节约型不锈钢的制备工艺技术

3.3.1　研究背景

汽车的生产和使用已成为对我国环境与资源产生重大影响的一项关键因素。不锈钢替代碳素先进高强钢，可减少因大量使用热镀锌板而造成的资源与环境负担，在汽车全生命周期中实现成本降低、性能提高、环境友好。本项工作以探索开发高强高韧低成本不锈钢的原型品种和新的制备技术为目标，探索在白车身领域替代传统高强钢的新方向。

3.3.1.1　汽车用先进高强钢及其资源与环境问题分析

2014 年我国汽车产量已超过了 2000 万辆高居世界第一位，对钢铁工业也产生了重要影响，特别是车身覆盖件和白车身用先进高强钢的热镀锌板，使用量占汽车用钢的 60% 以上。图 3-35 示出的是白车身不同部位钢板的主要力学性能要求。对于 B 柱和保险杠等防撞件，多采用抗拉强度超过 1000MPa 的超高强度钢。对于部分车型构件，多采用的是易成型先进高强钢（如 DP 钢和 TRIP 钢）。由于用户对汽车的防腐性能要求越来越高，镀锌板的用量会迅速增高，而汽车工业又必须遵守汽车回收的法规，这会给汽车的回收和减少污染带来困难。

汽车普及所造成的资源和环境问题日渐彰显，实现可持续发展已成为汽车行业迫在眉睫需要解决的问题。其中，大量使用热镀锌板虽然可以保证结构件的防腐抗力，但造成了锌资源过度消耗，给汽车的持续发展带来了挑战。这一问题在

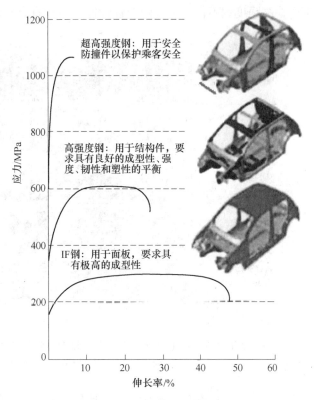

图 3-35　白车身中不同部位对钢材
主要力学性能的要求

我国尤为严重。我国锌资源储量与储量基础的静态保证年限分别为 12 年和 18 年，远低于世界平均水平（世界平均分别为 22 年和 49 年），未来不可避免将面临锌资源的严重短缺。2012 年我国汽车用热镀锌板用量达到 550 万～600 万吨，消耗锌金属高达 50 万～60 万吨。然而，我国锌资源再生主要集中在电镀锌锌渣及压铸锌合金，锌资源再生能力远低于发达国家。2009～2011 年，我国每年报废汽车近 600 万辆，由于极少使用大型电炉炼钢，再利用镀锌板废钢时产生的锌尘被直接排入空气，不仅浪费锌资源，而且严重污染大气。即使在美国和日本等发达国家，热镀锌板的锌金属回收率也在 80% 以下，其余 20% 以上以氧化锌烟尘方式被释放到大气中。因此，在汽车中尽可能减少热镀锌板的使用而又保证汽车板的防腐效果已成为一项刻不容缓的任务。

3.3.1.2　汽车白车身用不锈钢及其发展方向分析

在欧美和我国北方，冬季采用撒盐除雪来保证道路交通，对车身结构件的抗盐雾腐蚀能力提出了极高的要求。图 3-36 示出的是日本 JFE 采用盐雾腐蚀试验（JIS Z 2371）对典型不锈钢耐腐蚀性能与镀锌板的对比结果。可以看出，锌层较薄的镀锌板经 672h 盐雾暴露后开始出现大面积红色锈蚀，2000h 后基体全部锈蚀；锌层较厚的镀锌板，经 2000h 后大面积出现红色锈蚀，5000h 后基体全部锈蚀；对 430 铁素体不锈钢而言，5000h 后并未发生基体的全部腐蚀，且 443CT 和 304 甚至未发生锈蚀。镀锌板的耐蚀性与典型不锈钢相比相差甚远。而且，汽车用不锈钢的回收成本仅分别为铝合金与普碳钢回收成本的约 1/12 和 1/25，可以实现近 100% 回收和再利用。因此，从汽车的全生命周期角度来看，以不锈

钢取代高强度钢不仅可提高耐腐蚀性能，而且有利于环境保护与循环经济建设。

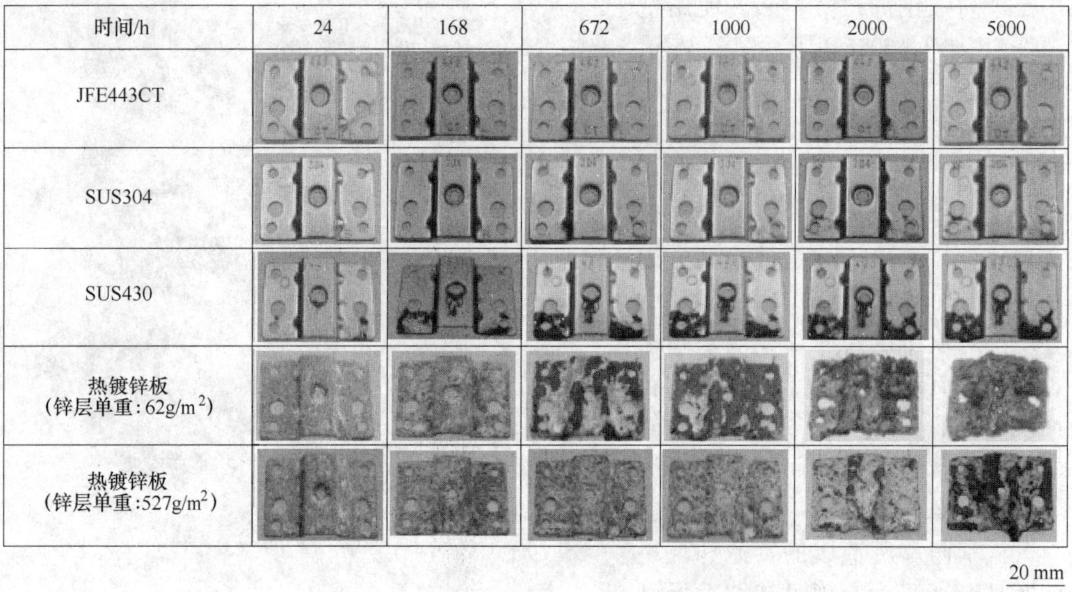

时间/h	24	168	672	1000	2000	5000
JFE443CT						
SUS304						
SUS430						
热镀锌板 (锌层单重：62g/m²)						
热镀锌板 (锌层单重：527g/m²)						

20 mm

图3-36 喷盐腐蚀试验（JIS Z 2371）中不锈钢（443、304与430）与热镀锌板耐腐蚀性能的对比
（即使是最低档次的430，其耐蚀性也高于热镀锌板）

为进一步实现汽车轻量化、延长使用寿命并提高汽车用钢的回收再利用性能，欧盟自2004年至2010年间组织了十几家钢铁企业、汽车企业和研究院所开展"Next Generation Vehicle"重大专项研究，其中采用奥氏体及亚稳奥氏体不锈钢（铬含量为17%~19%，镍含量为5%~8%）取代先进高强钢是一项重要工作。表3-1示出的是白车身用奥氏体类不锈钢与先进高强钢力学性能的对比。可以看出，奥氏体类不锈钢具有比高强钢更高的强度与更高的均匀伸长率。存在的主要问题是，白车身全部使用奥氏体类不锈钢虽然可以更好地保证汽车安全性并实现轻量化，但也有较大的性能余量，且含镍不锈钢成本过高而对汽车成本造成冲击。由于这些问题，奥氏体类不锈钢在白车身中的应用仍停留在个别豪华品牌（如Volvo S80）的样车上，未能在普通乘用车生产中实现商业化应用。

表3-1 汽车车体结构用不锈钢力学性能与传统先进高强钢力学性能的比较

钢 种		厚度/mm	$R_{P0.2}$/MPa	R_m/MPa	均匀伸长率/%	总伸长率/%
先进高强钢	TRIP700	1.58	473	703	16.4	17.0
	DP750	1.48	513	811	13.4	18.8
	DP800	1.44	573	896	8.9	9.9
奥氏体类 不锈钢	EN1.4310	1.16	306	937	52.5	59.3
	HyTens800	1.55	639	1068	28.9	38.6

综上所述，开发满足白车身不同部位性能要求且成本低廉的不锈钢品种是决定其能否在汽车制造中大规模应用的关键。"Next Generation Vehicle"重大专项的研究人员已注意到这一问题，正在探索节约型双相不锈钢（21Cr-1.0Ni-5Mn-0.15N）替代奥氏体类不锈钢

的可行性。

白车身中大量结构件要求使用具有成型性能与强韧性良好组合的先进高强钢。铁素体不锈钢如 AISI 409 或 430 与冷轧先进高强钢如 DP550~780 的热镀锌板价格基本相当，如果以前者替代后者，既可提高白车身的耐腐蚀性能与回收再利用性能，又可保证汽车用钢的经济性。关键问题是，常规铁素体不锈钢的强度与先进高强钢相比低 150~350MPa，无法实现汽车轻量化。如果在保证成型性能的基础上制备出强韧性大幅度提高的新型铁素体不锈钢，则可以用来制备白车身结构件。对于防撞件如 B 柱和保险杠等，需采用抗拉强度超过 1000MPa 的超高强钢，其总伸长率一般为 10% 以内，均匀伸长率低于 6%。马氏体不锈钢是不锈钢中强度较高的一种，但常规工艺生产的马氏体不锈钢与碳素超高强钢相比，强度偏低而伸长率偏高。通过改进成分和生产工艺，在基体显微组织中引入弥散的残余奥氏体，有可能制造出更高强韧性配合的马氏体不锈钢结构件，成为替代常规超高强钢的理想材料。

3.3.2 高强韧节约型不锈钢研究进展

在国家自然科学基金重点项目等的支撑下，RAL 系统研究了高强韧铁素体不锈钢的制备工艺。铁素体不锈钢的抗拉强度一般仅为 450MPa 左右，虽然超细晶组织可使其强度有大幅度提升，但会导致屈强比升高而恶化成型性能。最近，Mola 和 De Cooman 开发出了 AISI430 的"淬火-配分"（quenching and partitioning，Q&P）热处理工艺。与常规成品板相比，采用 Q&P 工艺处理的成品板在拉伸过程中无屈服平台，抗拉强度可以达到 750MPa，伸长率为 20%。因此，采用 Q&P 技术可使普通 430 铁素体不锈钢达到 DP750 的力学性能水平。RAL 的研究人员针对 409L 铁素体不锈钢的 Q&P 热处理工艺进行了初步探索。图 3-37a 和 b 分别示出的是经 Q&P 处理后试样的应力-应变曲线与电化学极化曲线。可以看出，合理的 Q&P 工艺不仅可以使 409L 的各项力学性能指标基本满足 DP550 的要求，而且因碳化物析出受到抑制而使点蚀电位由 0.10V 提高至 0.15V，提高了一倍。图 3-38 示出的是经 Q-P-T 处理后的 409L 的显微组织。可以看出，钢材由铁素体基体及均匀分布的马氏体第二相组成，且马氏体中存在细小的碳化物析出相。图 3-39 示出的是钢中析

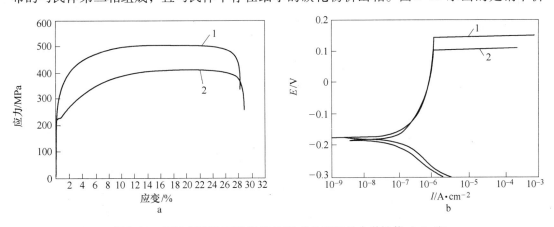

图 3-37　409L 铁素体不锈钢经 Q&P 热处理后的力学性能（a）和
点蚀电位（b）与常规 409L（409L-Fe-11.5%Cr）的对比
1—常规 409L；2—Q&P409L

出相的成分分析，可以看出，钢中除存在粗大的 TiN 和 TiC 外，还存在细小的 TiC 及渗碳体，对提高析出强化具有促进作用。图 3-40 示出的是钢中显微组织的 TEM 观察。经 Q-P-T 处理后，409L 中形成的马氏体为板条状马氏体，而铁素体基体之中则存在少量位错。铁素体型不锈钢的扩孔性能与双相钢比较结果如图 3-41 所示。可以看出，经 Q-P-T 处理后，不同强度级别的铁素体不锈钢其扩孔性能均优于相同强度级别的普碳先进高强钢，具有良好的加工成型性能。

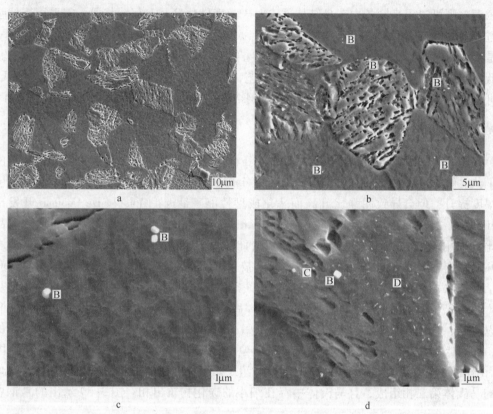

图 3-38 经 Q-P-T 处理后的 409L 显微组织的 SEM 照片

a—马氏体与铁素体组织的低倍观察；b—马氏体与铁素体的中倍观察；
c—铁素体组织的高倍观察；d—马氏体组织的高倍观察

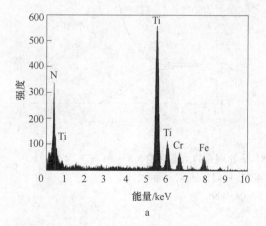

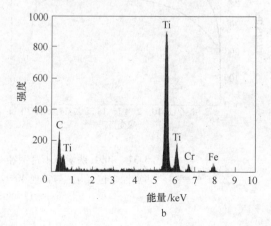

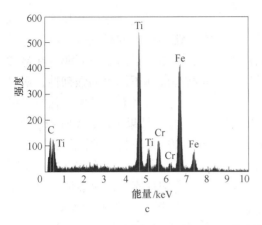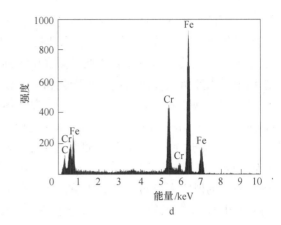

图 3-39 经 Q-P-T 处理后钢中析出相成分的 EDS 检测

a—TiN；b—粗大 TiC；c—细小 TiC；d—（Fe，Cr）$_3$C

图 3-40 经 Q-P-T 处理后 409L 显微组织的 TEM 观察

a—马氏体与铁素体；b—马氏体；c—铁素体

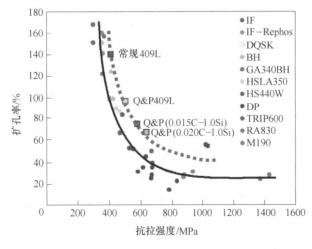

图 3-41 经 Q-P-T 处理后 409L 的扩孔率与普碳钢的比较

马氏体不锈钢是高载荷腐蚀环境下的首选钢种，多应用于刀具及汽轮机叶片等。常规工艺条件下，经"淬火-回火"热处理获得"回火马氏体 + 碳化物"的显微组织以保证其强度指标，但其强韧性一般均低于同强度级别的高强度低合金钢。最新研究表明，在显微组织中引入残留奥氏体取代合金碳化物，不仅可以大幅提高马氏体不锈钢的强韧性，而且可提高耐腐蚀性能，但淬火组织中残余奥氏体量较低且稳定性一般较差。日本与韩国等国的研究人员分别对 AISI 410 和 AISI 420 进行了 Q&P 热处理实验。结果发现，AISI 410 钢的抗拉强度可达到 1200MPa，伸长率在 15% 以上，AISI 420 钢的抗拉强度可以达到 1500MPa，伸长率在 12% 以上，均高于当前使用的超高强钢。东北大学钢铁共性技术协同创新中心的研究人员对 20Cr13 钢的 Q&P 热处理工艺进行了前期探索。结果表明，可以获得具有 17%（体积分数）"残余奥氏体 + 马氏体"的显微组织，与常规"淬火 + 回火"工艺相比，在保证抗拉强度在 1400MPa 的基础上，伸长率由 11% 提高至 14%，强塑积由 15983MPa·% 提高至 20594MPa·%。然而，即使采用 Q&P 工艺，马氏体板条中也会析出针状 Fe_3C 型碳化物而降低了冲击韧性。因此，抑制碳化物析出成为 Q&P 型马氏体不锈钢能否成功实施的关键。

以节约型不锈钢替代传统高强热镀锌板，在汽车全生命周期中可节约成本、提高性能并实现环境友好，达到这一目标的关键在于的实现节约型不锈钢的高强、高韧化。同时，为适应这些新型不锈钢的大规模生产，必须对传统不锈钢生产技术进行改造和创新。

本项工作的目标是，通过探究节约型不锈钢形变热处理过程中的组织演变及合金元素的互扩散行为，明确其增强增韧机理，开发出适应节约型、高性能不锈钢生产的原型工业化技术，从而更经济、更高效地生产出高韧性、高强度、更耐蚀的不锈钢，使其力学性能达到或超过常规汽车用先进高强钢的水平。计划开发的白车身用不锈钢的各项性能指标与常规先进高强钢的比较如图 3-42 所示。

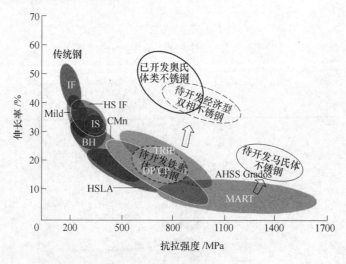

图 3-42　待开发节约型不锈钢的强度及伸长率指标与
传统先进高强钢同类指标的比较

到目前为止，针对高强韧节约型不锈钢还缺乏系统的基础研究，其关键生产工艺技术还有待开发和创新。因此，这项研究工作将在国际不锈钢领域率先突破节约型不锈钢在汽车车体结构件制备方面的应用，进一步充实不锈钢生产的物理冶金学原理，对促进我国不锈钢工业生产技术发展、扩展不锈钢的工业应用范围具有强烈的现实意义。

目前，RAL 正与我国钢铁企业密切合作开展高强韧节约型不锈钢产业化技术研究。通过在实验室条件下系统开展节约型不锈钢"化学成分-工艺-组织性能"演变及控制技术研究，开发出了 Q&P 关键单体设备和核心控制系统，形成了具有我国自主知识产权的高强韧节约型不锈钢成套工艺与装备技术，为在国际上率先实现高强韧节约型不锈钢的工业化生产提供重要支撑。已取得的主要研究进展包括：

（1）通过探究形变热处理过程中的组织演变规律及合金元素互扩散行为，明确了节约型不锈钢的强韧化机理。图 3-43a 示出 410S 由 1000℃ 淬火至 150～330℃ 和 430 由 1000℃ 淬火至 80～240℃，然后两者均于 500℃ 配分 1min 后淬火温度对残奥含量的影响。当淬火温度在两个钢种的 $(M_s + M_f)/2$ 附近时，残奥含量最多；当淬火温度由此值向 M_s 或 M_f 变动时，残奥含量均逐渐减少。因此，410S 和 430 的淬火温度分别选取接近各自 $(M_s + M_f)/2$ 的 250℃ 和 160℃。这种影响规律也表明淬火-回火工艺很难获得残奥组织。

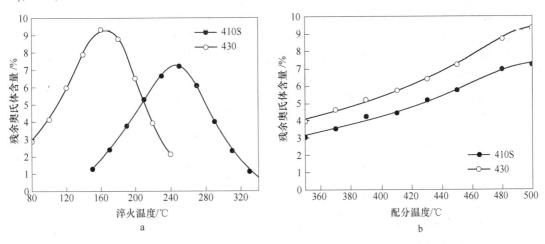

图 3-43 淬火温度（a）和配分温度（b）对冷轧板经淬火-配分处理后残余奥氏体含量的影响

（2）研制成功节约型复相化高强韧不锈钢新的轧制、冷却以及"热成型 + Q&P"等成型成性一体化制备技术，开发出力学性能超过常规先进高强钢的节约型复相化高强不锈钢原型产品。

（3）开发出具有铁素体化学成分，可替代 DP590、DP780 的节约型复相化高强不锈钢，如图 3-44 所示，以及具有马氏体不锈钢成分、强度可达 1200～1600MPa、塑性可达 20% 以上的节约型复相化超高强不锈钢。这些复相化高强和超高强不锈钢可以代替传统先进高强钢热镀锌板产品，而

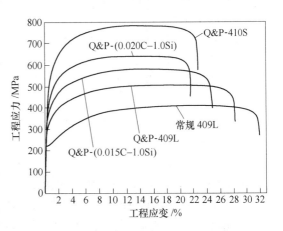

图 3-44 经 Q-P-T 处理后铁素体不锈钢可以满足不同强度级别的要求

原料与生产成本甚至低于传统先进高强钢。

（4）研究工作使不锈钢的品种结构有了新的突破，两者构成了复相化高强与超高强不锈钢（Multi-phase high strength/ultra-high strength stainless steels，MPHS^3/MPUHS^3）的新品种体系，解决了节约型不锈钢在交通运输、承力结构甚至军工等重要领域应用的瓶颈问题，可为国民经济发展提供物美价廉的高性能不锈钢产品。

3.3.3 拟开发的关键技术

拟开发的关键技术有：

（1）铁素体不锈钢增强增韧机理研究与制备技术开发。其中包括：

1）铁素体不锈钢的成分设计与硬质相（马氏体或马氏体+残余奥氏体）体积分数变化规律的研究；

2）高强度铁素体不锈钢中硬质第二相的形成条件及其体积分数随热轧、冷轧及热处理工艺参数变化规律的研究；

3）Q&P热处理参数对残余奥氏体碳含量及稳定性影响规律的研究；

4）形变孪晶产生机理及对裂纹形成与走向影响规律的研究；

5）铁素体不锈钢晶格摩擦力随钢中间隙原子含量、不同微合金元素析出相的尺寸与结构变化规律的研究；

6）钢中特殊晶界结构如重遇点阵晶界数量随加工工艺变化规律的研究；

7）铁素体不锈钢强韧性变化规律及相关机理的研究。

（2）超高强马氏体不锈钢韧化机理研究。其中包括：

1）超高强马氏体不锈钢中合金元素对"奥氏体→马氏体"转变温度和动力学影响规律的研究；

2）马氏体不锈钢中碳氮化物析出行为与控制方法的研究；

3）"马氏体+奥氏体"两相组织中的相比例和配分工艺参数对碳在两相间的再分配和碳化物形核、长大影响规律的研究；

4）非碳化物形成元素如Si和Al等单独或复合添加对碳化物析出动力学影响规律的研究。

（3）节约型双相不锈钢组织演变与脆性相析出行为研究。其中包括：

1）经济型双相不锈钢在热轧、冷却、冷轧及热处理过程中组织演变规律的研究；

2）热变形对钢中奥氏体/铁素体相界面结构和合金元素互扩散行为影响规律与机理的研究；

3）超快速冷却对合金元素互扩散以及合金元素晶界偏聚行为影响规律和机理的研究；

4）第二相析出动力学规律及影响因素的研究，包括：应变储能对第二相析出序列与动力学的影响、连续冷却对析出行为的影响等。

（4）新型不锈钢使用性能检测及原型制备技术开发。其中包括：

1）成型性能、强度及低温韧性检测及其随工艺参数变化规律的研究；

2）新型不锈钢耐蚀性测试及其随工艺参数变化规律的研究；

3）高强高韧铁素体不锈钢热处理工艺技术开发，超高强马氏体不锈钢的"HPF+Q&P"一体化技术原理研究与原型技术开发，高强韧经济型双相不锈钢的控轧控冷在线热处理技术开发。

3.3.4 拟解决的关键问题

铁素体不锈钢和马氏体不锈钢能否分别替代碳素先进高强钢和超高强钢的关键在于能否改善其强韧性。因此，通过成分设计和工艺创新，改变单一相结构的显微组织状态、调控晶界结构、控制钢中间隙原子存在形态及析出相结构与尺寸等是提高强韧性的最优途径。为充分发挥节约型双相不锈钢的性能优势，关键问题是如何有效控制奥氏体和铁素体两相的相比例并抑制脆性第二相析出。

3.3.5 拟采用的研究技术路线

坚持实验室装备研制与工艺开发为工业产线设计、中试/产业化生产服务的方针，贯彻"产学研"相结合的基本原则。首先，采用 ThermoCalc 或其他热力学计算软件，对不同合金元素含量对钢中各相相比例变化的影响规律进行计算分析，确定合金化设计的基本方向；其次，采用实验室真空感应炉进行新钢种的冶炼，研究钢中各相的相比例与合金成分的对应关系，确定最佳化学成分；然后，开发实验室中试热处理和热压成型等装备，并展近工业规模节约型不锈钢 Q&P 热处理和热压成型实验；最后，与工业化退火生产线相结合，开发适用于节约型不锈钢的热处理工艺制度，实现节约型高强韧不锈钢的工业化生产。图 3-45 示出的是本项目的整体研究方案和技术路线。

3.3.6 研究计划

（1）2014 年：节约型不锈钢显微组织和化学成分设计；完成实验用钢熔炼并进行必要的热加工和热处理；研究铁素体不锈钢中硬质第二相的形成条件及其体积分数随热轧、冷轧及热处理工艺参数变化规律；研究热变形对马氏体不锈钢中"奥氏体→马氏体"转变的温度和动力学影响规律；研究双相不锈钢在热轧、冷却、冷轧及热处理过程中的组织演变规律；组织与不锈钢企业的学术交流。

（2）2015 年：完成铁素体不锈钢形变孪晶产生机理及对裂纹形成与走向的影响规律的研究；完成铁素体不锈钢晶界结构随加工工艺变化规律的研究与 CSL 晶界控制工艺技术开发；完成马氏体不锈钢中合金元素对"奥氏体→马氏体"转变的温度和动力学影响规律的研究；完成 Q&P 热处理工艺参数（淬火温度、配分温度与时间）对马氏体不锈钢显微组织演变和碳化物析出影响规律的研究。

（3）2016 年：完成配分热处理参数对铁素体不锈钢中马氏体及残留奥氏体体积分数、奥氏体碳含量和稳定性影响规律的研究；完成非碳化物形成元素 Si、Al、Ni 单独或复合添加对马氏体不锈钢中碳化物析出动力学影响规律的研究；完成快速加热和快速冷却对双相不锈钢中合金元素互扩散以及合金元素晶界偏聚行为影响规律和机理的研究；组织与国内及欧洲汽车生产和研究院所的学术交流，探讨不锈钢在汽车制造中的应用前景。

（4）2017 年：完成铁素体不锈钢中微合金化元素（Nb、Ti、V 等）在热轧、冷轧及热处理工艺过程中的溶解析出行为及其对组织演变影响效果的研究；完成双相不锈钢中第二相析出动力学规律及其影响因素的研究，确定应变储能对第二相析出序列与动力学的影

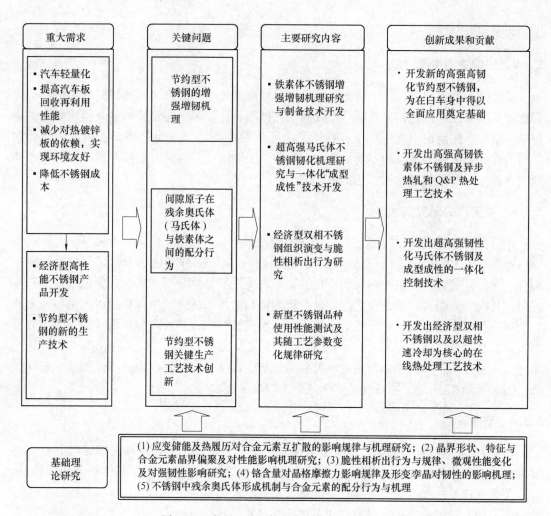

图 3-45   本项目的整体研究方案和技术路线

响、连续冷却条件下的析出行为并确定第二相析出的临界冷却速度；组织与不锈钢企业及汽车企业的学术交流，深入探讨白车身用不锈钢的发展方向和应用前景。

（5）2018 年：完成铁素体不锈钢的成型性能、强度及低温韧性、耐蚀性随工艺参数变化规律的研究；完成 "HPF + Q&P" 工艺参数对马氏体不锈钢的强度、伸长率、冲击韧性及耐腐蚀性能的影响规律的研究，建立成分-工艺-组织-性能对应关系，阐明强韧化机理；完成高温轧制工艺、超快速冷却和在线加热制度对双相不锈钢的组织演变及第二相析出行为影响规律的研究；实现节约型高强韧不锈钢在汽车和制品等领域的工业化应用。

3.3.7   预期效果

（1）高强高韧铁素体不锈钢：明确析出相、晶格摩擦力及形变孪晶对韧性的综合影响规律及详细机理；明确铁素体不锈钢中碳、氮间隙元素的配分行为及对强度的影响规律和机理。开发出旨在综合控制钢中析出相、晶格摩擦力、形变孪晶及再结晶组织均匀性的热轧和 Q&P 热处理工艺技术。

（2）超高强韧性化马氏体不锈钢：明确热变形对合金元素互扩散行为和扩散型相变进程的影响规律与机理以及组织性能对应关系。开发出将"HPF + Q&P"相结合的新的热成型工艺技术，实现超高强韧化马氏体不锈钢的成型成性一体化控制。

（3）开发出高强韧节约型不锈钢系列产品并系统评价使用性能，在国际上率先突破不锈钢在白车身及其他方面大规模应用的限制瓶颈，进一步充实不锈钢生产的物理冶金学理论并促进我国不锈钢生产技术发展，为我国循环经济建设做出贡献。

4 先进冷轧、热处理和涂镀工艺与装备技术

4.1 先进冷轧工艺、高精度板形控制技术与装备

4.1.1 研究背景

冷轧带钢的组织性能、尺寸精度和表面质量对轧制技术、工艺装备和自动化控制提出了严格的要求。随着汽车、电力和家电行业对冷轧产品性能和质量的日益提高，给高端冷轧产品的研发与生产带来了挑战。目前，我国高端冷轧产品的产量占比不及发达国家的一半，先进高强钢（AHSS）、高质量硅钢、冷轧薄宽带等产品进口比率高，自给率低；在冷轧产品质量和高端产品生产技术等方面与发达国家存在较大差距。开发先进的冷轧工艺、装备和产品，促进产品结构调整和技术升级是冷轧金属材料生产领域的关键共性技术。东北大学钢铁共性技术协同创新中心"先进冷轧、热处理和涂镀工艺与装备技术"研究方向，围绕高精度冷轧板形和硅钢薄带边部减薄控制与装备技术，高硅钢薄带连铸＋温轧工艺、装备和自动化控制生产技术等领域开展工作，实现冷轧工艺过程关键共性技术的理论研究、工艺装备和高硅钢冷轧产品的研发与工业化推广和应用。

4.1.2 国内外技术研究现状

4.1.2.1 冷轧板形平直度控制技术

在冷轧薄带平整过程中，带钢受到较大的张力作用，很多情况下，虽然轧制时显示的板形良好，但成品板形不好，因此需要测出带钢潜在板形缺陷。国内外绝大多数冷轧生产线采用 ABB、BFI 公司生产的接触式板形测量辊，国内燕山大学与鞍钢合作开发的板形辊采用了先进的数字信号处理技术 DSP 和无线通信技术，也取得了良好的应用效果。在板形控制理论方面，国际上广泛使用的是基于正交分解板形控制原理，只有少数国外公司，例如 SIEMENS、ABB 等掌握了基于模型自适应与板形控制执行机构影响效率函数相结合的多变量板形闭环控制系统技术并实现了工业应用。

国内各钢铁研究单位也开展过板形平直度控制的相关研究，主要集中在板形检测系统仪表和数据信号处理分析。其中东北大学、燕山大学与鞍钢等大型钢铁企业合作，在板形检测和高精度板形控制技术领域取得了重大进展。北京科技大学等科研院所对板形控制方法也做了很多理论和应用研究。

4.1.2.2 边部减薄控制技术

日本、德国等先后开发出了边部减薄控制技术，可大幅度降低冷轧特别是硅钢产品的边部减薄量，甚至达到特征点的边降值 $5\mu m$ 的水平。特别是日本日立公司的边部减薄控制方法，已经能够实现稳定的工业应用。国内在边部减薄控制技术方面，相对发展较慢，虽然在理论研究方面，也有过一些有关边部减薄控制方法的研究，形成了一些专利技术，但是基本没有能够形成工业应用级的边部减薄控制系统。国内所有在线应用的边部减薄控

制技术，如首钢迁安硅钢、武钢二硅钢等，都来自日本日立公司。

4.1.2.3 难变形材料温轧技术

高硅电工钢具有很强的脆性，其室温塑性几乎为零，难以加工成使用所需的薄板。目前只有日本 JFE 公司的 CVD 法实现了高硅电工钢薄带的工业化规模生产，该工艺技术严格保密，不对外转让。而且该方法存在工艺流程长、环境负担重、生产效率低、成本高等问题。开发高效率的工业化制备高硅电工钢的加工工艺，是国际上的研究热点。温轧是针对常温下难变形金属或脆性材料的方法，即在冷轧设备基础上，采用特殊手段对金属带材加热使其塑性变形能力得到提高，在特定温度范围内进行微张力轧制的一种制备工艺。东北大学提出了薄带连铸＋炉卷温轧制备新型高硅钢新工艺，设计并实施快速凝固提高材料性能与脆性材料温加工的新技术路线。这一短流程工艺技术，为生产高磁感无取向硅钢薄带提供了新的途径，省去了传统常化处理工艺、两阶段冷轧和中间退火工序，是一项低成本、高性能、绿色化的金属材料成型过程核心技术。

4.1.3 冷轧板形控制关键技术

4.1.3.1 高精度冷轧板形平直度控制技术

板形平直度是冷轧产品最重要的质量指标。冷轧机板形平直度控制系统是轧钢技术领域最复杂的控制技术。高精度冷轧机板形控制核心技术是轧制工艺、轧制理论、测量系统、控制系统、过程控制数学模型与工业应用的集成化技术，是冶金领域高端控制技术的代表。轧辊倾斜控制、工作辊弯辊控制、中间辊弯辊控制和工作辊分段冷却控制是实现高精度板形控制关键技术，冷轧板形控制系统具有典型的多变量、多控制回路、非线性、强耦合、时变性强的特征，是最复杂的控制系统之一，是冷轧板形控制的核心技术。

为此，东北大学与鞍钢合作，开发高精度冷轧平直度板形控制系统核心技术并在冷连轧机生产线推广应用。板形检测系统和板形控制系统是基于无线通信方式的 DSP 信号处理系统，实现了冷轧平整板形信号处理计算与板形控制计算机系统无线数据连接，采用分布式计算机控制系统对冷轧带钢平直度进行实时在线控制；基于板形平直度优化控制模式识别技术，建立了冷轧板形控制目标线性模型；针对执行器影响效率函数控制模型，开发出高平整度板形调控效率自适应学习模型，实现轧辊倾斜、工作辊弯辊等板形控制多执行器的协同工作，提高平整板形高精度控制能力。该技术对全面提高我国轧制产品质量，打破国外技术垄断，节约设备投资具有重要意义。

4.1.3.2 板形缺陷产生机理与控制原理

在宽带钢的冷轧过程中，辊缝的宽度要比辊缝的长度大得多，在辊缝中带钢质点沿宽度方向的流动要比沿轧制方向的流动困难得多，因此可以认为带钢质点只沿轧机出口和入口两个方向流动。这就是带钢在冷轧过程中可以近似认为没有宽展，只有沿轧制方向延伸的原因。根据金属体积不可压缩的原理，压下量较大的纤维条，其在轧制方向上的延伸也较大。由于轧件是一连续体，各纤维条不同的延伸必然引起纤维条相互间的牵制效应，延伸较长的纤维条受到压应力，较短的受拉应力，形成内应力场。当压应力达到某一临界值时，受压应力作用的地方便发生屈曲失稳，产生浪形等板形缺陷。

带钢板形控制就是通过各种调节方法使承载辊缝形貌与带钢形貌保持一致。板形闭环反馈控制是在稳定轧制条件下，使用实测的板形信号，通过反馈控制模型计算获得良好板形时所需的板形调控机构调节量，不断地调节轧机的板形调控机构，液压弯辊、轧辊横移、轧辊倾斜、工作辊分段冷却控制等，使得轧机能对轧制中的带钢板形进行连续的、动态和实时调节，从而保证带钢获得良好的板形质量。图 4-1 为辊缝形貌与来料带钢横切面轮廓。

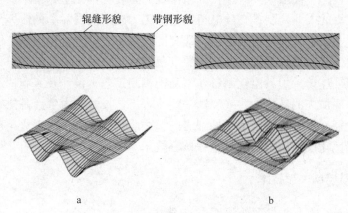

图 4-1 辊缝形貌与来料带钢横切面轮廓

a—负轧辊凸度；b—正轧辊凸度

4.1.3.3 分布式板形控制计算机系统

板形控制系统是带钢冷轧板形控制的核心技术，数据采集、信号处理、数据通信、控制模型、执行器控制等各子功能由不同计算机完成，所开发板形控制系统将分布式板形闭环控制系统通过网络数据通信方式将不同计算机联成一体。

板形控制系统的硬件组成主要有：板形信号采集单元、PROFIBUS-DP 控制单元、板形控制器、HOST 计算机以及 PLC 系统等部分组成。板形控制计算机是一个模块化的嵌入式控制器，这里称为板形控制器。它是板形控制系统的核心组成，承载着板形数据的处理、板形调节机构调节量计算及大部分的通信工作。板形控制器是一块插板，通过 ISA 总线插槽与 HOST 计算机相连。板形控制系统所有的闭环控制程序都在板形控制器上面运行来实现板形控制功能。板形控制系统软件主要包括运行在板形控制器上的实时程序、运行在 HOST 计算机上的通信程序以及 HMI 系统程序和相关辅助程序。板形控制器上运行的实时程序使用 Borland C 开发，主要进行板形数据的处理、控制量计算和通信工作。

板形控制系统包含功能完备的在线板形控制处理模型系统。如：基于多功能补偿修正目标曲线设定模型、带钢边部修正计算模型、板形辊径向力计算模型以及测量辊包角变化计算模型基础，特别是轧辊分段冷却计算模型、带钢跑偏修正计算模型、中间辊窜辊轴向力计算模型等实时工艺控制模型，是保证冷轧薄带材板形检测和板形控制与在线应用的重要内容。

4.1.3.4 多目标板形闭环控制

基于影响效率函数构造原理，通过数值解析方法构造出轧辊倾斜、工作辊弯辊、中间辊弯辊、中间辊窜辊等各个板形控制执行器的影响效率函数。由板形控制执行器影响效率、板形实测值与目标值偏差、板形控制影响因子和板形控制各执行器调节量等构建板形控制评价函数，通过最优化方法计算出使该评价函数最小值条件下的各执行器调节量的最小值作为一次闭环控制的输出值，从而实现了多变量的最优化板形控制。该方法可以适应具有不同板形控制执行器的轧机控制要求，只需定义并计算出执行器的板形影响效率函数即可，具有通用性。图 4-2 为板形控制系统运行监控画面。

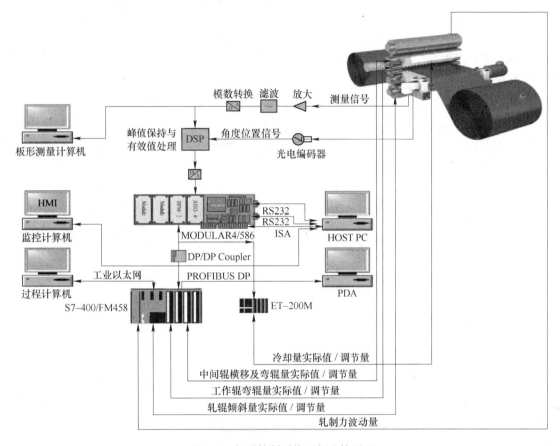

图 4-2　板形控制系统运行监控画面

4.1.3.5　板形调控功效系数闭环控制

板形闭环反馈控制采用的计算模型是基于最小二乘评价函数的板形控制策略。它以板形调控功效为基础。使用各板形调节机构的调控功效系数及板形辊各测量段实测板形值，运用线性最小二乘原理建立板形控制效果评价函数，求解各板形调节机构的最优调节量。评价函数为：

$$J = \sum_{i=1}^{m} \left[g_i \left(\Delta y_i - \sum_{j=1}^{n} \Delta u_j \cdot Eff_{ij} \right) \right]^2$$

式中　J——评价函数；

　　　　m——测量辊测量段数；

　　　　g_i——板宽方向上各测量点的权重因子，代表调节机构对板宽方向各个测量点的板形影响程度，边部测量点的权重因子要比中部区域大；

　　　　n——板形调节机构数目；

Δu_j——第 j 个板形调节机构的调节量;

Eff_{ij}——第 j 个板形调节机构对第 i 个测量段的板形调节功效系数;

Δy_i——第 i 个测量段板形设定值与实际值之间的偏差。

使 J 最小时,可得 n 个方程,求解方程组可得各板形调节结构的调节量 Δu_j。

4.1.3.6　板形调控功效系数在线优化

板形调控功效系数是板形控制的基础,在板形控制中极为重要。为了获得精确的板形调控功效系数,制定了板形调控功效的自学习模型。在正常轧制模式下,通过测量轧制过程实际板形数据,以及板形调节机构的当前调节量就可以在线自动获取板形调节机构的调控功效系数。功效系数的自学习过程是:在对轧机进行调试时,根据板形调节机构的调节量和产生的板形变化量,计算几个轧制工作点处的板形调控功效系数,这些功效系数作为自学习模型的经验值,然后不断通过自学习过程来改进功效系数的经验值,进而获得较为精确的板形调控功效系数。

4.1.3.7　工业应用

东北大学与鞍钢、燕山大学合作开发的冷轧机板形控制技术,在鞍钢 1250mm 六辊冷轧机、迁安思文科德酸轧机组等生产线上得到成功应用。基于板形调控功效系数的多变量优化反馈控制模型,形成矩阵动态优化和自适应智能控制策略,建立多执行机构板形闭环控制系统的解耦控制算法,自主开发冷轧板形核心应用软件,成品带钢板形平直度综合精度保证值小于 7I,实现冷轧薄带材平直度高精度板形控制和板形技术的推广应用。

4.1.4　冷轧硅钢边部减薄控制技术与装备

电工钢是国民经济建设不可缺少的重要原材料之一,是大型变压器、电子、电机及军工等行业的重要核心材料。冷轧硅钢产品用于电机或变压器制造时,同板厚差导致叠片系数减小、磁通密度小、空气隙增大、磁感应强度降低、激励电流大,电气设备的电磁转换效能低。为了提高冷轧产品的同板差,减小切边量,提高产品的成材率,国外钢铁工业发达国家开发了边部减薄控制技术,这是冷轧带钢生产中继厚度控制和板形控制之后的又一重要的技术进步,成为冷轧硅钢生产不可或缺的核心技术。

4.1.4.1　冷轧板边部减薄控制机理

边部减薄是带钢轧制过程轧辊弹性变形与带钢金属发生三维塑性变形共同作用的结果,产生原因:轧制过程中工作辊发生弹性压扁,边部金属有较大的延伸趋势,引起轧件边部厚度发生较大的变化,带钢边部支撑辊对工作辊产生一个有害的弯矩,带钢边部金属和内部金属在变形过程中的流动规律产生差异,从而造成带钢边部厚度相对中部的减薄。

4.1.4.2　工作辊窜辊工艺与辊形设计

轧机工作辊窜辊系统(Work Roll Shifting)简称为 WRS,是控制边部减薄的重要方法,其原理就是通过改变轧机工作辊的机械结构,增加工作辊窜辊液压缸,使得工作辊能够沿着自身轴向自由移动。同时通过优化工作辊的辊形曲线(如 CVC、T-WRS),降低带钢的边部减薄,提高轧后带钢的横向厚度精度。辊形设计即在工作辊边部磨出一段锥形辊形,辊形段包括直线段与曲线段,曲线段的一部分宽度为实际工作段。在单锥度辊形的作用下,必然会形成边部局部增厚。在不同机架,带钢的厚度、宽度、压下率、变形抗力、摩擦系数各不相同，则在带钢边部形成边降区的幅值、宽度范围不相同，而同时锥度辊形对边降区产生边部局部增厚以及对出口带钢边部应力分布的影响关系也不相同。因此，在各个机架进行合理的工作辊边部辊形设计，辊形锥度弧长与辊形重合范围均应从上游机架由大到小设置，可以从理论上完全消除边降区。锥度辊形抵消宽幅边降的有效性：在上游机架产生的宽幅边部增厚（为 70 ~ 120mm），不但抵消了该机架发生的宽幅边降而且能够弥补下游机架将要产生的边降。工作辊辊形锥度越大，边部增厚也越大，从而边降控制效果越好。但是当锥度超过一定限度时，下游机架边降控制改善将不明显，即辊形抵消宽幅边降的有效性存在临界值。

4.1.4.3　单锥度工作辊窜辊边部减薄核心控制技术

针对冷轧带钢生产，开发二级计算机系统控制模型：边降预设定控制模型、边降设定控制模型、边降再设定控制模型、窜辊量自学习控制模型、窜辊边降调控功效系数自学习控制模型、凸度动态设定控制模型、楔形动态设定控制模型。一级系统控制模型包括边降闭环控制模型、工作辊窜辊的弯辊补偿控制模型。为获得最佳的边部减薄控制效果，边部减薄控制的基本策略：（1）将来料热轧带钢的凸度情况用于工作辊的前馈设定计算中；（2）将出口的成品边缘降情况反馈实现闭环反馈控制；（3）根据工作辊窜动位置的变化给予工作辊弯辊的补偿控制。其数学模型包括 3 个主要部分：前馈预设定控制模型、闭环反馈控制模型和弯辊补偿模型。

边部减薄反馈控制程序是边缘降控制系统的核心程序，其控制模式分为 1 ~ 3 号机架的控制模式和 1 号机架单独控制模式。两种控制模式都是由边缘降实际值检测、边缘降状况评价、边缘降修正量计算、工作辊轴向位移反馈修正量计算和工作辊轴向位置校核与 5 个基本修正模块组成。图 4-3 为单锥度工作辊窜辊与边部辊形。

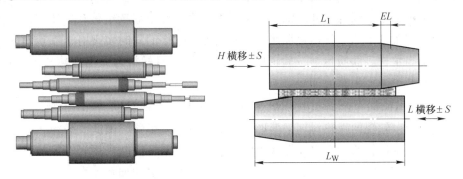

图 4-3　单锥度工作辊窜辊与边部辊形示意图

4.1.4.4　工业应用

上述边部减薄技术，在鞍钢 1500mm 无取向硅钢连轧生产线上得到应用。采用单锥度工作辊横移技术对于减低硅钢薄带边部减薄有显著作用，锥度工作辊横移放置在不同机架，其改善带钢边部较薄的效果不同，放置在 1 号轧机可以改善 40%，2 号轧机可以改善 30%，其余轧机总改善效果不会超过 30%。参照国内外冷轧硅钢生产线的经验和理论分析的结果，将 1500mm 硅钢 UCM 连轧机 1 ~ 3 号机架改造为具有工作辊窜辊功能的 UCMW 轧机。由改制前带钢的边降精度不大于 20μm，横向同板差超差严重，无法生产高质量的硅钢产品，到改造后带钢的边降精度不大于 3 ~ 5μm，最佳稳态控制的边降精度不大于

$2 \sim 3 \mu m$。有效提高了硅钢薄带轧制横向同板差尺寸精度。

4.1.5　难变形材料温轧技术与装备

温轧是针对常温下难变形金属或脆性材料，在冷轧设备基础上，采用特殊的加热手段对带材在线加热同时施加微张力进行轧制的一种先进制备技术。温轧过程中，带钢加热温度通常低于材料的再结晶温度，由于温轧时材料的塑性变形能力得到明显的提高，与冷轧相比，材料容易变形，边裂或龟裂问题减少，同时又没有热轧的缺点，特别是在降低轧制道次，提高生产效率应用方面具有显著作用。在实际生产过程中，将温轧与冷轧工艺相结合具有独特功能，在难变形金属以及脆性较大的超高强度钢、高硅电工钢以及镁合金等金属材料的轧制过程中具有重要的作用。

4.1.5.1　金属薄带在线快速加热技术

难变形金属薄带材料快速加热是一项非常复杂的提温技术，由于薄带材蓄温能力差，导致薄带材的温度范围很大，因此，考虑生产条件下的在线加热，加热系统必须要有足够的加热速率。目前，温轧在线加热手段主要有超高频感应加热和快速火焰加热两种方法，前者由于温轧带材的最终产品厚度很薄，采用纵向磁通感应加热的电热效率低，带材加热均匀性差，电功率损耗巨大，难以满足高速连续温轧工艺要求，采用横向磁通感应加热电热效率相对较高，但横向磁通感应装置和感应器设计复杂且匹配性差，特别是在高速温轧过程中电功率消耗巨大，目前，该技术还处在中试试制阶段。而快速火焰加热技术对薄带材快速提温工艺过程实用性较强。火焰加热是采用乙炔或天然气通过氧气助燃的方法实现对金属薄带材火焰直接喷射快速提温（也可采用全氢气快速加热），由特殊设计火焰喷射薄带材在线加热装置，其喷嘴采用耐热陶瓷材料制造，乙炔与氧气的气量配比由自动配气系统供给，根据薄带材物理尺寸和加热速率需求，自动调整喷嘴组数和气体流量，实现快速加热。如果有条件采用氢气燃烧加热，在提高加热效率的同时实现对金属表面的还原作用，可显著提高带材表面质量。试验证明，针对薄带金属材料的火焰加热技术，其效率、均匀性和热能利用率远超感应加热。

4.1.5.2　轧辊辊面恒温控制与炉卷箱保温技术

温轧过程中，轧辊的吸热对轧件变形区的温度有很大影响，因此，必须严格控制轧辊的温度，才能获得理想的温轧以及轧件板形效果。轧辊温度控制采用轧辊加热方法，目前有感应加热、高温油加热、火焰加热等方法，各种加热方法的加热效率、温度均匀性、轧制过程中轧辊温度的变化规律各有其特点，但基本都能满足轧辊加热及恒温控制的要求。由于轧件薄蓄热能力小，出加热区降温很快，为此，将轧机左右两个卷取机均设计成炉卷箱结构，通过炉卷箱内的电加热器件将薄带材加热到一定温度，带材在出炉卷箱后通过二次提温后进入轧机进行温轧，从而达到温轧工艺要求的温度。

4.1.5.3　温轧工艺实验研究

为了开展温轧工艺研究，RAL 实验室对其自主开发的高精度液压张力冷轧机实验轧机进行了改造，在原有液压张力机构的基础上增加一套在线加热装置对单片试样进行在线电阻加热，在轧机两端安装测温仪，可实现从室温至 800℃温度范围内的带张力恒温轧制工艺实验研究，其关键技术包括几个方面：试样在线电阻加热、温度测量、变形区温度控制、微张力控制等。该实验轧机试样在线加热采用电阻加热方法直接加热轧制中的单片带钢试样，实现单片带材恒温轧制，这是温轧实验轧机所具有的独特功能。对单片试样加热工艺过程如下：将特殊设计的液压夹持装置通过设置在轧机两端的液压张力油缸及具有绝缘隔离作用的液压钳口分别夹持在单片试样两端，采用可控硅调压系统将低电压大电流直接作用在单片试样上，通过温度控制器设定对试样进行在线通电加热，通过设在轧机两端口的温度测量仪对试样表面温度进行在线测量，PLC 温控系统将对带材加热目标温度进行温度闭环控制，从而，获得较为稳定的试样在线工艺温度进行恒温轧制，通常对厚度在 3.5mm 的单片试样最高加热温度可以控制在 800℃ 左右。图4-4 为高精度液压张力冷-温轧实验机。

图 4-4　高精度液压张力冷-温轧实验机

4.1.5.4　变形区温度与温轧微张力控制

试样温度分为三个阶段：轧前温度、变形区温度和轧后温度。测温仪能够测量的只有轧前温度和轧后温度，变形区温度通常是无法测量的。如何控制变形区温度使之处于设定的工艺窗口之内是温轧成败的关键。对变形区温度影响较大的温轧工艺参数主要有：轧辊温度、轧件温度、轧制速度、压下率和轧件厚度。通过有限元数值模拟以及温轧实验，研究单个工艺参数对轧件变形区温度的影响，并最终获得变形区温度计算模型，用于温轧工艺的制定。

薄带材在温轧过程中需要进行微张力控制。这对张力缸运行滑轨的摩擦系数和张力缸密封阻尼要求较高，需要精确的控制算法和快速的伺服响应系统。当张力液压缸工作在张力闭环时，通过伺服阀控制的进出油流量不仅用于张力液压缸张力调整，还要用于控制张力液压缸的运行速度，因此张力控制器由速度为基准的前馈控制器和以张力为基准的反馈控制器两部分组成。前馈控制器的输入信号为张力缸的线速度预设定值，输出信号为伺服阀的前馈控制量。而张力缸的线速度预设定值需要精确的前滑和后滑系数，对于无法安装测厚仪的温轧机来说，轧制厚度预计算尤为重要。通过在左右张力液压缸内安装高精度的位移传感器测量轧件在轧机入口和出口的位移，开发了秒流量厚度预估模型和前后滑预计算模型，配合宽展预计算模型，厚度预计算精度可达微米级，同时获得了精度较高的前滑和后滑系数，实现了微张力控制。以 250mm 温轧机为例，张力控制范围在 0.2 ~ 15kN。

4.1.5.5　温轧工艺工业化探索

温轧工艺对于常温下脆性材料和难变形材料轧制的组织性能和材料成形质量具有重要作用，是高端产品研发具有其他材料成型过程无法比拟的工艺技术优势。针对工业化温轧技术难题，东北大学 RAL 实验室自主创新，建成国内第一台具有轧件在线加热、工作辊恒温控制的高精度液压张力温轧机实验机，成功轧制出厚度在 0.01mm 的 6.5% Si 高硅钢极薄带材以及 AHSS、钛、镁合金等难变形金属材料，研发成功金属薄带材料连续成卷轧制温轧新工艺与制备技术。通过大量复杂多品种材料成型中试试验研究，提出了热卷箱 + 火焰（感应）快速提温温轧工艺技术，确定了难变形材料温轧工业化的解决方案。

东北大学将上述温轧技术应用到高硅电工钢工业化生产应用领域，提出了薄带连铸＋炉卷温轧制备新型高硅钢新工艺，设计并实施快速凝固提高材料性能与脆性材料温加工的新技术路线，建立了东北大学薄带铸轧中试装备研究平台。同时东北大学与武钢国家硅钢工程技术研究中心密切合作，在武钢建设了国内外第一条高硅钢薄带材中试生产示范线，在工艺、装备、产品和自动化控制技术等高端冷轧产品生产工艺关键技术领域开展工作。该示范线投产运行后，重点针对 6.5% Si 硅电工钢薄带工艺与制备技术研究与开发，同时兼顾高硅电工钢的批量生产，将彻底改变传统电工钢成分设计和生产工艺，为我国高品质电工钢生产产业化开辟一条新路。图 4-5 为具有保护气氛的炉卷温轧四辊实验轧机。

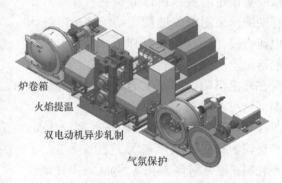

炉卷箱

火焰提温

双电动机异步轧制

气氛保护

图 4-5　具有保护气氛的炉卷温轧四辊实验轧机

4.2　先进退火热处理工艺与装备技术

4.2.1　研究背景

近年来，随着汽车、家电、建筑等行业的快速发展，冷轧板带市场需求不断增加，这极大地促进了我国钢铁行业冷轧卷板产能的扩张以及生产技术和装备的进步。然而，据有关统计资料显示，在我国所有钢材品种中，冷轧薄宽带钢、涂层板、冷轧薄板、电工钢等品种仍然是国内市场自给率和占有率最低的产品，虽然冷轧薄钢板带国内总产能已经过剩，但在一些高端品种上尚不能满足需求而需要进口。为了解决上述问题，开展高品质冷轧产品关键共性技术的研究和工业化应用是关键。

退火热处理是调控冷轧带钢组织性能的重要手段，涂镀是提高带钢耐蚀性的主要方法，先进的退火和涂镀技术是生产高品质冷轧产品的核心和关键，受到钢铁生产企业和材料、工艺和设备研发机构的高度重视。目前，退火和涂镀技术与装备的发展方向是高性能、高质量、高柔性、低成本、低消耗和环境友好。为了实现上述目标，需要开发先进的连续退火和涂镀工艺、技术和装备。本节主要针对先进高强钢（AHSS）、涂镀板等高端冷轧产品在连续退火热处理和热镀锌工艺制备开展关键共性技术的研究，重点突破冷轧板快速加热和快速冷却连续退火工艺装备技术，实现工业化应用。

4.2.2　国内外技术研究现状

4.2.2.1　快速加热技术

感应加热作为超快速退火的核心技术，20 世纪 40 年代该技术就开始应用于金属带材。直到 80 年代末，感应加热技术在铝带和铝合金带材的生产中成功实现工业应用。目前主要有两种感应加热带材的方式，即纵向磁通法和横向磁通法。以金属板带材为被加热对象，在纵向磁通感应加热情况下，由于感应电流的趋肤效应，当带材厚度降低到 2.5 倍的趋肤深度以下时，由于作用在带材的磁通量的减少，导致纵向磁通加热效率降低，加热的经济性也非常差。对于铁磁性材料，当被加热到居里温度点（770℃）以上时，相对磁导率为1，电阻率增大，导致趋肤深度急剧增加，此时采用纵向磁通再加热，需要极高的频率和功率，电效率和经济性极低，因此，纵向磁通高效率感应加热的最高加热温度一般不超过居里温度。

横向磁通感应加热（Transverse Flux Induction Heating，TFIH）可以克服纵向磁通感应加热存在的一些问题。近年来，由 Celes、Arcelor 研发中心和 EDF 联合研制的新型感应器采用了一套先进的监控系统。该系统能根据带钢性质、尺寸及其他工艺参数自动调整和控制感应器的所有参数及包括磁屏、磁棒及磁垫等各种磁场调节器的位置，基本解决了"带钢边缘过热或欠热"的问题，带钢宽度方向温度均匀性良好。该中试生产线有如下特点：拥有比传统技术功率强 10 倍的技术，加热速率为 800～1000℃/s；带钢用感应器的电效率75%～80%；温度均匀性小于±3%；比利时冶金中心也开发了一台半工业化超短流程退火线，设备的加热方式为电感应加热，针对厚度为 0.9mm 带钢的加热速率可达 200～1000℃/s，最大（水淬）冷却能力 900℃/s。目前，上述快速感应加热技术的应用还主要局限在中试实验线或半工业化试用，主要问题是在保证带材温度与均匀性和加热速率条件下的用电功率需求巨大。特别是对于厚度 0.1～0.75mm 的不锈钢、高硅钢等极薄规格的特殊材料，在既要保证加热温度均匀性又要具有较高线速度来保证生产效率的情况下，其综合性应用技术、用电功率以及经济效益等，需要根据具体生产环境和应用对象进行评估。

直接火焰加热技术利用纯氧与燃料混合燃烧（富氧燃烧），直接喷射到带钢表面，强制换热。热效率比传统加热方式高，同时预热段较短，可以缩短炉长，降低清洗要求。通过调控钢带表面氧化状态，加热后钢带表面仅仅产生一层薄薄的氧化膜，又由于燃烧更为完全，可以节省燃料，减少 CO_2 和 NO_x 排放。2002 年，DFI 富氧燃烧技术应用于瑞典 Out-okumpuNyby 厂的不锈带钢退火线，使其生产能力提高了 50%。德国蒂森 Finnentrop 厂的镀锌线和 Bruckhausen 厂分别于 2006 年和 2007 年将 DFI 富氧燃烧技术应用于镀锌铝线的退火炉，使得镀锌线的生产能力提高 30% 以上，天然气的消耗降低至少 5%，氮氧化物排放量减少 20%，CO_2 排放量减少 1200t/a，并将生产能力由原来的 70t/h 提高到 90t/h。韩国浦项公司又于 2009 年将其应用于连退线。直接火焰喷射加热技术的重点在于烧嘴（燃烧器）的工作特性和其火焰状态，因此，对于烧嘴工作特性和火焰特性的研究必不可少。可燃气体采用乙炔、天然气或氢气燃烧加热，特别适用于宽带钢极薄带材在线快速加热。图 4-6 为直燃火焰冲击加热薄带钢，图 4-7 为直燃火焰冲击加热炉结构图。

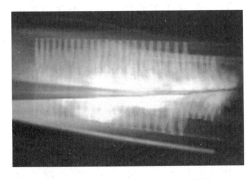

图 4-6　直燃火焰冲击加热薄带钢

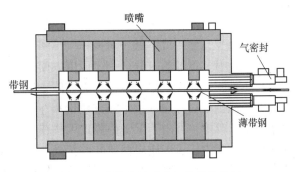

图 4-7　直燃火焰冲击加热炉结构图

随着横向磁通感应加热和直燃火焰加热等关键技术的突破，快速热处理技术对生产高强薄带钢产品显示出广阔的应用前景。不仅是工艺流程缩短、节能降耗、提高产品质量和生产效率等利益，更重要的是为开发具有优异组织性能的新材料提供了途径。因此，建立超快速退火工艺与材料物理冶金学及其综合力学性能的关系变得非常必要和迫切。

4.2.2.2　快速冷却技术

连续退火的冷却过程是对高温、高速运动的带钢喷射冷却介质，使带钢温度降到工艺要求的温度。目前先进的连续退火生产线，带钢运行速度高达 450m/min，开始冷却温度可达 700~800℃，冷却终了温度低到室温附近，一些先进高强钢材料冷却速率要求高达 250℃/s。冷却同时，还要保证带钢横向温度均匀，变形小，避免带钢抖动和表面氧化等，因此，现代连续退火生产对冷却技术提出了极高的要求。过去，国外工业发达国家针对连续退火冷却技术开展了深入而广泛的研究，先后开发出各种喷气、高速高氢喷气、气雾、辊冷、热水淬、冷水淬等冷却技术，并成功应用于生产实践中。然而，现有冷却技术均存在一定的局限性，如高速喷氢冷却，冷却速率不超过 150℃/s（1mm 厚带钢），换热系数不超过 $800W/(m^2 \cdot K)$，温度小于 300℃后冷却困难，带钢振动较剧烈，风机电能消耗大，氢气含量高（最高达 50%~75%），生产高强度（980MPa 以上）、厚规格（1.8mm 以上）产品冷却能力不足；气雾冷却虽然可以达到 400℃/(s·mm) 的冷却速率，但是由于表面氧化，需要后续酸洗，带来生产成本和废弃物排放问题；水淬可以达到更高的冷却速率（1000℃/(s·mm)），但同样存在表面氧化，并且冷却均匀性、冷却速率和终冷温度很难控制。

鉴于现有冷却技术存在的局限性，法国 CMI Thermline 公司、比利时冶金研究中心（CRM）和巴黎高科矿业（MINES PARIS TECH）共同开发了一项新的快速冷却技术，即超级干冷技术，该技术已由 CMI 公司申请了专利。超级干冷技术的原理是将液态碳氢化合物（主要是戊烷，C_5H_{12}）经喷嘴雾化后喷射到带钢上，利用戊烷在室温附近的汽化相变吸收热量，冷却带钢。汽化的戊烷通过一套冷凝装置再转变为液态，回流到缓存罐中，循环使用。该技术具有以下特点：（1）戊烷是一种稳定介质，不会产生带钢表面氧化问题，不需要后续酸洗处理，可用于高强钢镀锌线，降低生产成本，减少废弃物排放；（2）具有较高的冷却速率（1mm 厚带钢冷速达到 500℃/s），解决了高速喷氢冷却能力不足的问题；（3）实现高冷却速率不需要高的介质流速，因此不存在带钢振动问题，降低了冷却段对张力的要求，电能消耗小，只有高速喷氢冷却的十分之一；（4）冷却速率和终冷温度可以精确控制，具有柔性，可以实现多种冷却过程；（5）戊烷是普通化工原料，很容易在市场上买到，利用常温的水就可以实现气态戊烷的冷凝，并且戊烷的汽化和冷凝在密闭的条件下实现，消耗少，使用成本低，对操作人员和环境没有危害；（6）戊烷冷却设备紧凑，冷却段长度只是喷氢冷却的三分之一，可以方便地应用于现有连续退火和热镀锌生产线，并且很容易在不同冷却模式之间转换，无需停止生产线。

碳氢化合物喷雾冷却技术在连续退火生产线上的应用具有多方面的优势，前景广阔，但相关研究较少，且出于保密原因，无法获得更多的技术数据。因此，在国外超级干冷技术和碳氢化合物传热传质规律研究的基础上，深入研究戊烷、己烷、庚烷、辛烷等介质冷却高温、高速运动带钢过程中出现的传热传质机理问题和冷却工艺问题，丰富和发展传热学研究内容和范围，开发具有自主知识产权的干式快速冷却技术，促进这项先进技术在我国钢铁行业的应用,改造技术落后生产线,减少合金用量,降低生产成本,对提高我国连续退火技术水平和产品质量具有重要意义。

4.2.2.3 退火工艺控制技术

国外一些知名的工业炉公司(比如 DREVER、STEIN 等)经过多年的技术积累及实际应用,在立式炉过程控制领域取得了领先优势。特别是数学模型的应用,已成为这些公司的核心技术,并带来了可观的经济效益。我国大型连续热镀锌退火炉的设计制造基本依靠进口。虽然部分企业、院校及设计院通过不断的改造和引进,走在镀锌连续退火技术的前沿,但从目前国内对连续退火技术的总体使用情况来看,各大钢铁企业、科研院所并没有完全掌握所引进的过程控制及数学模型系统(其中包括炉温控制数学模型、张力设定数学模型、炉辊凸度选择控制模型等)。考虑到热镀锌连续退火炉具有非线性、大滞后性、多干扰、难于协调控制等特点,以及现代带钢热镀锌连续退火机组大型化、产品多样化、高质量和低成本的发展趋势,连续退火炉的过程控制及数学模型系统成为目前亟待解决的重要难题之一。

目前国内对于镀锌退火炉的过程控制模型系统过分依赖于国外进口,且存在着两个问题:(1) 只能简单地使用国外的带钢温度生产控制模型,而不了解模型的来源;(2) 缺乏对带钢温度变化机理的理论研究数学模型。因此,要达到自主集成连续热处理炉的目的,必须要对带钢热处理过程进行系统科学的研究,建立完整的理论计算数学模型,再由其得到带钢温度生产控制模型。

4.2.3 研究内容及拟解决的关键技术

4.2.3.1 关键共性技术内容

(1) 横向磁通感应加热技术与工业化应用。采用有限元分析方法,开展横向磁通感应加热的磁、热和运动耦合计算分析,优化感应线圈的设计,获得加热功率、频率等感应加热系统技术参数与带钢材质、尺寸、加热速率、出口温度和运动速度等工艺参数的关系,为感应器的设计和工业应用奠定基础。根据有限元分析结果,设计最优化磁轭和感应线圈的结构,开发适应不同带钢宽度、横向加热均匀的感应器。解决横向磁通感应加热实际应用中磁力引起的带钢振动、表面划伤、带钢加热区和未加热区温差引起的带钢变形、大功率加热电源引起的电网平衡等工业化应用技术问题。

(2) 火焰快速加热技术与工业化应用。可燃气体采用乙炔、天然气或氢气燃烧加热,前两者由特殊设计的烧嘴由氧气助燃完成加热,而后者氢气属于还原性气体,在确保安全控制的条件下可直接通过喷嘴进行带材加热,火焰加热的优点是:加热速率快、温度均匀且易控制、热源利用率高、功率损失小,更适用于宽带钢极薄带材在线快速加热。

(3) 先进气雾冷却技术。针对气雾冷却的换热机理,膜沸腾换热、核沸腾换热机制,冷却介质的热物性、液滴尺寸、气液比例、流量压力等参数对换热系数的影响开展基础性研究工作。探讨新型液态冷却介质,如碳氢化合物等用于气雾冷却的可行性,研究它们的冷却效率及表面氧化问题,获得新型冷却介质,既能提高冷却速率,也可减少带钢表面氧化。针对高速冷却带钢变形问题,用有限元模拟结合中试实验研究带钢在不同温度梯度场条件下的瓢曲机理,建立带钢板形与温度梯度、带钢张力及带钢尺寸和强度之间的关系模型，获得减小带钢变形的冷却工艺。

（4）开发新型气雾冷却喷嘴，采用流体力学有限元分析和实验方法研究喷嘴结构对冷却介质冷却效率、速度场、压力场的影响，得到效率和均匀性最佳的喷嘴结构设计。在液态介质雾化和喷射角方面，保证喷嘴在各种流量比及压力条件下液滴尺寸和喷射角度基本不变。为了开展相关研究，建立一套气雾冷却实验系统，该系统可以模拟实际生产过程，为气雾冷却研究提供有效手段。

（5）镀锌退火炉热处理工艺机理和模型计算技术。建立热处理过程核心模型库，包括加热段辐射黑度和辐射换热模型、冷却段对流换热系数模型、各段带温动态控制模型以及短期和长期自学习模型。建立加热段、冷却段及其他炉段的设定计算模型；建立热凸度控制模型；建立加热段、冷却段及其他炉段的能力计算与能力优化计算模型；建立包括加热段过渡控制、机组速度动态控制以及过渡卷管理功能在内的炉区动态控制模型。

（6）现有生产线改造。我国早期建设的带钢连续退火和镀锌生产线，大多都采用喷气冷却或辊冷，冷却速率低，不能完全满足高强钢生产需要，新建高强钢生产线，投资巨大，如果能改造冷速低的旧有生产线，使其具有生产高强钢的能力，其经济效益将十分可观。因此，改造旧生产线生产先进高强钢的技术路线是可行的。针对旧有喷气或辊冷连续退火生产线的改造，有两条技术路线：1）改造成高速喷氢冷却生产线；2）改为气雾冷却或水淬冷却生产线。前者改造工作量小，难度小，投资少，周期短。其缺点是不能生产980MPa以上及厚规格高强钢。气雾冷却则技术复杂，需要增加后续酸洗和感应加热提温系统，投资大，周期长，但改造后生产线的生产能力将大幅提高。

4.2.3.2 拟解决关键技术问题

（1）横向磁通感应加热的温度均匀性问题。横向磁通感应加热存在边缘效应，即带钢边缘与中间区域的温度存在一定的温度差。目前，国内外提出了多种边缘效应抑制或补偿方法，但还不能满足工程应用的要求，特别是高温加热极薄带材情况下，横向温度均匀性问题一直没有很好地解决。另外，为适应不同的带材宽度生产，变宽度带材横向磁通加热及横向温度均匀性控制技术，也是一直以来国内外研究的热点。由于加热温度不均匀也导致了带材板形和材料力学性能差别问题。因此，如何设计新型感应器，尽快解决上述问题，是横向磁通感应加热技术实现工业化的关键性技术问题。

（2）火焰快速加热技术工业化技术开发。火焰加热系统由气体混合系统、矩阵烧嘴、燃气与氧气流控制、输送管路和电控系统组成。可燃气体采用乙炔、天然气或氢气，前两者由特殊设计的烧嘴由氧气助燃完成加热，研发两种气氛的内混合或表面混合技术与方法，通过控制气体流量和烧嘴数量来实现薄带材的纵、横向温度均匀化加热。而氢气属于还原性气体，在确保安全控制的条件下可直接通过喷嘴进行带材加热。据此，根据极薄带材生产工艺需求，研发多规格火焰加热装置，快速实现工业化应用是关键性技术问题。

（3）抑制表面氧化的技术。现有气雾冷却，不可避免会带来带钢表面的氧化，需要后续酸洗等处理，增加生产成本和设备投资。在气雾冷却中采用特殊的冷却介质，如碳氢化合物、有机物等，有可能减少或避免表面氧化。上述减少或避免氧化的技术、减少氧化的机理、冷却效率及对产品质量和影响等是需要解决的关键问题。

（4）传热传质机理问题。高温、高速垂直运动壁面液滴的碰壁流动和扩展行为，与水平静止低温（核态沸腾）壁面有很大差别，其传热传质机理问题，目前研究得还很不充分，这一问题不仅具有重要的科学意义，而且具有重要的应用价值。膜态沸腾时，固液界面之间存在稳定的气膜，脉冲喷射、气雾喷射等冷却方式对气膜、气泡和液膜的影响规律与核态沸腾有何不同，其传热传质规律如何，是需要深入研究的科学问题。

（5）连退加热和冷却段换热过程模型化技术。1）冷却炉段对流换热系数准确模型化。对流换热系数直接影响带钢表面的换热热流强度，进而影响带温计算的准确性，因此对流换热系数的模化是带温模型建立的一个关键技术环节。2）加热炉段辐射黑度和辐射换热的准确模型化。在加热室内，尤其是加热段和均热段，辐射换热是带钢表面与炉内进行换热的主要方式，而辐射换热黑度受到辐射管布置结构、炉内特性和带钢表面状况的影响，因此需要合理考虑炉内特性和带钢表面状况。3）连退炉加热与冷却段带温动态模型的建立。目前对于连退炉带温动态模型的研究集中在加热室炉区，而对于冷却段炉区基本没有涉及，这直接影响了冷却炉段的控制调节。

4.2.4　拟采取的研究方案及研究计划

（1）针对横向磁通感应快速加热技术的研发，采用分析计算、实验研究和中试研究相结合的技术研发路线。首先通过电磁学的基本理论进行分析，获得横向磁通感应加热的功率、频率等基础数据；其次通过有限元计算进行感应器的优化和温度场的预测，再由实验研究检查感应器的实际验证，来获得最终感应器结构和尺寸；最后，在实验室建立小型带钢横向磁通感应加热实验装置。研究和评估横向磁通感应快速加热技术的工业化应用效果。

（2）针对火焰快速加热技术的研发，采用不锈钢、高硅钢等特殊材料设计制造一台火焰快速加热装置，近工业生产条件下考察整个系统设计合理性与可行性。针对我国常规及高强冷轧带钢产品生产需求，研究和评估火焰快速加热技术的工业化应用效果，最终实现具有针对性、高效率的连退热处理快速加热技术工程应用。

（3）针对气雾冷却技术，在实验室建立一套近工业化的气雾冷却系统，采用与大生产形式相同的喷嘴结构和供气供水方式，喷嘴的布置、相对带钢的距离及带钢运行速度等也模拟实际工况，开展相关技术研究。同时，利用实验室现有的带钢退火模拟试验机，开展特殊冷却介质气雾冷却技术的研究，甄选出理想的冷却介质，获得最佳工艺窗口。研究冷却介质在不同过热度条件下的换热模式、特征温度、临界热流密度、换热系数问题及气泡形成规律和运动规律等问题，采用池内沸腾的方法加以研究。具体实验方法是在装有不同碳氢化合物介质的密闭容器内，将浸入介质中的线状或薄片试样电阻加热到不同的温度，并保持恒温，观察气泡形成和运动的特征，记录相应的温度和加热输入功率，计算换热系数、热流密度等。

（4）建立连续退火过程数学模型，开发连续退火炉稳态设定值的优化预测技术，实现炉温和线速度稳态下的设定值计算；考虑加热段的热惯性、冷却段的设备能力，建立镀锌退火炉过渡过程动态控制模型，结合现场测量数据进行带钢动态控制模型的验证和修正。实现炉温和线速度的在线动态优化设定。开发模型的自学习功能，使之可以自动优化和调整模型参数。图4-8为带有气氛保护带钢连续退火实验机，图4-9为多炉室硅钢连续模拟退火实验机。

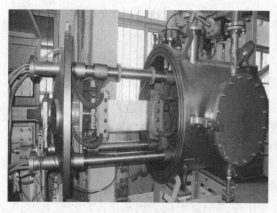

图 4-8　气氛保护带钢连续退火实验机　　　图 4-9　多炉室硅钢连续模拟退火实验机

4.2.5　预期效果

（1）开发出近工业化感应快速加热技术和实验装置以及工业化应用相关技术，针对 1mm 厚、200mm 宽的带钢，加热速率达到 150 ~ 200℃/s，加热温度达到 950℃，带钢横向温度均匀性达到 ±5%。

（2）开发出全套高速喷氢冷却和气雾冷却及相关气氛密封和酸洗技术，实现工业应用。针对 1mm 厚带钢，高速喷氢冷却速率达到 150℃/s，气雾冷却速率达到 400℃/s，并且保证冷却横向均匀性和板形良好。

（3）获得高沸点碳氢化合物在高温高速运动界面条件下的传热传质机理，以及液滴碰壁流动、扩展和传热的规律，膜态沸腾脉冲喷射冷却的传热传质规律，丰富和发展碳氢化合物和特殊工艺条件下的传热学理论；获得碳氢化合物喷雾冷却各种因素对冷却效率的影响机制和规律、相关工艺窗口、工艺模型以及脉冲喷射最佳频率和流量等工艺参数；获得不同高沸点碳氢化合物热物性参数、换热模式、沸腾曲线等相关基础数据。

4.3　冷轧带钢热镀锌质量控制与装备技术

4.3.1　研究背景

冷轧镀锌带钢是锌与钢板相结合的复合材料，锌层依附在钢板表面具有防腐性能，钢板又具有一定的力学性能，可以大幅度提高冷轧钢板的使用寿命，被广泛用于汽车、建筑、电器、容器、交通、能源等行业。随着科学技术的进步，冷轧镀锌带钢生产正向高性能、高品质和低成本的方向发展。因此在冷轧镀锌带钢生产规模和产量日益扩大的同时，其镀层厚度、表面质量、可镀性及镀锌带钢力学性能等综合性质量控制成为镀锌带钢生产的核心技术。同时，降低有色金属消耗、减少环境影响等越来越受到人们的重视。作为"2011 计划"钢铁共性技术协同创新中心"先进冷轧、热处理和涂镀工业技术与装备"研究重点，将进行以下技术的研发：（1）带钢镀锌厚度自动控制；（2）带钢表面质量缺陷检测技术；（3）镀锌带钢表面清洗技术；（4）镀锌带钢连续退火热处理工艺模型控制技术。同时在高强钢可镀性方面进行理论与实践工作。

4.3.2 国内外涂镀控制技术现状

提高冷轧带钢热镀锌质量特别是镀层厚度均匀性自动化控制水平，一直是世界各国在连续热镀锌生产线努力追求的目标。针对耐腐蚀性高强汽车板市场需求，蒂森克虏伯钢铁公司（TKS）多特蒙德钢厂在2001年12月开发建成的热镀锌生产线，具有镀锌质量和锌层厚度均匀性控制功能，该生产线不仅满足当前汽车工艺的需求，而且还将满足未来高等级轿车对汽车用钢的需求。全球规模最大的钢铁制造集团Arcelor Mittal公司在法国的Florange热镀锌线在2008年开发了镀层厚度自动控制系统。韩国POSCO在2006年实现了镀层厚度的自动控制。国内热镀锌生产线大多为引进的国外热镀锌生产技术，自主研发建设具有锌层厚度控制功能的热镀锌生产线起步较晚。1979年武钢建成国内第一条连续热镀锌生产线，1990年宝钢建成第二条热镀锌线，其热镀锌机组大多采用常规PID技术进行锌层厚度控制。采用闭环控制后，当速度发生变化时，气刀会自动根据测厚仪的反馈值进行调节，理论上可以实现均匀的镀层厚度控制。然而由于控制对象存在严重的非线性、时变、大滞后和强耦合的特点，采用传统PID控制或扩展PID控制都达不到要求的控制效果。由于锌层厚度控制影响因素的复杂性且气刀参数对锌层厚度影响非线性，当产品规格切换或速度、涂层厚度变化时，气刀参数如何实时快速切换，如何采用工艺数学模型对锌层厚度进行精确控制，是各国在锌层厚度控制技术研究的重点。

4.3.2.1 带钢镀锌厚度均匀性控制技术

热镀锌生产过程中，气刀是控制锌层厚度和均匀性的关键设备。带钢从锌锅中拉出后，利用高速气流的冲击作用将黏附在其表面的多余锌液刮回锌锅。影响最终锌层厚度的因素是复杂、非线性和耦合的。国内外关于气刀吹锌过程的机理研究相对较少，而镀层厚度实现自动控制，则要求对气刀流场和介质传输机理进行深入研究。研究气体喷吹理论的目的就是找到最佳镀层厚度控制方法，保证带钢表面获得良好的均匀性镀层厚度，建立精确锌层厚度控制过程数学模型，最终实现高精度、高质量的镀锌板生产。主要控制方法：（1）建立带钢表面镀层厚度与带钢速度、喷嘴压力、气刀与带钢距离、喷嘴开口度、锌液物性（黏度、密度）等因素关系的数学模型；（2）采用有限元分析软件FLUENT对气刀喷吹过程进行数值模拟，分析带钢表面产生的压力和剪力峰值与气刀入口压力之间的关系；（3）将模型预测的锌层厚度与实际检测结果进行比较，使用有效模型进行细致分析，提供锌层厚度控制方法和最佳工艺窗口。图4-10为镀锌层厚度控制示意图。

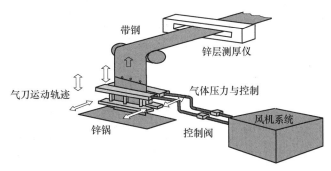

图4-10 镀锌层厚度控制示意图

4.3.2.2　表面质量检测技术

冷轧带钢涂镀板在线质量检测与控制技术，是确保各种涂镀钢板质量的研究重点。20世纪70年代，以新日铁为代表的日本冷轧涂镀板及电工钢板生产线上采用了"激光扫描表面缺陷检测系统"。80年代，国外镀锌线已经由表面检测缺陷过渡到对内部缺陷包括夹杂物的检测。90年代，日本川崎公司水岛厂采用了数字分析系统，使缺陷的鉴别达到定量化阶段。英国 European Electronic System 公司（EES）则将研究工作的重心确定为提高系统的实用性和可靠性，进而使带钢涂镀质量明显提高。美国 Honeywell 公司 1983 年开发出采用线阵 CCD 器件的连铸板坯表面在线检测装置。美国 Cognex 公司 1996 年先后研制成功了 iS-2000 自动检测系统和 iLearn 自学习分类器软件系统，有效地改善了传统自学习分类方法在算法执行速度、数据实时吞吐量、样本训练集规模及模式特征自动选择等方面的不足。与西方发达国家相比，国内带钢表面缺陷检测的研究起步较晚，整体研究水平较低。90年代初华中理工大学采用激光扫描方法测量冷轧钢板宽度和检测孔洞缺陷，开展了线阵和面阵 CCD 成像检测技术的研究工作。哈尔滨工业大学机器人研究所进行了带钢表面缺陷静态检测和识别方法的研究。上海宝钢研究院与原航天部二院联合研制出用于冷轧带钢表面缺陷的在线检测系统。2002 年北京科技大学研制出多面阵 CCD 摄像机钢板表面图像采集系统。近年来，东北大学在中厚板热轧板坯表面质量图像识别与表面质量控制等领域研究也取得重大进展，但国内各研究院所和企业的研究成果与向实际生产线提供全套高端镀锌带钢表面缺陷检测系统的在线实际应用还有一定距离。

4.3.2.3　带钢表面清洗机械消泡技术

清洗技术是冷轧带钢生产过程中必不可少的工序之一，用于去除带钢表面的残留铁粉、油脂和其他附着物，以提高带钢表面的清洁度，增加后续镀层工序的黏附力，避免涂镀后的带钢表面出现漏铁的质量缺陷。清洗以氢氧化钠或硅碳酸钠的碱液为脱脂剂，采用喷淋电解清洗。但是，轧制油与碱产生皂化反应，皂化成分超过一定的浓度就容易产生泡沫现象，其结果是清洗设备和碱液储存泵的周围发生泄漏，导致作业环境恶化和碱液损失。为规避这些问题，以往都采用化学抑泡手段。在碱液中加入酒精，使皂化成分溶解，从而抑制发泡；也有通过添加硅油降低界面张力，使得泡沫破灭。无论采用哪种方法都需要很高的费用，并且硅油会破坏钢板和涂层或镀层的紧密性。因此开发研制一种既环保又经济，同时还能提高带钢表面清洗质量的机械消泡装置，对提高冷轧带钢表面清洗质量、节能和环保都具有重要的意义。

通过国内外相关文献检索，日本在机械消泡领域处于领先地位，且对产品已封闭保护，主要研究热点在吸泡装置及消泡装置的设计开发上。为此，鞍钢研究院设计开发了适于冷轧清洗工序的机械消泡装置，大量的实验验证了其可行性，在国内具有广泛的应用市场。

4.3.2.4　镀锌板连退工艺模型控制技术

退火热处理是调控冷轧带钢组织性能的重要手段，涂镀是提高带钢耐蚀性的主要方法，先进的退火和涂镀技术是生产高品质冷轧产品的核心和关键。国外一些知名的工业炉公司（比如 DREVER、STEIN 等）经过多年的技术积累及实际应用，在立式炉过程控制领域取得了领先优势。特别是连续退火热处理工艺数学模型的应用，已成为这些公司的核心技术，并带来了可观的经济效益。我国大型连续热镀锌退火炉的设计制造基本依靠进口。

快速冷却技术是冷轧带钢连续退火工艺的关键。为了提高连续退火带钢的冷却速率，解决冷却均匀性、表面氧化等问题，国内外开展了大量的研究工作。总体来说，常规的连续退火生产线喷气冷却速率大多在 $20 \sim 35\,℃/s$，这一指标不能满足厚规格、超高强度钢的生产。冷水淬的冷却速率可达 $1000\,℃/s$ 以上，冷却能力强但却不能实现带材的冷却路径控制与终冷温度控制，存在冷却均匀性和板形等问题，且需要后续酸洗。近年来，根据先进高强钢（AHSS）市场需求，东北大学 RAL 重点实验室成功研发了高冷却速率的在线喷氢冷却技术。这种高速喷氢冷却技术的冷却速率可达 $150\,℃/s$（1mm 厚带钢），通过高强带钢中试实验验证并且效果良好，解决喷气冷却生产高强钢冷却能力不足以及水淬冷却存在的问题。目前，东北大学正在研发用于生产 AHSS、高强不锈钢等冷轧带钢材料先进的连续退火热处理工艺过程数学模型控制系统（其中包括炉温控制数学模型、快速提温和快速冷却数学模型，张力设定数学模型以及涂镀厚度均匀化控制模型等）软件技术，已经开发出具有现场实际应用功能的快速喷氢冷却和气雾冷却装置，气雾冷却又称为气液双相介质冷却，是一种有前途的先进快速冷却技术。冷却的均匀性受冷却速率影响很大，低冷速时，水雾与带钢接触不均匀，冷却速率高时，液滴尺寸大，均匀性不好。为了进一步提高气雾冷却的速率，生产更高强度级别的高强钢，法国法孚公司开发了一种湿式闪冷气雾冷却技术（Wet Flash Cooling）。该技术采用氮气和水作为冷却介质，利用氮气使水变成水雾，通过调整水（气）压或水（气）流量来控制冷却速率，最高冷却速率可达 $1200\,℃/s$，并且终冷温度可以控制，横向和纵向的板形均匀。总的来说，先进的带钢连续退火生产新工艺、新产品，特别是工艺与控制模型的研发过程，必须包括材料基础、数值模拟、试验研究、中试验证和工程应用一体化科学研发过程。

4.3.3 热镀锌关键技术

4.3.3.1 热镀锌工艺过程气刀流场模型控制技术

冷轧带钢在热镀锌工艺过程中，气刀气流对带钢表面压力、气刀与带钢距离和喷射角度等因素对镀锌质量产生影响，特别是气刀流场对镀层厚度均匀性影响尤为突出。通过建立气刀动态模拟装置进行有限元分析，研究气刀流场对带钢表面的喷气压力分布规律，确定气流压力、喷射角度以及相对位置等因素对锌层厚度综合影响，同时，还要充分考虑带钢材料在连退热处理制度与热镀锌工艺条件下的材料温降等参数的递变过程。利用有限元模拟镀层厚度非线性最小二乘拟合、指数平滑数据优化，对目标镀层厚度与海量实测数据比较分析，建立典型带钢产品热镀锌工艺过程气刀流场优化数学模型，找到最佳镀层厚度控制方法，提高镀层厚度自适应模型控制的动态品质，是典型产品规格和生产工艺条件下热镀锌质量控制建立自适应数学模型开发的基础条件。结合 Smith 预估控制，应用鲁棒区间的自适应控制方法，对具有非线性特征的镀层厚度控制系统进行预估与模型计算，研发气刀流场同步预测控制技术，完成带钢两表面镀层厚差的稳定控制。图 4-11 为挡板边角控制带钢边部气体流场分布。

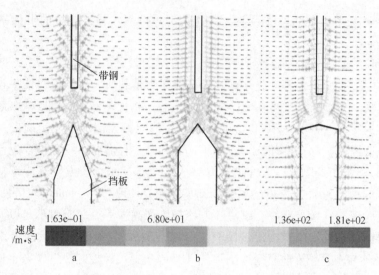

带钢

挡板

| 1.63e-01 | 6.80e+01 | | 1.36e+02 | 1.81e+02 |

速度 /m·s⁻¹

a   b   c

图 4-11 挡板边角控制带钢边部气体流场

4.3.3.2 热镀锌带钢表面缺陷识别与镀锌质量控制技术

要实现镀锌带钢表面质量控制，镀锌缺陷识别技术显得尤为重要。镀锌带钢基板（如镀锌、镀铝锌、有锌花、无锌花）背景特点以及对应表面缺陷在不同光照、明暗场条件下，所折射出的金属表面区别很大，所以，要根据不同金属材料性能和表面质量特征，进行镀锌带钢表面缺陷特征分析与多金属材料种类分类器的设计。鞍钢研究院的科技人员开发的基于 DSP 嵌入式图像处理技术，可有效提高在线机器视觉图像数据处理分析能力，通过工业以太网数据通信，实现在线、数字图像处理分析、数据存储等稳定的数据传输。为了对冷轧镀锌带钢表面缺陷进行分类，将各种类型表面缺陷的图像特征用准确有效的方法将其从图像当中提取出来，优化截取带钢表面缺陷特征，通过建立缺陷分类工艺模型，对实际的缺陷图像特征进行综合分析计算，集中选取和定位缺陷类别，最终完成缺陷分类。由此可见，研发多金属材料种类疑似缺陷区域捕捉模型，有效过滤伪缺陷模型，研发一套完整的镀锌带钢表面质量控制在线镀锌缺陷识别技术，对于热镀锌带钢质量控制具有重要意义。

近年来，东北大学与鞍钢研究院针对热镀锌质量控制进行联合攻关，在镀锌带钢表面质量检测、锌层厚度均匀性控制以及在线镀锌缺陷识别等技术领域取得了突破性进展，研发出多项具有自主知识产权热镀锌质量控制技术。鞍钢研究院新近开发的机械吸泡与消泡技术及生产设备，在鞍钢冷轧热镀锌生产线应用并取得良好效果。带钢在镀锌前清洗过程中，清洗液不均匀地附着在带钢表面而影响镀锌质量。机械吸泡及消泡过程，就是把气体与液态动力学理论与生产制备技术相结合，通过对气液分离装置、消泡管道、消泡环流场、速度场、压力场的理论与实践，打碎和吸取带钢清洗过程产生的多余泡沫，将打碎的泡沫进行快速气液分离，气体排出，液体回流，大大降低了清洗液在带钢表面的不均匀附着程度，清洗效果明显提升，最终提高镀锌带钢的涂镀质量。

4.3.3.3 连续退火热处理工艺模型开发平台

建立快速加热、快速冷却和涂镀连退热处理工艺模型库，以连退炉的加热段、均热段和辐射换热带钢表面的换热技术为研究重点，研发具有辐射换热黑度控制的高密辐射管结构设计和带钢表面最佳热处理过程的立式连续退火加热炉制备技术，包括加热段辐射黑度和辐射换热模型、冷却段对流换热系数模型等各工艺段炉温控制自学习模型。建立连续退火热处理工艺数学模型开发平台，针对冷轧带钢产品性能、尺寸精度和表面涂镀质量，重点开展先进高强钢等典型钢种和热处理生产技术研发，通过研发喷气、喷氢和气雾多种快速冷却工艺与制备技术，解决先进高强钢生产过程中冷却能力不足的问题。

另外，冷轧带钢再结晶退火过程中，在获得力学性能的同时，还原性气氛也清除了带钢表面的氧化物。然而，对先进高强钢中含量较高的 Si、Mn 等合金元素却是热力学可氧化的，这些合金元素在钢板表面发生选择性氧化而形成无法被还原的氧化物，尤其是无定形的 $x\text{-}MnOSiO_2$ 和 SiO_2，严重影响锌液对钢板的浸润性，易发生表面漏镀点，这是热镀锌和合金化镀锌高强钢板生产过程中的技术难点，因此，如何解决先进高强钢表面选择性氧化技术问题，对高强钢板的生产工艺与产品应用非常重要。

4.3.4 研究方案与实施计划

（1）针对典型带钢新材料进行有限元模拟实验。采用有限元分析方法，确定气刀压力、气刀距离、带钢从锌锅离开的速度、气刀角度、刀唇开度、气刀高度、锌液温度等因素对锌层厚度综合影响，通过对带钢边部气刀流场的分析，重新设计气刀挡板厚度和挡板边角形状及角度尺寸，减少带钢边部流场的涡流现象，提高对带钢边部增厚的控制效果。研究气刀压力、距离等因素对锌层厚度综合影响，进行气刀流场对镀层影响分析，研究气刀在带钢表面喷气压力分布规律。建立气刀流场优化工艺参数模型，开发镀层厚度自适应模型，实现多规格带钢镀层厚度的精确预设定。开发气刀预测控制器及平均镀层厚度控制技术，开发上下表面镀层差厚控制技术，实现在带钢变规格时气刀控制参数同步调整。

（2）针对热镀锌线气刀流场优化工艺参数模型。在镀锌过程中，气刀是控制锌层厚度和均匀性的关键设备。带钢从锌锅中拉出后，利用高速气流的冲击作用将黏附在其表面的多余锌液刮回锌锅，影响最终锌层厚度的因素是复杂、非线性和耦合的。实现镀层厚度自动控制就要求对气刀流场和介质传输机理有基本认识和理解，采用有限元分析方法，确定气刀压力等因素对锌层厚度综合影响，找到最佳镀层厚度控制方法与参数，保证带钢表面获得良好的镀锌层厚度和均匀性，为建立精确锌层厚度过程数学模型，并最终实现自动控制提供依据和基础。

（3）镀层厚度自适应模型的开发。针对镀锌过程对象模型在实际应用中存在的问题：模型的精确性不一致，当过程参数变化比较大时（如目标厚度动态变规格），模型精度就会发生衰减；模型的精确性存在时效性，在最初系统优化后的模型参数，经过一段时间应用后，由于生产环境的改变会变得不再适用。采用针对不同目标镀层厚度数据分析，开发镀层厚度对数空间的非线性偏最小二乘拟合、长周期和短周期自适应模型来解决问题，提高对象模型的精确性和时效性。

（4）机械消泡装置动力学分析与生产用制备技术开发。采用机械机构清除镀锌带钢清洗过程中产生的泡沫，取代化学消泡剂；减少生产成本，减少带钢表面漏镀事故，减少环境污染。完成机械消泡装置总体方案设计，吸泡动力装置设计，消泡管道设计，消泡环设计，气液分离装置设计和气液反冲洗系统设计。

（5）针对缺陷识别的图形图像学算法开发。通过镀锌带钢基板及缺陷图像特点的分析，建立带钢表面图像缺陷识别检测、图像分割和伪缺陷检验图像区域划分方法，开发冷轧镀锌板、镀铝锌板等多品种的表面质量在线检测系统，可实现长期、稳定、在线识别带钢表面缺陷信息，整体提高镀锌带钢表面缺陷识别率与控制算法的执行效果。

（6）建立典型镀锌带钢多类型缺陷的有效特征与分类模型数据库。采用分布式图像处理分析流程，研发自适应产品背景特点的缺陷辨识方法，结合图像预处理、目标缺陷图像分割、可变尺度伪缺陷过滤模型，实现镀锌带钢生产过程动态缺陷识别。完成海量收集镀锌带钢不同缺陷类别的在线采集图像样本，形成缺陷图像样本库。

（7）建立连退热处理过程的传热工艺制度，形成退火过程温度场耦合体系。结合传热特点和典型退火工艺制度，对各炉段内的传热过程进行合理优化，完成立式炉连续退火工艺过程数学模型设计，通过热模拟软件进行各炉段内传热的模拟与分析，研发具有工业化的连续退火热处理数学模型。

（8）结合典型高强钢连退热处理工艺制度，进行工业化连续退火热处理预测模型开发。完成炉温、炉内气氛和退火速率的设定值计算，建立加热段热惯性、冷却段和热镀锌全过程的动态控制系统和生产应用模型。

（9）可镀性机理研究。为防止热镀锌和合金化镀锌高强钢板漏镀，通常在连续镀锌线的退火炉中保持高氧势，将合金元素的选择性氧化由外氧化转为内氧化，通过预先氧化使 Mn、Si、Al 等元素的选择性氧化弥散分布在氧化铁层后再还原。也可以由 Al、P 等代替 Si 以减少钢基体中 Si 的含量，以减少带钢表面选择性氧化物的产生。目前，我国在控制合金元素选择性氧化、提高先进高强钢可镀性方面的研究还处于起步阶段。

4.3.5 预期效果

研发镀锌带钢质量控制技术，大幅提高冷轧镀锌带钢的综合质量，并对镀锌带钢表面质量信息实时监控，消除多道工序中影响镀锌带钢表面质量的因素，同时有效控制镀锌带钢生产过程中多种工业原料的使用量，产生较高的经济效益和社会效益。

（1）采用数值模拟和实验研究相结合的方法，揭示气刀流场的重要影响因素机理，建立高精度镀层厚度工艺与控制模型，实现镀层厚度的精确预设定。

（2）自主开发基于人工智能结合鲁棒控制算法的 PPA 预估控制系统，解决镀层厚度控制过程中系统时变大滞后、非线性和多变量影响的控制难题。

（3）采用平均镀层厚度和偏差厚度联合控制策略，特别是应用三种有效手段，实现镀层差厚和横向镀层均匀度的精确控制。

（4）实现高质量的镀层厚度控制系统在鞍钢冷轧 5 号镀锌线的工业化应用，主要技术数据显示，经过不断创新完善工艺与控制系统设计与调优尽快向冷轧 4 号镀锌线推广应用。

（5）开发典型退火工艺规程和生产技术，重点研发快速加热和高速冷却速率的喷氢冷却系统，通过对高强带钢的中试实验验证，解决喷气冷却生产高强钢冷却能力不足及水淬冷却存在的问题。

（6）针对先进高强钢材料，研究合金元素的选择性氧化控制，提高钢板的可镀性。

本项的开发与实施，将形成完整的热镀锌质量控制技术和质量标准，促进钢铁行业连退热处理与热镀锌质量控制技术成果的推广与应用。对我国汽车、家电和建筑等相关行业技术与产品升级换代具有巨大的推动作用，提高我国冶金行业在核心技术领域的创新能力与国际市场竞争能力，培养一批高素质的专业技术人才。

4.4 高成型性能、高强塑积汽车用钢开发

4.4.1 研究背景

随着全球能源危机和环境恶化的日益加剧，安全、节能和环保已成为汽车制造业的发展潮流。在众多降低油耗、减小排放量的措施中，减轻汽车重量成效最显著。据相关资料显示，汽车的能耗和汽车自身重量呈线性关系。对于一般乘用车，若其重量减少10%，则其油耗能降低8%左右，排放亦可降低4%左右。显然，在保证使用安全的前提下，汽车轻量化是汽车节能减排最有效的方法，也是汽车制造商提高其产品市场竞争力的关键。众所周知，钢铁材料一直在汽车材料中占主导地位。然而，近年来，在汽车轻量化发展形势的推动下，诸如铝合金，镁合金及塑料等轻质材料不断进驻汽车材料领域，并且其比重有逐年递增之势。轻质材料的发展已逐渐威胁到钢铁材料在汽车用材领域的主导地位。为稳固自身经济效益全球各大钢铁企业纷纷致力于研制，并开发成本低廉且兼具高强度和良好塑性韧性的新型汽车用先进超高强钢（AHSS）。先进超高强钢（AHSS）应用于汽车零部件制造的优点在于材料强度提高后零件厚度可以减薄，从而使汽车整体用材减少，质量减轻，汽车油耗和排放量亦随之减小。在减轻汽车质量的同时，汽车碰撞安全性能因其材质高强而得到了保证。故无论从节能降耗还是安全性能角度看先进超高强钢都是汽车用钢的最佳材料。

4.4.2 国内外技术研究现状

4.4.2.1 第三代先进汽车用 Q&P 和中 Mn 钢的开发

先进超高强钢的发展概况如图4-12所示。其发展过程大体经历三个阶段，亦分别称为第一代AHSS、第二代AHSS和第三代AHSS。第一代AHSS主要以双相钢（DP）、相变诱导塑性钢（TRIP）、复相钢（CP）和马氏体钢（M）等为代表。这一类钢是在传统高强钢的基础上发展起来的。第一代AHSS的强化机制在此基础上添加了相变强化。然而，第一代AHSS强度高的同时伸长率相对较低，成形性无法得到充分保证。为开发综合性能更优的超高强钢，阿赛洛-米塔尔、浦项等国际大型钢铁公司研究并开发了高锰系列的孪晶诱导塑性（TWIP）钢和具有诱导塑性的轻量化（L-IP）钢。此类钢是一种低层错能的奥氏体钢，在无外载荷作用时，室温下的组织为奥氏体。但当其在外载荷作用下，由于应变诱导产生机械孪晶，会产生大的无颈缩延伸，显示出非常优异的力学性能，主要表现为高的应变硬化率和强塑性。此类钢被称为第二代AHSS。但其主要以合金元素为代价换取优越的力学性能，并且冶炼连铸工艺、钢材的延迟断裂、切口敏感性及可涂镀性能都是妨碍此类钢广泛应用的生产技术难题。第一代AHSS、第二代AHSS的研发中采用添加大量Cr、Ni、Nb和Al等合金元素，造成材料成本较高。同时由于合金元素过高不利于塑性变形，例如Al元素的加入使得熔炼过程难度加大，P元素加入容易出现脆性夹杂等。由此，美国

钢铁企业提出开发第三代 AHSS。其主要思想为在第一代 AHSS、第二代 AHSS 的微观组织基础上，降低合金含量，通过控制轧制及控制冷却结合晶粒细化、固溶强化、析出强化及位错强化等强化机制来提高强度。通过调整组织中相的组成和比例利用应变诱导塑性、剪切带诱导塑性及孪晶诱导塑性来提高塑性和成型性能。

　　第三代汽车用先进高强钢的强塑积为 20~40GPa·%，见图 4-12。第三代汽车用先进高强钢满足高强度和高塑性的要求，且成本较低，是未来汽车钢的研发方向。其中代表性钢种主要包括 Q&P 钢（Quenching and Partitioning，Q&P）、中 Mn 钢以及 Nano-steel 钢等。

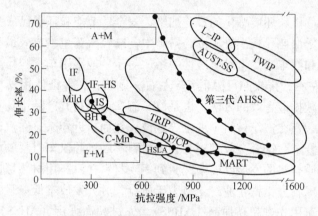

图 4-12　汽车用先进高强钢发展情况

4.4.2.2　淬火配分工艺及 Q&P 钢的开发

　　2003 年，J. G. Speer 等基于马氏体转变属于变温相变、碳在铁素体/奥氏体间溶解度存在差异及碳的扩散理论提出一种能生产出马氏体和富碳残余奥氏体混合组织的新型热处理工艺，即淬火分配工艺。经 Q&P 处理后，强度能达到 800~1500MPa，而其伸长率仍能保持在 15%~30%。Q&P 钢达到了第三代 AHSS 所要求的高强度高强塑积的要求。具体工艺如下：钢经奥氏体化（完全奥氏体化，即在 A_{c3} 以上保温或者部分奥氏体化，即在 A_{c1} ~ A_{c3} 之间保温），然后淬火至马氏体转变开始温度（M_s 点）和马氏体转变结束温度（M_f 点）之间某一温度（即 QT），之后在一定温度（即 PT）下，进行配分保温处理，最后冷却至室温。若淬火温度 QT 与配分温度 PT 相同，则称之为一步 Q&P 法，若配分温度高于淬火温度则称之为两步 Q&P 法。

　　美国科罗拉多矿业学院的 John G. Speer，David K. Matlock，英国利兹大学的 David V. Edmonds，以及巴西里约热内卢天主教大学的 Fernando. C. Rizzo 等从 2003 年至今一直联合研究 Q&P 处理工艺，其研究工作最早也最长。其早期研究（2003~2005 年）重点主要集中于 Q&P 处理工艺的理论的阐述、模型计算以及针对中碳条钢、TRIP 钢进行 Q&P 处理实验研究。研究结果表明 TRIP 钢经 Q&P 处理后其强塑性刚好弥补了第一代 AHSS 中 DP 钢和 TRIP 钢与传统马氏体钢之间的空白，并预计通过调整钢中残余奥氏体的含量可进一步发掘 Q&P 钢的潜力。此阶段研究证明了 Q&P 处理工艺的可行性。2006 年以后其研究重点转向配分过程的理论和实验研究。理论研究方面，DICTRA 软件被引入来重点模拟计算配分处理时碳原子从过饱和铁素体向邻近奥氏体中扩散的过程。实验研究重点开始转向 Q&P 钢微观组织结构及淬火温度和配分时间对残余奥氏体含量的影响。近年来，国际上荷兰代尔夫特理工大学、日本九州大学，以及国内上海交通大学、东北大学、北京科技大学等研究单位也分别针对不同 Si、Al 配比的低碳钢、马氏体不锈钢等材料临界区退火 Q&P 处理后的微观组织及力学性能进行系统深入的研究。

当前国内外对于 Q&P 钢的实际生产开发还处于起步阶段，发展前景广阔。宝钢 QP980 实现了全球首发，目前已在国内某车型上实现了商业化应用，零件为 B 柱加强板，此外 Q&P 钢还可用于形状较复杂的车身结构件和安全件，如 A 柱加强板、车门铰链加强板等。鞍钢在宝钢之后也在连退生产线上一次性试制成功 AQP980 冷轧板，产品性能达到国际先进水平，并成功冲压出 B 柱加强板等零部件。完成了 Q&P 钢（冷轧淬火配分钢）企业标准的制定，使鞍钢成为全球极少数具备 Q&P 钢批量供货能力的钢铁企业之一。与同级别的 DP 高强钢相比，其性能特点为在高强度的同时具有高的 n 值和伸长率，同时具有更好的成型和延伸凸缘性能，保障了翻边和扩孔性能。

尽管宝钢和鞍钢在国际上率先实现了 Q&P 钢的工业化生产，但从其合金体系、生产工艺和综合性能来看，还存在很多问题尚未彻底解决，也就是说，距离形成成熟稳定的生产和应用技术仍有段距离。例如，宝钢利用其专有的超快速冷却退火线开发的 QP1180 和 QP980 强度较高，而伸长率明显偏低，强塑积富余量不大，屈强比也偏高。而鞍钢强度和塑性匹配较好，强塑积尚可，但性能稳定性和通卷均匀性较差，强度偏低，且 R 值较低。同时无论宝钢、鞍钢，生产过程均采用两步配分、高速冷却（≥50℃/s）等工艺，对设备能力要求较高。

4.4.2.3 中 Mn 钢的物理冶金原理及发展概况

美国汽车/钢铁联盟在 DOE 和 NSF 的支持下于 2007 年 10 月启动了为期三年的强塑积与成本介于第一代汽车钢与第二代汽车钢的第三代汽车钢——中 Mn 钢的研发工作。在同一时期，中国与韩国等也相继启动了提高强塑积的高强高塑钢的研发工作。从美国、韩国及中国等的研究现状而言，第三代汽车用先进高强钢主要以 C-Mn 系、C-Mn-Si 系、C-Mn-Al-Si 系及 Mn-Al 系 TRIP 钢为主。根据 Mn 元素含量的不同，又可分为低锰（<3%）、中锰（3%~9%）和高锰（≥9%）三类。

中锰钢是在马氏体的基础上通过马氏体逆转变得到超细晶的铁素体和奥氏体双相组织。奥氏体逆相变法最早是由美国的 Morris 教授在 20 世纪 80 年代研究高韧性钢时发现的。当奥氏体的形成是在淬火形成的完全马氏体或部分马氏体组织基础上，通过随后的临界区退火形成新的与铁素体交替分布的条状奥氏体，在随后冷却至室温的过程中部分或全部保持稳定，则这种方法称为逆转变法。不同于奥氏体正相变法，逆转变法得到的残余奥氏体为与亚微米级铁素体条交替分布板条状奥氏体，此工艺中 Mn 元素的配分对奥氏体的稳定性有至关重要的作用。这种工艺要求合金化元素是具有扩大奥氏体区和稳定奥氏体的作用，同时是扩散速率慢的元素，可以保证奥氏体的稳定性及晶粒的超细化。在早期的研究（2007~2010 年）重点集中于中锰钢的基本理念、所选取热处理工艺、Mn 元素配分的优化温度及残余奥氏体稳定性的控制等。2010 年 Seok-Jae Lee 等人基于 Fe-6Mn-0.05C-1.4Si 的基础上阐明了中锰钢的优质的力学性能得益于高残余奥氏体含量及其有效的加工硬化能力，残余奥氏体的含量控制依靠于临界区优化的退火温度的选取（即 Mn 元素的配分温度及时间），残余奥氏体的加工硬化能力受控于残余奥氏体的化学稳定性（即 C、Mn 元素在奥氏体中的富集程度）、残余奥氏体的晶粒尺寸（nm）、残余奥氏体的晶粒形态

（板条状、等轴状、薄膜状）及残余奥氏体的机械稳定性。美国的 P. J. Gibbs 与 E. De. Moor 等人及韩国的 S. Lee，S. - J. Lee 和 De. Cooman 等主要研究冷轧中锰钢的逆相变行为。P. J. Gibbs 等研制的实验钢抗拉强度≥900MPa，伸长率≥40%，强塑积≥40GPa·%；S. Lee 等人研制的实验钢抗拉强度≥1200MPa，伸长率接近30%，强塑积≥36GPa·%。2010 年 Decooman 等人基于残余奥氏体的稳定性的基础上提出成分上的改进及分类。韩国的 NamSuk Lim 与 Dong-Woo Suh 等主要研究了 Al 元素对实验钢组织转变及力学性能的影响，即 Al 促进铁素体的形成，抑制两相区退火时奥氏体的过度转变。其中，Dong-Woo Suh 采用两相区退火加贝氏体保温热处理工艺或一次两相区退火工艺，获得的实验钢的抗拉强度接近1GPa，伸长率≥25%。

近年来，中锰钢的研究逐渐转向更深一层次的机理性研究。如韩国浦项制铁 Decooman 等提出兼顾 TRIP/TWIP 效应的中锰钢，实验钢成分以 10Mn-3Si-2Al 为基础，在转变初期，由于奥氏体中层错能高，发生 $\gamma \rightarrow \varepsilon$，在较低的应力作用下发生 $\varepsilon \rightarrow \alpha$，当应力达到一定程度时奥氏体孪晶形成（即 $\varepsilon \rightarrow \gamma$），当应力继续增加时应力集中增大则发生 $\gamma \rightarrow \alpha$。韩国 C. H. Seo 等人在分析残余奥氏体加工硬化能力的试验中发现，残余奥氏体的 Schmid 因子（即取向因子）同样起到很大作用，即残余奥氏体在发生马氏体相变时局部应力需要达到一定值，而应力与滑移面及滑移方向的位向关系的改变使得局部应力值减小，进而残余奥氏体未发生马氏体相变，从而影响其加工硬化行为。

国内钢铁研究总院、东北大学、北京科技大学等主要以热轧或冷轧板为研究对象，通过马氏体逆相变获得超细晶板条状铁素体与奥氏体双相组织。东北大学通过调控 Mn/Al 配比，利用马氏体逆相变工艺，使伸长率达42%，抗拉强度达1100MPa，强塑积达37GPa·%，并且通过连续性 TRIP 效应及间断性 TRIP 效应的分类，解释了在中锰钢变形过程中持续变形能力强，高伸长率的深层机理。钢铁研究总院提出了 M^3 组织调控思路，即通过精细化的组织调控工艺可以获得"多相化（Multiphase）、亚稳态（Metastable）和多尺度（Multiscale）"的组织结构，从而提高钢材的力学性能。

在工业实践方面，太钢和钢铁研究总院合作试制出抗拉强度为 700~900MPa，强塑积不小于 30GPa·% 的钢板。宝钢近日全球首发中锰钢，实现了材料和零件的双全球首发。该材料系列包括了冷轧 CR980MPa 级，热镀锌 GI980MPa 级和热镀锌 GI1180MPa 级，是又一款以突破性工艺获得超高强度与良好塑性共存的革命性钢种。中锰钢材料由宝钢首发后，目前已用于"后地板左右连接板"零件的工业试制。由于该钢种强度在 980MPa 以上的同时，塑性与低强度的先进高强钢相当，因而适用范围比一般超高强钢更为广泛，其应用前景包括汽车 A 柱、B 柱、防撞梁和门槛加强件等众多车身结构件。

4.4.3　研究内容及拟解决的关键问题

4.4.3.1　关键共性技术

（1）在一步配分条件下，开发出性能优异的 Q&P 钢产品。对碳配分机理、奥氏体稳定化、引入铁素体的作用及残余奥氏体的稳定性等科学问题有深刻的认识和理解，进而从合金设计、前工序工艺调控及连续退火过程的临界温度、缓冷温度、淬火温度、配分时间等方面进行全方位设计及最优化调控。

（2）开发兼具高扩孔率、高屈强的和高强塑积钢种技术。高强塑积钢通常有软硬相分明的铁素体、马氏体及残余奥氏体组成，由于特有的组织结构造成低屈强比和低延伸凸缘性能的特征。因此要开发兼具高扩孔率、高屈强比和高强塑积的钢种，需要在合金、工艺和组织结构等方面精心设计，减少基体组织的硬度差、协调其变形能力以提高扩孔性，同时还需通过细晶强化、相变强化和引入一定体积分数、稳定性及其形貌尺寸合理的残余奥氏体，来保证材料的强塑性能。

（3）中锰钢开发关键技术。中锰钢的开发难点及关键主要在于：首先，设计合理的成分体系，尽可能在保证最终力学性能的前提下，降低碳、锰、硅等元素含量，减轻炼钢连铸及后续冷轧、焊接工艺压力，同时获得理想的热处理工艺窗口，以保证实际生产中连续退火过程的顺畅和高效。其次，罩式退火和连续退火工艺制度的制定和优化。根据材料成分，确定最优的罩式退火工艺窗口，以确保锰元素配分在这一过程能够充分进行，而罩式退火升/降温速度慢、时间长，如何保证在这一过程马氏体板条结构特征能够完整保留，没有粗化和分解，从而为奥氏体逆转变和纳米级微结构的获得提供便利条件。另外，在连续退火过程中，退火温度、时间等参数都会对成品组织性能产生重要的影响。例如，碳元素的添加将会导致碳化物的提前析出和连退过程的再溶解，这一过程需要较高的退火温度。同时还需要考虑温度提高对奥氏体的尺寸、分布形貌以及配分程度、稳定性等的影响，非常复杂，需要反复优化最终确定最优的工艺窗口。最后，中锰钢的拉伸曲线与残余奥氏体的体积分数、稳定性及相变动力学等有密切的关系。如何合理控制以消除较长屈服导致的吕德斯带，对于后续冲压成形过程表面质量至关重要。

（4）保证中锰钢应用过程主要包括焊接性能和延伸凸缘性能的核心技术。如何优化电阻点焊工艺选择特殊的焊头材料以适应中锰钢的焊接特性，是解决中锰钢的焊接问题的关键。中锰钢在成型过程特别是反复多次成型过程面临的开裂问题一直是困扰其使用的重要瓶颈之一。通过成分和工艺控制残余奥氏体尺寸、形貌、分布以及内部富碳、富锰程度，揭示成型过程应力/应变分配机理及其与残余奥氏体稳定性之间的相互关系，探索与残余奥氏体稳定性相匹配的成型工艺窗口，是解决中锰钢成型问题的关键点。

4.4.3.2 主要研究内容及技术路线

本研究以物理冶金理论为基础，结合企业实际生产需要，采用实验研究和热力学、动力学理论分析相结合的思路，确定实验钢最优成分体系和合金化路线，开发中锰钢冶炼与连铸过程的关键技术。通过小炉冶炼→实验室模拟→中试→工业化试制→小批量生产的技术路线，研究高强塑积汽车钢冶炼、连铸、热轧、冷轧及热处理过程组织性能演变规律及其影响因素。通过反复调整和优化热、冷轧及连续退火生产工艺，得到钢板中理想的显微结构组成，性能达到第三代钢技术要求。为企业提供一整套适合于实际生产的高强高塑、可焊接、易成型的新一代汽车用钢的成分、工艺和组织性能一体化的开发路线。

（1）化学成分设计：分析和研究不同成分设计对所开发钢种相变规律、残余奥氏体含量及其稳定性的影响，提出适于产线的低成本的 Q&P 钢和 Mn-TRIP 钢工业试制新成分设计。

（2）中锰汽车钢冶炼与连铸关键技术开发：中锰钢转炉冶炼与合金化工艺路线；中锰钢冶炼与连铸耐火材料物性研究；中锰钢夹杂物控制技术；中锰钢水口防堵塞控制技术；中锰钢连铸保护渣开发；中锰钢连铸坯表面裂纹控制技术开发；中锰钢连铸坯内部质量控制技术开发。

（3）研究 C、Mn 元素协同配分和罩退、连退双重退火工艺条件下中锰 TRIP 钢显微结构演变规律，给出在成品拉伸、成型过程中 TRIP 效应作用机理及其与残余奥氏体转变动力学之间的关系。

（4）研究一步法配分工艺对 Q&P 钢显微组织和力学性能特征的影响规律，探索热处理工艺参数（主要包括加热速率、加热温度、保温时间、淬火温度、配分时间、配分温度等）对系列 Q&P 和 Mn-TRIP 钢组织和力学性能的影响规律，结合生产实际开发出一步配分 Q&P 钢组织性能调控的新工艺。

（5）对组织中残余奥氏体体积分数、形态、分布进行表征，确定残余奥氏体特征参数与 C/Mn 配分工艺材料、宏观性能之间的依赖关系。研究配分过程中碳、锰原子的扩散机理、碳化物的聚集以及渗碳体的析出过程，提出控制奥氏体稳定化、残余奥氏体稳定性及相变诱发塑性行为的新技术。

（6）在上述实验室研究的基础上，进行工业试生产，反复优化成分-轧制-热处理工艺参数，建立控制相关数学模型和控制策略，并最终实现工业化稳定生产。进行成品带钢拉伸性能、可焊性能和成型性能研究，分析焊接热影响区组织性能变化，制定合理可行的焊接工艺；对拉延、旋压、扩孔等成型性能进行研究，分析影响成型性能的主要工艺因素，满足用户成型工艺的要求。

4.4.3.3　研究进展及工业应用

（1）系统研究了传统冷轧热处理 Q&P 钢微观组织及力学性能关系，在国际上首次提出了"动态配分（DQ&P）"的概念，以低碳硅锰系、低硅含磷系、低硅锰铝系等成分为基础，将多尺度组织细化、残余应变控制与残余奥氏体稳定性相关联，利用热轧-动态配分和大应变冷轧-超快速退火等方法，调整金属内部组织状态，促进 TRIP 效应的最大化，有效提高材料的强塑性。在此基础上利用现有传统冷轧连退和热镀锌工艺在国内率先开发了可镀可焊的新型超高强 Q&P 钢工艺与技术。所涉及组织类型为传统马氏体-奥氏体混合组织、铁素体-马氏体-残余奥氏体混合组织、铁素体-贝氏体-马氏体-残余奥氏体混合组织、临界区变形铁素体-贝氏体-马氏体-残余奥氏体混合组织及铁素体-残余奥氏体混合组织。所得实验钢为强度级别包含屈服强度 500 ~ 1000MPa，抗拉强度 890 ~ 1400MPa，伸长率 14%~40% 的一系列不同性能级别高强 Q&P 钢的实验室原型钢，其中组织类型包括马氏体 + 残余奥氏体（$\alpha' + \gamma$）、铁素体 + 马氏体 + 残余奥氏体（$\alpha + \alpha' + \gamma$），残余奥氏体含量可达 10%~20%，强塑积为 22 ~25GPa·%。在国外著名材料冶金期刊《Mater Sci Eng A》（SCI，2.409），《Mater Char》（SCI，1.925），《J Mater Sci》（SCI，2.305）等刊物连续发表十余篇高水平论文，受到 Q&P 钢概念的提出者、美国科罗拉多矿业大学教授 J. G. Speer 等国内外专家的广泛关注。

（2）基于 2.0 ~ 7.0Mn（质量分数，%）和 0.1 ~ 0.2C（质量分数，%）复合添加的成分设计思想，将 Mn 配分和 C 配分相关联，通过控制轧制和简单热处理工艺的协同配合，促进马氏体的逆转变和残余奥氏体的最大化，大幅度提高钢铁材料的强塑性能。其组织性能情况如图 4-13 所示。采用热轧及热处理工艺，优化两相区退火温度及时间，可使实验钢的力学性能达到最佳，抗拉强度 700 ~ 1200MPa，伸长率 30%~45%，强塑积可达 30GPa·% 以上，实验钢的组织主要为铁素体和残余奥氏体两相，奥氏体体积分数大于 30%；采用冷轧及热处理工艺，实验钢抗拉强度约 850MPa，屈服强度约 610MPa，伸长率为 37%，均匀延伸率35%，强塑积可达31.21GPa·%，残余奥氏体27%。该新钢种性能远优于传统的"铁素体+贝氏体+残奥（<20%）" Q&P 钢，与第三代中锰钢（5~10Mn，质量分数,%）相比Mn含量大幅度下降，综合力学性能相当甚至更优，这是一种非常适合在现有冶炼、连铸、轧制和热处理工艺下开发的全新的汽车钢新品种，具有广阔的应用前景。

（3）按照上述设计的低成本成分工艺路线，采用"较低冷速（≤40℃/s）+一步配分"为特征的传统连续退火技术，在某钢铁企业成功实现工业化生产。成品板退火规格1250mm×（1~2）mm，综合力学性能优异，屈服强度≥600MPa，抗拉强度≥980MPa，断后伸长率 A_{50}：21%~28%，强塑积稳定达到25GPa·%，板形、表面质量和卷型良好，折弯性能优异。图4-13为传统 DP 钢和 TRIP 钢"Q&P 化"技术路线。

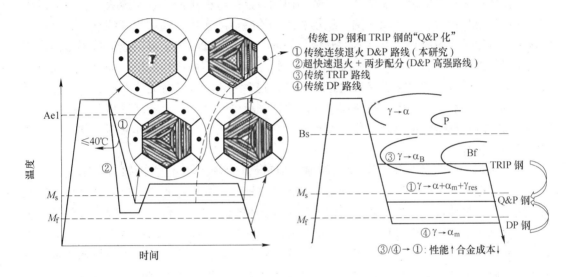

图 4-13　传统 DP 钢和 TRIP 钢"Q&P 化"技术路线

4.4.4　预期效果

本技术基于现有热轧、冷轧及连续退火线，开发可镀可焊、易扩孔、高强塑积、易成型的新一代汽车钢生产技术，针对性地设计不同性能级别第三代钢的化学成分、显微组织、力学性能和用户使用等系列解决方案。通过降低合金和生产成本，实现现有产品的结构调整和性能质量升级，不断提高生产效率，改善和提升产品的附加值，推动汽车用材轻量化进程。本技术的实施不仅使在新一代高端汽车钢产品领域实现突破，而且在目前极其严峻的市场竞争下，通过开发自主知识产权的产品和技术，树立新一代优质汽车钢的行业品牌和形象，具有巨大经济效益和社会价值。

4.5　冶金生产过程无线数据传输与信息平台技术

4.5.1　研究背景

工业化信息控制网络是计算机网络、现场总线通信与自动控制信息相集成的信息数据网络通信系统，它是在现场总线技术的基础上发展形成的。工业控制网络是将多个分散在生产现场，具有数字通信能力的测量仪表作为网络节点，采用公开、规范的通信协议，将现场控制设备连接成可以相互沟通信息，共同完成自动控制任务的网络系统与控制系统。近年来，随着计算机网络、无线和智能传感器技术的相互渗透与结合，工业无线通信技术在工厂环境下，能够为各种智能现场设备及各种自动化设备之间的通信提供高带宽的无线数据链路和灵活的网络拓扑结构，在一些特殊环境下有效弥补了有线网络的不足，进一步完善了工业控制网络的通信性能。随着工业信息化的发展和对智能工厂建设的需求，以简单、高效的方式，在现场级连接大量设备的无线网络技术已成为工业通信市场新的增长点，针对仪表的无线智能感测和工业无线网络的研究越来越受到关注。

钢铁生产过程要综合考虑整个生产链的协同，这一过程所需信息量庞大、信息处理模式复杂。传统生产过程中的以太网、现场总线和传感器的连接方式均为有线连接，网络结构繁杂，难以适应智能化生产技术的升级、拓展和灵活调试的需求。工业无线网络的应用不仅能降低投资成本，减少使用和维护成本，覆盖到有线不可达的区域，而且能够跨越生产链上不同生产等级的直接连接。对钢铁生产过程多工艺区域进行无线互联，不但能够增强系统的灵活性和应用范围，按照需要任意增加和减少网络节点，实现区域化、网络化的传感设备无线数据传输信息网络化，而且可以简化各工艺区数据互联和共享，便于生产数据的智能化管理。

本书将基于东北大学 RAL 实验室新建的薄带铸轧实验线，建立传感器与基础自动化控制无线数据传输和薄带连铸 + 炉卷温轧制备高硅钢工艺全流程的过程控制计算机全区域化无线网络数据传输，实现工业化数据传输、控制和管理信息平台。无线网络和信息处理平台的研制聚焦钢铁生产过程无线网络的组建、设计和安全性等方面的技术，开展对钢铁生产过程无线仪表的智能感测、工业通信的无线化及网络数据的融合等关键技术的现场应用研究，设计钢铁生产过程的无线网络，开发无线网络下生产数据信息交换处理平台，对生产过程的大数据管理和过程自动化系统模型开发提供有效支撑。

4.5.2 国内外技术研究现状

4.5.2.1 无线技术的发展

工业无线技术是一种新兴的，面向现场应用的，短程信息交互的无线通信技术。工业用无线传感器网络，是指为传感器、执行器和控制器之间提供冗余、容错的无线通信连接的嵌入式通信网络，在工业自动化和控制环境中的无线应用划分为监控、控制和安全应用。基于工业的无线网络与传统有线测控系统相比，具有低成本、高可靠、易维护、高灵活、易使用的优势，工业无线技术是继现场总线之后，工业控制领域的降低自动化成本、提高自动化系统应用范围最有潜力的技术。在工业控制系统中引入无线通信技术，设计全新的无线工业控制网络体系或无线与有线混合的工业控制网络通信体系，从而促进传统控制网络的升级换代。

工业无线技术正处于一个高速发展的阶段，突出的优势使其具有巨大的市场。目前工业无线技术在应用上受到限制的关键问题在于工业无线技术缺乏统一的国际标准。一些国际大公司和区域组织开始了相关的研究工作，并取得了重要突破。目前在工业控制领域使用的主要无线网络技术有 ZigBee、无线局域网（WiFi）、蓝牙（Bluetooth）、WIA-PA 等，它们被广泛地应用于工业检测与控制领域。工业无线技术的国际标准已形成了由 IEC TC65（工业测量和控制技术委员会）推出的 Wireless HART 标准、美国仪表系统与自动化协会推出的 ISA 100.11a（ISA）标准和我国的 WIA-PA 标准。工业无线技术目前已突破诸多核心技术，开发出了众多网络支撑设备，在冶金、电力等行业中的应用取得了良好的效果，无线网络技术的发展拥有非常广阔的应用前景和经济效益，在控制领域的应用已成为必然趋势。

4.5.2.2　无线传感器网络

近年来无线传感器网络飞速发展，以传感器和远程控制为代表的无线应用不需要较高的传输带宽，而需要较低的传输延时和极低的功率消耗。为满足传感器的小型、低成本设备无线联网要求，开发出了一种供廉价的固定、便携或移动设备使用的低复杂度、低成本、低功耗和低速率的无线连接技术。2000 年 12 月 IEEE 成立了 IEEE 802.15.4 工作组。IEEE 802.15.4 规范是一种经济、高效、低速率、工作在 2.4GHz 和 868/915MHz 频段的无线技术。为解决不同厂家生产设备的兼容性问题，众多设备生产厂家联合在一起，推出一套标准化平台——ZigBee。ZigBee 无线网络技术主要用于近距离无线连接，在 ZigBee 网络层中，依据 IEEE 802.15.4 标准，在多个微小的传感器之间相互协调实现通信。这些传感器只需很少的能耗，以接力方式通过无线电波将数据从一个传感器传到另一个传感器。相对于其他的无线通信技术，ZigBee 技术具有低功耗、低成本、低传输速率和通信范围小的特点，其典型的传输数据类型有周期性数据、间歇性数据和重复性低反应时间的数据。ZigBee 技术协议简单，通信可靠，具有很强的抗干扰性，基于 ZigBee 技术开发的传感器在工业控制领域具有广泛的应用前景。

无线技术已经成为工控领域的核心技术，基于无线技术建立的新型网络化测控系统，是通过对工业全流程的"泛在感知"，实施优化控制，以达到提高产品质量和节能降耗的目标。由于工业无线技术特征差异比较大，对于工业生产过程来说，无线通信只是有线通信系统的一种发展和重要补充，工业控制网络的趋势将是有线和无线相结合的发展方向。无线技术在工业控制中的应用，主要包括数据采集、数据监控等，帮助用户实现传感器、移动设备与固定网络的通信，能够在恶劣的环境下保证网络的可靠性和安全性，在设备层将现场传感器、检测器或其他设备互联形成一个无线传感器控制网络，作为信息系统内管理收集数据的工具。图 4-14 为传感器节点、汇聚节点和 PLC 之间的通信设计。

4.5.2.3　现场总线无线网络

现场总线是指安装在制造或过程区域的现场装置与控制室内的自动装置之间的数字式、串行、多点通信的数据总线，其中以 PROFIBUS 现场总线应用最为广泛。PROFIBUS 是一种国际性、开放性的、不依赖于设备生产商的现场总线标准，在总线启用时，要将所有设备设置成相同的速度并连接在总线上。PROFIBUS 可实现工业自动化车间级的控制和现场设备层数据的通信和控制，是一种实现了数据设备层到车间监控级的数字控制和现场通信的总线技术。通过 PROFIBUS 现场总线可以实现自动化设备操作以及监控设备和传感器执行器之间的通信。

随着技术的不断进步和发展，传统现场总线越来越多地表现出了其本身的局限性。一方面，随着现场设备智能程度的不断提高，控制变得越来越分散，分布在工厂各处的智能

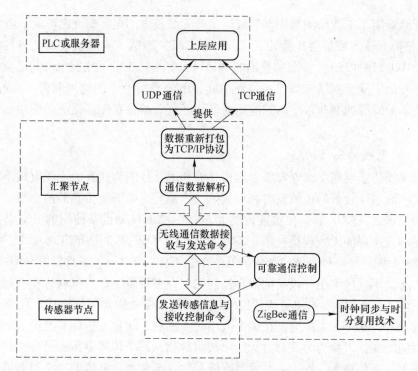

图 4-14 传感器节点、汇聚节点和 PLC 之间的通信设计

设备之间以及智能设备与工厂控制层之间需要连续的交换控制数据，导致现场设备之间数据的交换量飞速增长；另一方面随着计算机技术的发展，企业希望能够将底层的生产信息整合到统一的信息管理系统当中，企业的信息管理系统需要读取现场的生产数据，并通过工业通信网络实现远程的服务和维护。信息管理与控制系统能够使用统一的、与信息自动化技术兼容的通信方案，成为简化工厂控制系统结构、节约系统实施和维护成本的迫切需求。基于此，以太网技术开始从企业信息管理层向底层渗透，逐渐地应用于工厂的控制级通信。目前，以 PROFINET 实时性工业以太网为代表的技术得到了迅猛发展。PROFINET 是真正的、实时的、开放的工业以太网。PROFINET 使用 TCP/IP 和 IT 标准，涵盖了 PRO-FIBUS 原有现场控制应用领域，是一种符合工业以太网的实时自动化体系，真正地实现一网到底的革命，能够完全满足所有自动化技术的要求，完全与现场总线进行集成，保证了兼容性和扩展性。

现代化工业生产过程中一些移动设备或在特殊环境下的控制对无线网络有着迫切的需求。随着工业以太网技术被逐渐引入生产自动化领域，无线通信技术可以低成本的实现，特别是 PROFINET 总线技术可以很方便地通过 WLAN 802.11 这样的主流无线技术传输。WLAN（无线局域网）标准运行在 ISO/OSI 参考模型的物理层，意味着 PROFINET RT 帧可以通过这个透明的协议进行传输。PROFNET 是在 100Mbps 全双工通信、有线交换居于网络技术基础上设计的，目前，随着基于优先级的协议 WLAN 802.11e 标准的制定，在通信方式上具有了增强型分布式协调功能，在网络数据传输过程中可以定义不同优先级的信息种类，每一种信息都依照不同的优先级进行处理。这样，在自动化控制过程中基于轮流检测的混合协调功能会分配给自动化设备固定的通信时间段，保证了较短的并且确切的响应时间，实现了同一控制网络中多个设备的快速无线通信。

4.5.2.4 分布式智能信息处理平台

伴随着物联网为代表的信息技术的广泛使用，传统的生产、制造技术开始了以信息化技术为特点的升级改造，制造业实现信息化是企业竞争的必然选择，智能化决策已经成为企业提高其生产率和市场竞争力的一种重要手段。制造业信息化、知识驱动自动化就是将信息技术、自动化技术、现代管理技术与制造技术相结合，以工业数据通过挖掘分析手段驱动生产管理，实现产品生产过程与企业管理的信息化、生产过程的智能化。

钢铁企业生产车间的设备种类繁多，应用于生产的各个环节，有各自的运行状态，这些设备所需的自动化控制系统间需要进行数据通信和信息的交互，保障整个生产线各工序间的工作协调和有序控制。基于有线或无线网络，在实现车间信息化过程中，只有将生产过程中产生的大量底层数据完整、及时地采集到数据中心进行分析与处理，才能实现对生产设备、加工过程、产品质量进行有效地管理和监控。针对生产过程中的庞大数据量，建立生产过程的无线泛在感知网络环境，集成无线网络、分布式计算、信息融合和安全防护等技术，开发合理的分布式数据处理平台，对于提高信息处理效率、生产车间的集成化和协同化管理、多流程多环节工序优化及企业的智能化决策具有实际意义。

4.5.3 研究内容及拟解决的关键问题

4.5.3.1 无线网络的关键共性技术

A 智能无线传感器网络与数据融合方法研究

无线传感网络是由大量依据特定通信协议和可进行相互通信的无线传感器节点组成的网络，综合了传感器、嵌入式计算、现代网络及无线通信、分布式信息处理等诸多技术，能够协作地实时监测、感知、采集网络分布区域内所监测对象的信息。无线传感器网络提供了很好的智能化分布式监控网络，为实现高效率、低重量、智能化的分布式数据采集系统提供了手段。在钢铁生产过程中，为满足不同的工艺要求，现场安装了大量的传感器，传统的网络环境下系统的智能化、信息互联程度不高，传感器之间无法实现有效的自组织，无法适应生产工艺的灵活变化。设计支持设备间的交互与物联的无线传感器网络，提供低成本、高可靠、高灵活的新一代泛在信息系统和环境，不但在结构上简化工业控制网络结构，而且可以发挥仪器仪表的高速、高效、多功能及高机动灵活等特点。

无线传感器网络为多节点组成、自组织实现网络，网络具有较高动态性。针对钢铁生产过程所使用传感器的特点，基于传统有线控制系统网络，采用成熟的网络协议和支撑技术，设计无线传感器网络拓扑结构，通过工业无线通信网络连接生产现场传感器接入点及各工艺区域，最终形成生产数据综合网络，发挥有线、无线网络各自优势，同时基于传感器数据的融合技术，去除冗余信息，减少网络中的数据传输量，提高现场信息采集的效率和准确性，将无线传感器网络并入工业控制网络，实现钢铁生产过程中各传感器信息的智能化处理与共享。

B 钢铁生产过程多工艺区无线网络互联和系统架构设计

目前的钢铁生产过程的控制网络常以有线的现场总线和以太网络为基础进行互联，数据通信方式固定，网络组态模式复杂，难以适应工艺灵活变化和智能化生产的需求。在传统生产过程有线控制网络基础上，考虑实际生产需求，对传统的控制网络系统结构进行重新设计规划，引入工业无线网络，包括无线传感器网络、无线现场总线网络和无线 WiFi 网络。工业无线网络结构设计根据生产过程中不同的工艺特点和实际需求进行设置，简化各工艺区域的控制设备的相互连接与信息互通，将有线无线网络相互融合，共同完成复杂工艺条件下产品质量和性能的综合控制。基于工业无线网络技术对钢铁生产过程中多工艺区控制网络进行设计和开发，将多工艺区域控制设备连接成可以相互沟通信息，建立以最终质量作为控制目标的工业控制系统。

对于生产过程中现场可能经常变动位置或随时增删的传感器，如板形、扭矩、温度、应变、压力等运动部件上信号检测，以及需要信息智能化处理的传感器，搭建无线传感器网络，无线采集传感器网络中各节点的信息，考虑采集速度和精度的要求，将这些传感器处理后的信息汇集至接收节点，进而送至控制网络完成数据采集，实现设备及产品的控制；对于现场恶劣环境下不易布线场合的设备或移动设备的控制，基于 TCP/IP 协议对 PROFIBUS DP、PROFINET 现场总线进行扩展，采用无线 PROFINET 方式对这些难以实现有线连接的远程 IO 进行无线组态，设计信息自动化通信方案，简化工厂控制系统结构，整合底层的控制信息至全线工业控制网络中，通过工业通信网络实现远程站的服务和维护；WiFi 是一种可以将个人计算机、手持设备等移动终端以无线方式互相连接的技术，将 WiFi 网络加入到工业控制网络中，连接移动设备、智能设备、视频设备或生产过程中的支持标准通信协议的无线终端，通过无线互联，网络中的节点可以随时访问生产过程中产生的生产信息与数据。这些信息由智能设备进行分析、判断、决策、调整、控制并继续开展智能生产，提高生产效率和产品性能，为钢铁企业的研发、生产、营销和管理方式带来创新和变革。

C 工业无线网络条件下的分布式大数据信息处理平台开发

钢铁加工过程属于连续型流程工业生产，随着工业无线网络的加入，生产过程中会产生更大量与工艺、设备及自动化系统相关的数据，这些大量数据不但需要以图表、数据、模型等多种形式进行存储，并需要基于过程模型控制进行快速运算处理以适合生产工艺灵活变化的需求。在工业有线、无线网络环境中，对生产过程中大量分布式网络节点的数据采集、协调过程控制模型对生产工艺优化计算以及面向工程应用数据的挖掘分析都需要构建一个能够有效支撑钢铁生产过程信息智能化处理平台，简化对钢铁加工过程中全生命周期内生产数据的采集、存储、管理和分析处理等过程。

在工业无线网络环境下，钢铁生产各工艺区域的传感器、控制系统、计算机、移动终端和网络设备连接起来形成生产数据综合网络，通过有线、无线网络间的信息采集与数据融合，将区域化、终端化的传感器数据和工艺数据集成起来构成生产数据中心，并以数据中心为基础，让整个车间形成共享的信息资源中心。分布式数据信息处理平台针对工业网络中信息资源和与工艺设定密切相关的计算模型，开发分布式信息处理架构，对生产过程数据进行整合，规范信息共享与管理，实现可靠、高效的数据存储和处理，并在信息处理架构内建立统一的触发、事件与调度机制，为过程控制模型的优化计算、自学习和数据深度挖掘提供更为全面的信息支撑，最终为钢铁产品的精益化生产提供可靠基础。图 4-15 为薄带铸轧示范线工业无线网络架构系统。

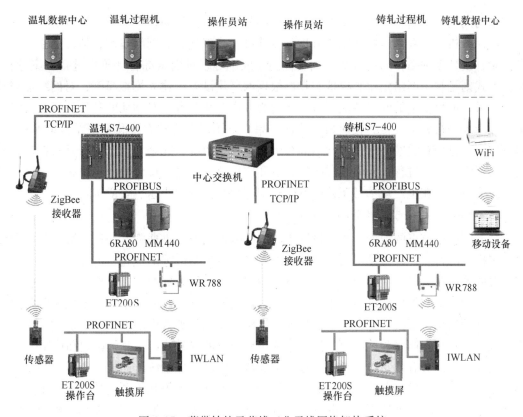

图 4-15　薄带铸轧示范线工业无线网络架构系统

4.5.3.2　拟解决的关键技术问题及方案

A　无线传感器网络智能化数据融合技术

在无线传感器网络中，传感器节点具有布置稠密、协作感知的特点。进行数据采集过程中，相邻节点采集到的信息具有很大的相似性。在实际的应用中，仅关心测量结果，并不需要收集大量的原始数据。在数据采集的过程中充分利用节点的本地计算能力和存储能力，将多份数据或信息进行处理，组合出更有效、更符合用户需求的数据，这种数据处理的方式即为数据融合。数据融合技术是无线传感器网络中减少过多通信能量消耗的关键技术，通过去除冗余的数据信息，最大程度上减少网络通信量，提高数据采集效率。多传感器系统是数据融合的"硬件"基础，多源信息是数据融合的加工对象。针对钢铁生产过程中对传感器数据的实时性和容错能力要求，在应用层采用决策融合方式对检测对象的不同类型传感器形成的局部决策进行最后的综合分析，充分利用特征集融合所提取测量对象的各类特征信息为指挥控制与决策提供依据，将得出的判决信息送至决策中心，获得最优的融合效果。通过对多传感器信息的协调优化，数据融合技术可以有效地减少整个网络中不必要的通信开销，提高了信息的准确度和数据收集效率。

B　工业无线网络拓扑结构优化与信息安全性

工业无线网络的加入增加了网络的应用规模，在网络设计时一方面需要考虑网络的协议和算法，进行新的网络协议和算法开发，以提高网络的基础技术支持；另一方面，还需要合理分配和利用已有的网络软硬件资源，进行系统化的规划和设计，解决由于网络复杂性带来的问题。网络拓扑是网络的基本组成部分。网络拓扑的设计通常采用分析方法和模拟方法，分析方法采用结构式系统分析和设计过程，事先确定网络需求，估计网络各种业务流量，设计多种拓扑结构方法，根据性能、成本等多种因素综合评价后进行方案选择；模拟方式则是利用网络建模和模拟工具，根据网络建设需求建立模拟模型，对网络加载预期的流量，取得定量的网络性能参数，然后修改模型和参数，对预期的各种技术方案实现的模拟结果进行分析，得到相对最优化的结果。采用以上方法在优化网络结构的基础上，对钢铁生产过程有线网络与无线网络混合组网方式下速度、冗余与信息的安全特性进行研究，根据钢铁生产过程工业无线网络的特点和应用范围，建立最优化的网络拓扑结构，确保工业无线网络在生产现场各工艺区域的稳定应用和信息的快速、安全访问。

C　钢铁生产过程集成数据信息处理

随着网络中节点的增加，生产过程中的工程数据也随之迅速膨胀，这些数据具有大体量、多样性的特点，以多种形式存储于数据库中，对生产工艺的优化、产品性能的分析具有重要的价值和意义。在工业网络条件下，面向工程应用数据的挖掘分析已经受到普遍关注。目前主要研究如何从试验、生产数据中挖掘出能够支持产品全生命周期应用的各类有巨大意义的信息，解决各工艺区的信息孤立现象，发挥基础数据的作用，实现钢铁生产工艺过程控制数据和质量数据的可追溯性，为产品质量的提升找出关键的影响和控制因素。

构建一个能够有效支撑钢铁生产过程集成数据信息处理系统，需要重点考虑数据平台体系架构、数据建模与存储管理、数据分析处理及数据应用等几项关键技术。在工业网络环境下，解决网络数据的服务、共享、整合和分析的集成性问题，不仅要解决模型、图形等非结构化数据的处理问题，还要将功能扩展到生产过程数据的存储、数据的分布式采集和交换、数据的实时快速访问、统计分析与数据挖掘等，这需要通过新的架构和新的技术途径解决。将工业无线网络下各节点并入整个生产控制网络，对各种多源、分布和异构的数据资源进行数据采集和信息管理，通过分布式存储和并行数据挖掘方法提供在线实时监控模式和离线统计分析两种应用模式，加强网络中不同种类信息融合技术研究，为工业控制网络中各类业务应用提供全面的信息支撑。

D　工业无线网络下分布式智能化计算支撑平台

面对钢铁加工过程中对产品质量、性能要求的具体化，生产工艺需要不断变化以适应产品创新需求，在工业无线网络下产生的庞大数据量对控制模型的处理能力和快速响应能力提出更高要求。为了更好地应对生产车间工业控制网络的拓展，克服传统的集中式计算模式，利用分布式计算方法将系统中大数据量的计算任务分解为多个子任务，再将子任务分配至多个计算单元进行并行化处理，从而减少系统负荷，提高工艺模型的计算效率。如何在工业无线网络环境下建立起高效、安全和健壮的分布式平台是过程控制模型高精度计算的基础和关键。

分布式节点是网络中的一组自组织的计算设备集合，通过网络通信互相连接，网络中各计算节点通过统一的接口和策略实现资源共享和协同信息处理与计算工作，分布式计算支撑平台为资源共享提供一个高效、方便和安全的环境，通过标准一致的规则实现过程控制系统模型计算的智能化连接，规范网络中数据流的走向，解决复杂网络下组件的异构通信、快速响应、可靠计算和安全访问等功能。

4.5.4 预期效果

（1）开发钢铁生产过程无线传感器网络工业化应用技术。针对钢铁生产过程中常见传感器信号，搭建智能无线传感器网络，无线采集和处理传感器网络中各节点的信息，优化数据融合方法，减少网络中的冗余信息，满足控制系统对传感器信号的采集速度和精度的要求。

（2）建立钢铁生产过程多工艺区域无线网络系统架构。将工业控制网络与无线传感器网络、无线现场总线网络及 WiFi 网络融为一体，优化网络拓扑结构，实现网络中传感器数据及生产信息的数据共享，为智能化生产提供分析、决策及控制依据，满足复杂工艺条件下产品质量和性能的控制。

（3）无线网络下分布式智能化计算支撑平台的开发。提高控制模型对庞大的生产数据量的处理和快速响应能力，为资源共享提供一个高效、方便和安全的环境，通过标准一致的接口实现过程控制系统分布式模型计算的智能化连接，为工业控制网络中各类业务应用提供全面的信息支撑，对过程控制模型的优化和高精度计算具有重要的价值和意义。

5 铁矿利用新技术

5.1 复杂难选铁矿石预富集-悬浮焙烧-磁选（PSRM）新技术

5.1.1 研究背景

随着我国钢铁工业的快速发展，铁矿石需求大幅增加，由于国内铁矿资源开发利用与钢铁需求不匹配，供求关系严重失衡，进口矿依赖性大，因此需要实施"两个市场、两种资源"的全球多元资源战略与措施来保障钢铁工业铁原料供应。实施"两个市场、两种资源"战略，要立足国内，以降低自产矿成本为抓手，保证自产矿适当比例；要择机加大境外矿的勘探开发投资力度，建立稳定的海外资源供应基地；要保证进口矿、权益矿、自产矿的适度比例，合理利用两种资源，在全球视野下实现铁矿安全供给，建设铁矿石安全供应保障体系。国内铁矿资源禀赋特性差，国外开发的权益矿也多为资源禀赋差的低品位难处理矿，必须通过科技创新节约集约利用铁矿资源和新工艺、新技术、新装备推广应用来消除资源先天条件差的劣势，通过科技进步降低国内铁矿和权益进口矿的生产成本，实施铁矿资源的绿色加工与利用。

随着我国经济发展和国家财力的增强，资源约束正替代资本约束逐步上升为国家经济发展新常态的主要矛盾，我国铁矿供应不足已成为制约国家经济发展的"瓶颈"，甚至成为伴随工业化、城镇化和现代化全过程的一个重大现实问题。因此，加强国内复杂难选铁矿石高效开发利用研究，提高铁矿石自给率，具有重要的战略意义。在我国复杂难选铁矿资源中，微细粒矿、菱铁矿、褐铁矿、鲕状赤铁矿属典型难利用铁矿资源，总储量达200亿吨以上，广泛分布于辽宁、河北、山西、陕西、湖北、新疆等地。由于该类铁矿石矿物组成复杂、结晶粒度微细，采用常规选矿技术难以获得较好的技术经济指标，部分资源尚未获得大规模工业化开发利用，部分资源虽得以开发，但利用效率极低。因此，亟须研发创新性技术与装备以实现我国复杂难选铁矿石的高效利用。

近年来，国内许多研究单位围绕微细粒矿、菱铁矿、褐铁矿、鲕状赤铁矿等复杂难选铁矿资源的高效开发与利用，开展了大量的基础研究和技术开发工作，基本达成了采用选冶联合工艺才能实现该类铁矿资源高效利用的共识。其中磁化焙烧-磁选技术是处理该类矿石的有效技术。磁化焙烧-磁选是指将物料或矿石在一定的加热温度下进行化学反应，使矿石中的赤铁矿、菱铁矿、褐铁矿等弱磁性铁矿物转变为强磁性的磁铁矿或磁赤铁矿，再利用矿物之间的磁性差异进行磁选分离。磁化焙烧方式有竖炉焙烧、回转窑焙烧、流态化焙烧等。

竖炉磁化焙烧工艺主要适合处理粒度为 15～75mm 的块矿，且该工艺存在着单机处理能力低、能耗高、焙烧时间长、产品质量不均匀等问题。目前国内仅有酒钢选矿厂采用44座100m³竖炉焙烧含碳酸盐铁矿石。回转窑磁化焙烧工艺适合处理粒度在 15mm 以下的矿石，磁化焙烧质量及分选指标较竖炉好。大西沟选矿厂采用煤基回转窑磁化焙烧-弱磁选-

反浮选工艺处理菱铁矿，获得了铁精矿 TFe 品位 60.63%、铁回收率 75.42% 的良好工业生产指标。但回转窑工艺仍存在着磁化率低、易结圈、生产不稳定、作业率低和能耗高等问题。

流态化是指固体物料颗粒在流体介质作用下呈流体状态，流态化过程具有类似液体的特性。其优点为：（1）因颗粒多悬浮于气相中，颗粒处于较好的分散状态，能使气固充分接触，产品质量均匀稳定；（2）反应速度快，强度高，反应过程中的传热、传质效果好，热耗低，在氧化铝工业中，流态化焙烧比传统的回转窑热耗降低 30% 以上；（3）温度和气流分布均匀，容易控制，自动化水平高；（4）设备运转部件少，维修费用低，容易调节。

早在 20 世纪 50~60 年代，流态化磁化焙烧在国外就引起广泛的关注，英国、美国、加拿大、意大利等国都有研究，但近年来国外对于复杂难选铁矿石基本不予利用，针对复杂难选铁矿选矿技术开展研究工作的兴趣不高，国外鲜有磁化焙烧研发的报道。国内许多研究单位针对流态化焙烧技术和装备开展了大量的研究。鞍山钢铁公司曾设计建成日处理量 700t 的折倒式半截流两相沸腾焙烧炉，对鞍钢齐大山赤铁矿石进行了工业试验，取得了较好的焙烧指标。但沸腾炉存在还原过程缓慢、还原程度不均匀等问题。以余永富院士为首的科研团队，提出了循环流态化闪速磁化焙烧的概念，基于流化床技术及装置，对多种铁矿石进行粉矿流态化磁化焙烧，均获得了良好的技术指标，为我国难选铁矿石开发利用开辟了新的途径。此外，中国科学院过程工程研究所、西安建筑科技大学、浙江大学等单位也开展了大量的流态化磁化焙烧试验研究。但流态化磁化焙烧技术涉及化学反应、矿物转化、多相流动及传热传质等多个复杂物理化学反应，还存在着诸多亟待解决的理论与技术问题，至今未能实现工业化生产。目前迫切需要解决的理论与技术问题主要包括铁矿物物相转化精准控制、矿石焙烧过程高效传热传质、非均质矿石颗粒运动状态控制及大型工业化悬浮焙烧装备研发。

东北大学韩跃新教授及其研究团队在中国地质调查局地质调查项目、教育部重大创新项目的支持下，联合中国地质科学院矿产综合利用研究所和沈阳鑫博工业技术发展公司，对复杂难选铁矿悬浮焙烧技术开展了大量的基础研究和技术开发工作，揭示了悬浮焙烧过程中不同铁矿物物相转化及非均质颗粒的运动规律，提出了复杂难选铁矿石"预氧化-蓄热还原-再氧化"悬浮焙烧理念，研发了复杂难选铁矿石悬浮焙烧新型实验室及半工业装备，悬浮焙烧炉示意图见图 5-1。同时针对复杂难选铁矿石品位低、铁矿物种类多的特点，形成了复杂难选铁矿石"预富

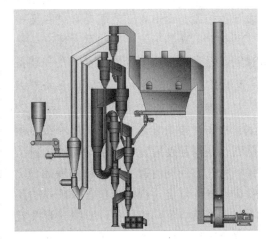

图 5-1 复杂难选铁矿石新型悬浮焙烧炉示意图

集-悬浮焙烧-磁选"PSRM（Preconcentration-Suspension Roasting-Magnetic Separation）新工艺。"铁矿物悬浮焙烧系统及焙烧工艺"、"悬浮磁化焙烧炉"、"一种从碱性赤泥中选出精铁矿并使尾矿呈中性的方法"等多项国家发明专利获得授权。

以湖北五峰鲕状赤铁矿、渝东典型沉积型赤褐铁矿、鞍钢东部尾矿、东鞍山铁矿及酒钢粉矿等为原料，开展了系统的 PSRM 实验室及中试试验，均获得了良好的焙烧效果和分选指标，其中鞍钢东部尾矿在 TFe 品位 11.48% 的条件下，经过"预富集-悬浮焙烧-磁选"中试试验，获得铁精矿 TFe 品位 65.69%、焙烧物料磁选作业回收率 89.85%、尾矿 TFe 品位 5.68%、总回收率 55.33% 的良好技术指标。酒钢年产粉矿（－15mm）约 550 万吨，因常规磁化焙烧设备（竖炉、回转窑）及焙烧工艺等方面的限制，这部分粉矿只能采用强磁选工艺处理，仅能获得精矿 TFe 品位为 45%~48%，回收率 65% 左右的技术指标，造成严重的资源浪费。采用"预富集-悬浮焙烧-磁选-浮选"工艺处理酒钢粉矿，在原矿 TFe 品位 32.50% 的条件下，获得了铁精矿品位 60.67%、回收率 76.27% 的分选指标；采用"悬浮焙烧-磁选-反浮选"工艺处理酒钢粉矿，获得了品位 60.59%、回收率 85.62% 的技术指标。上述研究成果为开发复杂难选铁矿石预富集-悬浮焙烧-磁选（PSRM）工业化技术奠定了良好基础。

5.1.2   关键共性技术内容

PSRM 技术涉及矿物加工、冶金、多相流体力学和数值仿真等多学科理论知识，悬浮焙烧过程则属复杂的多元多相多场反应体系，是化学反应、矿物转化、多相流动及传热传质等复杂物理化学过程的强烈耦合。PSRM 工艺首先要解决的关键问题是通过预富集将复杂难选铁矿石制备成粒度适宜、质量均匀的悬浮焙烧给料，以增加矿石颗粒的流动性和悬浮焙烧炉运行的稳定性，同时提高入炉品位；复杂难选铁矿石悬浮焙烧过程中不仅包括菱铁矿、赤褐铁矿的分解、氧化以及赤铁矿的还原相变，还存在磁铁矿向 γ-Fe_2O_3 的转化及其他各组分之间的反应，准确控制悬浮焙烧过程中矿物相变是 PSRM 工艺的核心问题；非均质矿石颗粒在焙烧炉内的运动状态控制是实现矿石颗粒呈流态化快速磁化的基本前提，也是实现悬浮焙烧炉连续高效顺行的关键所在，所以悬浮焙烧炉内气固两相流态化特性模拟表征及控制是 PSRM 工艺需要解决的又一科学难题。

针对 PSRM 新工艺存在的重大理论与关键技术问题进行深入系统的研究，对突破复杂难选铁矿石悬浮焙烧工业化技术开发和装备结构优化具有重要的理论和实际意义。

5.1.2.1   预富集脱泥提铁优化给料及焙烧物料工艺矿物学特性

复杂难选铁矿石矿物组成复杂、品位较低，且实现矿石颗粒快速流态化要求矿石颗粒较细，故需对复杂难选铁矿石开展窄级别磨矿-强磁预富集研究，一方面可脱除矿泥和部分脉石，获得粒度适宜、质量均匀的物料，改善物料炉内流动特性，提高炉内的旋风分离效果；另一方面同时提高了给料的铁品位，大幅降低了后续焙烧-磁选的处理量。复杂难选铁矿石悬浮焙烧过程中，包含铁矿物的还原相变及其他组分的还原、分解等反应，故还需要对悬浮焙烧不同阶段各种矿物微观及宏观结构的演变机制进行系统的研究。具体研究包括复杂难选铁矿石的工艺矿物学研究，矿石粒度、组成对休止角、崩溃角、分散度等流化参数影响规律研究，悬浮焙烧不同阶段物料的物相组成、磁性、微观结构等特性研究。通过以上研究以期获得性质均一的高品位给料，并查明铁矿石悬浮焙烧不同阶段物料的化学组成、矿物组成、磁性、微观结构等工艺矿物学性质的差异及其变化规律，为复杂难选铁矿石悬浮焙烧奠定矿物学基础。

5.1.2.2 复杂难选铁矿石悬浮焙烧过程中热力学及动力学研究

常规磁化焙烧技术处理含赤铁矿、菱铁矿及褐铁矿等复杂难选铁矿石时，存在以下三方面的问题：（1）由于铁矿物性质不一致，相同还原条件下不同矿物的反应不同步，弱磁性铁矿物不能完全反应生成强磁性的 Fe_3O_4，或者出现过还原生成无磁性的 FeO，进而影响分选指标；（2）物料加热和还原是在同一炉腔内进行，还原气用量大且还原气氛难以保证；（3）焙烧物料冷却过程未对潜热进行高效回收利用。针对以上问题，东北大学韩跃新等提出了复杂难选铁矿石"预氧化-蓄热还原-再氧化"悬浮焙烧新技术，即首先将矿石在快速悬浮流动态和氧化气氛下加热，使矿石中铁矿物（Fe_2O_3、$FeCO_3$、$Fe_2O_3 \cdot nH_2O$）全部氧化为赤铁矿（Fe_2O_3），然后依靠气力输送方式使矿石快速通过体积较小的还原炉腔，悬浮态下利用矿石自身储蓄热量在还原气氛下使 Fe_2O_3 还原为 Fe_3O_4，最后进入冷却腔，通过控制温度和气氛使 Fe_3O_4 全部或部分氧化为强磁性的 $\gamma\text{-}Fe_2O_3$，该过程释放出大量潜热，回收后可实现热量的高效循环利用。由此可见，复杂难选铁矿石悬浮焙烧过程涉及矿物转化、多相流动及传热传质等复杂物理化学反应，针对该多元多相多场复杂反应体系，通过系统的热力学计算以及试验研究，建立多场作用条件下多元多相反应热力学、动力学数学模型，阐明复杂多相反应机制，得出铁矿物物相转化规律及其优化机制，为高效低耗悬浮焙烧奠定理论和技术基础。具体研究包括复杂难选铁矿石分解、氧化及还原热力学计算，悬浮态下菱铁矿、褐铁矿氧化反应动力学研究，悬浮态下赤铁矿蓄热式还原动力学研究，悬浮态下 Fe_3O_4 氧化为 $\gamma\text{-}Fe_2O_3$ 动力学研究，操作因素（温度、气氛、物料粒度、气体流量等）对铁矿物物相演变规律及调控机制研究。研究在外场、温度、气氛等因素作用下粘连相生成和调控机制，防止焙烧炉内发生黏结堵塞。同时开展实验室连续型悬浮焙烧炉的温度场分布规律及传热传质优化研究。最终建立主要铁矿物多元多相反应热力学基础，揭示复杂难选铁矿石预氧化-蓄热还原-再氧化悬浮焙烧热力学机制，探明不同铁矿物物相转化规律，建立悬浮焙烧过程动力学模型并确定限制性环节，获得焙烧物料磁性和组分调控机制，为复杂难选铁矿石悬浮焙烧奠定理论和技术基础。

5.1.2.3 复杂难选铁矿石悬浮焙烧气固两相流化特性及数值模拟

非均质矿石颗粒在焙烧炉内呈快速悬浮运动状态是实现悬浮焙烧的基本前提，本研究拟将还原气体和保护气体看作背景流体，将矿石看作离散分布的颗粒研究焙烧炉内矿石颗粒的运动特性。具体研究包括悬浮焙烧炉内矿石颗粒运动轨迹控制方程及主炉管三维物理模型的建立，悬浮焙烧炉内矿石颗粒浓度及速度径向分布的模拟计算，操作因素（物料粒度、粒度分布、给料浓度等）对悬浮炉内颗粒运动特性影响预测，悬浮焙烧炉内矿石颗粒运动特性冷态模拟试验。建立非均质矿石颗粒在焙烧炉内运动特性数学模型，对不同操作因素下的矿石颗粒运动状态进行数值模拟，为实现矿石颗粒悬浮态高效焙烧及悬浮炉结构优化提供理论支撑。

5.1.2.4 连续型悬浮焙烧装备结构优化及全流程优化研究

根据复杂难选铁矿石工艺矿物学、悬浮焙烧反应机理及矿石流动性数值模拟研究结果，对焙烧装备结构及悬浮焙烧-磁选全流程进行优化。研究内容包括实验室连续型悬浮焙烧炉的结构参数优化，悬浮焙烧工艺条件（还原温度、还原时间、气体流量、冷却方式等）的试验研究，悬浮焙烧熟料的粉磨和分选条件的优化设计。最终成功研发出新型连续型悬浮焙烧系统装备，建立悬浮焙烧－磁选流程参数优化调控机制，最终在还原温度为500~600℃之间，获得铁精矿 TFe 品位大于 65%、铁回收率大于 80% 的技术指标，为工业化装备的结构设计及优化提供理论指导。

5.1.3　研究技术路线与实施方案

PSRM 新技术是矿物加工、冶金、多相流体力学等多学科有机结合，首先利用现代测试手段和分析技术，系统深入地研究复杂难选铁矿石悬浮焙烧过程及调控机制，开展铁矿物悬浮焙烧过程热力学计算、悬浮态反应动力学分析、矿石颗粒流态化控制及数值模拟等研究，配合大量的物相、显微结构、形貌分析，建立针对不同关键技术问题的反应机理模型，形成复杂难选铁矿石悬浮焙烧理论体系。然后在此基础上完成实验室及中试连续式悬浮焙烧炉设计制造，通过实验室及中试试验检测悬浮焙烧装备对不同类型复杂难选铁矿石的适应性，并据此进行悬浮焙烧炉结构优化，为工业化装备的开发奠定基础。具体实施方案如下。

5.1.3.1　复杂难选铁矿石预富集及焙烧物料工艺矿物学特性

通过系统的工艺矿物学研究，确定复杂难选铁矿石的化学组成、矿物组成、嵌布粒度等工艺矿物学特性，采用搅拌磨磨矿制备窄级别物料，再经强磁预选技术脱除原矿中矿泥，优化悬浮焙烧给料粒度组成，增强给料的流动特性，提高给料铁品位。通过化学分析、光学显微镜、EPMA、FSEM-EDS、MLA、穆斯堡尔谱、振动磁强计等分析手段研究悬浮焙烧各阶段物料的化学组成、矿物组成、微观形貌、磁性等工艺矿物学特性；采用粉体综合特性测试仪测定不同粒度及组成给料的流化特性；采用 FactSage6.3 热力学计算软件进行各种矿物反应特性的热力学计算和分析，结合不同焙烧条件物料的工艺矿物学分析结果，探究悬浮焙烧过程中矿物的反应特性、焙烧产物物相及微观结构演变规律。

5.1.3.2　复杂难选铁矿石悬浮焙烧过程控制及调控机制研究

采用动态法和静态法研究悬浮焙烧过程还原的动力学。动态法即非等温法：采用DTA-TG 测试技术，结合化学分析和物相分析，研究不同铁矿物在预氧化、蓄热还原及再氧化过程中的反应历程及各个阶段的动力学参数（活化能 E、反应级数 n、指前因子 A 等），确定各个反应阶段的动力学方程；静态法即等温法：在不同恒定的温度下，采用 TG 测试技术，研究不同温度下铁氧化物转化率随时间的变化规律，获得相关的动力学方程和动力学参数，确定反应的限制环节，为强化反应提供理论依据。

将气体看作背景流体，将矿石看作离散分布的颗粒，借助 Fluent 软件的离散相模型对悬浮炉内矿石颗粒的运动特性进行模拟，先构建悬浮炉核心炉管结构的物理模型，确定悬浮焙烧炉内矿石颗粒的流体动力学模型，开展操作因素对悬浮炉内颗粒轴向和径向的运动特性模拟。以透明树脂材料为原料制作悬浮炉核心炉管结构的仿真物理模型，利用高速摄像机观察不同操作因素下矿石颗粒的实际运动状态，进行冷态模拟验证试验。

5.1.3.3　工业化连续型悬浮焙烧炉研制及工业化示范基地的建设

基于悬浮焙烧理论及数值模拟研究结果，对实验室连续型悬浮炉结构进行优化设计，保障矿石颗粒在炉内悬浮态高效焙烧，分别设计制造实验室和150kg/h半工业装备，并完成实验室和中试悬浮焙烧试验，分别考察给料粒度、还原温度、还原时间、还原剂用量等试验研究，确定适宜的工艺参数；针对磁化焙烧熟料的性质，开展磨选试验，确定磁选流程及参数，分选出合格的铁精矿，建成悬浮焙烧-磁选流程参数优化调控机制。在中试试验及装备的基础上，设计开发单台年处理能力200万吨的工业化悬浮焙烧炉，开展PSRM项目的工业化可行性研究。

5.1.4　研究计划

在已有的复杂难选铁矿石PSRM研究工作的基础上，利用四年的时间，完成相关全部研究内容，实现PSRM技术的工业化应用。具体计划如下：

（1）2014年：完成复杂难选铁矿石预富集方面的流程设计及参数优化；完成悬浮焙烧还原热力学、动力学及过程热力学计算、悬浮态反应动力学分析、矿石颗粒流态化控制及数值模拟等相关理论研究工作，为悬浮焙烧炉的设计及参数优化奠定技术基础。

（2）2015年：完成实验室和半工业连续型悬浮焙烧炉结构与参数的优化，开展相关的悬浮焙烧小试、中试试验，检验PSRM工艺对多种复杂难选矿石的分选效果；完成单台年处理能力200万吨的工业化悬浮焙烧炉的结构与参数的优化，开展PSRM工业化项目的可行性研究。

（3）2016年：形成悬浮焙烧共性关键技术和大型成套工艺装备，建成年处理复杂难选铁矿石600万吨的PSRM工艺工业化示范工程。

（4）2017年：PSRM技术工业化生产技术在国内的推广应用，预期国内推广2～3家。

5.1.5　研究进展

近年来，东北大学及相关合作单位分别以鞍山式沉积变质型铁矿石、鞍山式铁矿尾矿、酒钢难选铁矿石及湖北五峰鲕状赤铁矿、渝东典型沉积型赤褐铁矿等为原料，开展了系统的复杂难选铁矿石预富集、悬浮焙烧过程控制及装备开发等方面的研究工作，成功开发了间歇式和连续式悬浮焙烧试验装备，完成了多个PSRM实验室及中试试验，获得了良好的焙烧效果和分选指标。

5.1.5.1　复杂难选铁矿石预富集提铁脱泥研究

A　鞍钢东部尾矿预富集试验

鞍钢矿业集团公司齐大山选矿厂（齐矿）、齐大山选矿厂调军台分选车间（齐选）、鞍千矿业（鞍千）及关宝山选矿厂尾矿均排入东部风水沟尾矿库，年产总尾矿量3000多万吨，TFe品位约11%。为实现该尾矿资源的有效利用，2014年东北大学联合鞍钢矿业集团公司开展了东部尾矿的PSRM试验研究，其中东部尾矿分别采自齐矿、齐选和鞍千矿业三个选厂的现场尾矿，预富集小试在东北大学完成，扩试在鞍钢集团矿业设计研究院中试基地进行。中试生产线主要设备见表5-1。

试验中的东部尾矿样品为齐矿、齐选和鞍千三个选厂尾矿的混合样，按照三个选厂尾矿年产量进行配比，最终得到的混合矿的相关指标见表5-2。

表 5-1 预富集中试生产线主要设备参数表

设备名称	型号	参数	处理量/t·h^{-1}	台数/台
颚式破碎机	400mm×600mm	最大进料粒度350mm	15~30	1
圆锥破碎机	φ900mm	最大进料粒度60mm	15~30	1
圆锥破碎机	φ600mm	最大进料粒度40mm	12~20	1
一段球磨机	φ900mm×1800mm	有效容积0.95m³	0.5~1	3
一段分级机	φ500mm×5500mm			3
二段球磨机	塔磨机	筒径600mm，有效容积0.50m³	0.8~1.2	1
二段旋流器	φ75mm	溢流口20mm，沉砂口8~10mm	1~3	1
弱磁机	φ400mm×600mm	1200Gs	0.8~1.5	2
强磁机	φ750mm工业型		2~3	4

表 5-2 混合矿的技术指标

产品名称	比例/%	-0.074mm/%	TFe/%
齐选	30.43	79.56	10.96
齐矿	42.15	72.37	10.86
鞍千	27.42	76.28	10.22
混合矿	100.00	75.43	10.60

由表5-2可见，东部尾矿样品中齐矿、齐选和鞍千三个尾矿样的含量分别为42.15%、30.43%和27.42%，三个样品的铁品位均在10%~11%之间，混合矿的平均铁品位为10.60%，其中-0.074mm含量占75.43%。

东部尾矿化学成分分析见表5-3。由表5-3可知，该矿石中主要回收成分TFe品位为10.06%，主要脉石成分为SiO_2，含量为76.22%。

表 5-3 东部尾矿化学成分分析结果 （%）

成分	TFe	FeO	SiO_2	Al_2O_3	CaO	MgO	S	P
含量	10.60	2.71	76.22	1.37	1.48	2.42	0.045	0.060

东部尾矿铁化学物相分析结果见表5-4。表5-4所示结果表明，矿石中铁主要赋存于赤褐铁矿中，另外有少部分的铁以磁铁矿形式存在，菱铁矿、硅酸铁和硫化铁的含量相对较少。

表 5-4 东部尾矿铁化学物相分析结果 （%）

铁化学物相	磁性铁矿物中铁	碳酸铁矿物中铁	赤（褐）铁矿物中铁	硫化铁矿物中铁	硅酸铁矿物中铁	TFe
含量	2.95	0.11	6.98	0.11	0.87	10.72
铁分布率	27.52	1.03	65.11	1.03	8.11	100.00

通过系统的小试试验，确定适宜的预富集流程为"弱磁-强磁-混磁精再磨-弱磁-强磁"，在磨矿细度-0.043mm占80%、弱磁选磁场强度99.52kA/m、强磁选磁场强度

278.66kA/m 的条件下进行扩大连续预富集试验，制备预富集精矿约 20t 备用，预富集数质量流程图见图 5-2。

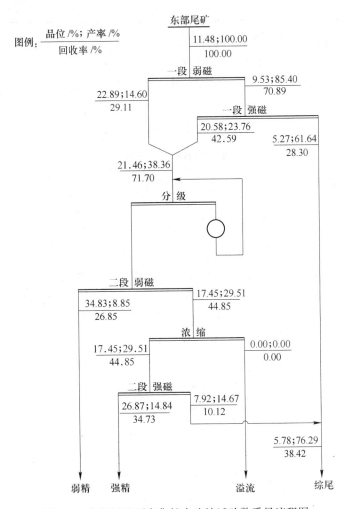

图 5-2 东部尾矿预富集扩大连续试验数质量流程图

由图 5-2 可知，通过预富集扩大试验可以获得 TFe 品位为 34.83%、回收率 26.85% 的弱磁精矿和 TFe 品位为 26.87%、回收率 34.73% 的强磁精矿，两者合并后可获得 TFe 品位为 29.84%、回收率 61.58% 的预富集精矿。

B 鞍钢眼前山磁滑轮预选尾矿预富集试验

鞍钢矿业集团公司眼前山铁矿属于典型的鞍山式沉积变质铁矿床，矿石的主要自然类型有磁铁、绿泥磁铁和闪长类磁铁石英岩。该矿露采西端帮矿石品位较低，需经磁滑轮预选，预选精矿送入大孤山选矿厂，而预选尾矿 TFe 品位在 20% 左右，被直接丢弃于排岩场，造成了资源的巨大浪费。

2014 年，东北大学联合鞍钢矿业集团公司开展了眼前山磁滑轮预选尾矿（以下简称"眼前山排岩矿"）的预富集试验。预富集小试在东北大学完成，扩试在鞍钢集团矿业设计研究院中试基地进行。眼前山排岩矿的化学成分分析见表 5-5。

表 5-5　眼前山排岩矿化学成分分析　　　　　　（%）

TFe	FeO	SiO$_2$	Al$_2$O$_3$	CaO	MgO	S	P
19.80	9.25	64.49	0.59	0.56	0.68	0.099	0.003

由表 5-5 分析结果可知，矿石中 TFe 品位较低，仅为 19.80%，FeO 含量为 9.25%，SiO$_2$ 含量为 64.49%，有害元素磷、硫含量较低，分别为 0.099%、0.003%。

该排岩矿的铁化学物相分析见表 5-6。由表 5-6 可知，赤（褐）铁矿中的铁含量为 8.99%，铁占有率为 46.34%；碳酸铁中的铁含量为 7.15%，铁占有率 36.86%，含量相对较高。因此，该中矿的主要回收对象为赤（褐）铁矿和菱铁矿。

表 5-6　眼前山排岩矿铁化学物相分析结果　　　　　　（%）

铁元素存在的相	磁铁矿中的铁	菱铁矿中的铁	赤、褐铁矿中的铁	硫化铁中的铁	硅酸铁中的铁	总铁
含量	2.22	7.15	8.99	0.29	0.67	19.40
分布率	11.44	36.86	46.34	1.49	3.45	100.00

综上分析可知，该排岩矿中铁品位较低，且赤（褐）铁矿和菱铁矿的含量较高，采用常规选矿工艺难以获得有效利用，故提出采用 PSRM 技术处理该矿石。通过系统的实验室预富集试验研究，确定适宜的预富集流程为"磨矿-弱磁-强磁"，适宜的工艺条件为：磨矿细度为 −0.074mm 含量占 80%，弱磁选磁场强度为 95.54kA/m，强磁选磁场强度为 298.09kA/m。在上述条件下进行连续扩大试验，眼前山排岩矿预富集扩大试验结果见表 5-7，预富集数质量流程图见图 5-3。

表 5-7　眼前山排岩矿预富集扩大试验结果

编　号	产　品	产率/%	品位/%	回收率/%
4	分级溢流	100.00	19.41	100.00
6	弱磁精矿	4.70	46.28	11.21
7	弱磁尾矿	95.30	18.08	88.79
8	强磁精矿	47.58	27.46	67.31
9	强磁尾矿	47.72	8.74	21.48
10	预选精矿	52.28	29.15	78.52

由表 5-7 和图 5-3 可知，预富集扩大试验获得了 TFe 品位为 29.15%、回收率 78.52% 的预富集精矿。扩大试验共制备预富集精矿 20t，以供悬浮焙烧中试使用。

C　酒钢铁矿石预富集试验

酒泉钢铁（集团）有限责任公司（以下简称"酒钢"）是我国西北部重要的钢铁生产基地，酒钢及其周边难选铁矿石储量达十几亿吨。酒钢铁矿石矿物组成复杂多样、比例多变，其主要铁矿物为镜铁矿、镁菱铁矿、褐铁矿及少量磁铁矿，铁矿物颗粒纯度低，矿物粒度嵌布微细且不均匀，铁矿物与脉石矿物比磁化系数、密度等物理参数相近，致使常规选矿方法难以获得较好的技术经济指标。研究及生产实践结果表明，该难选铁矿石中块矿（15～75mm）采用竖炉磁化焙烧预处理后进行分选，可以得到较好的选别指标，但竖炉焙烧工艺存在着单机处理能力低、能耗高、焙烧时间长、产品质量不均匀等问题，目前国内

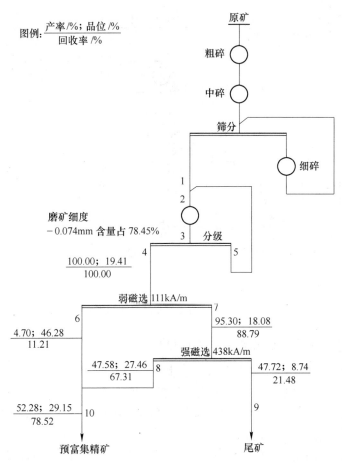

图 5-3　眼前山排岩矿预富集扩大试验数质量流程图

仅有酒钢选矿厂采用竖炉焙烧工艺。酒钢年产粉矿（−15mm）约 550 万吨，因常规磁化焙烧设备（竖炉、回转窑）及焙烧工艺等方面的限制，这部分粉矿只能采用强磁选工艺，仅能获得精矿 TFe 品位为 45% 左右、SiO_2 含量 11% 左右、回收率 65% 左右的技术指标，造成资源的大量浪费。

2015 年，东北大学联合酒钢集团开展了酒钢铁矿石 PSRM 试验研究，其中预富集试验在酒钢选矿厂完成。酒钢粉矿选别现场目前采用磨矿-强磁选工艺，磨矿细度为 −0.074mm 含量占 90%，精矿铁品位为 46% 左右，回收率为 65% 左右。为了满足悬浮磁化焙烧试验样品要求，对现有的强磁选流程进行适当改造，一是磨矿分级流程，通过放大细筛筛孔尺寸、减少磨矿段数以降低磨矿产品中 −74μm 含量；二是强磁选流程，取消精选作业增加扫选作业，并调整选别参数以提高回收率、降低尾矿品位。预富集磨矿和分选数质量流程图见图 5-4 和图 5-5。

由图 5-4 和图 5-5 可见，流程改造后，在原矿 TFe 品位 35.40%、SiO_2 含量 23.17%、磨矿细度 −0.074mm 含量占 60.00% 的条件下，获得了产品粒度 −0.074mm 含量占 64.43%、产率为 79.88%、TFe 品位 39.44%、回收率 88.98%、SiO_2 含量 17.81% 的预富集精矿。

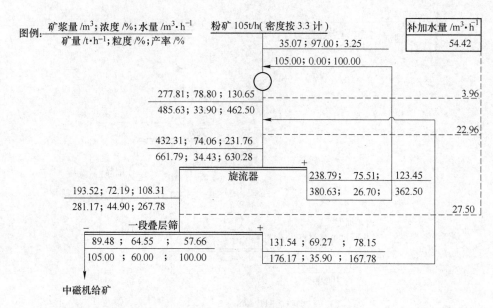

图 5-4　酒钢铁矿石预富集磨矿流程考察结果

5.1.5.2　复杂难选铁矿石悬浮焙烧机理研究

A　复杂难选铁矿石悬浮焙烧热力学分析

复杂难选铁矿石中主要铁矿物一般为赤铁矿和菱铁矿，由于实验室间歇性悬浮焙烧采用的 H_2 为还原剂，本研究先期重点分析赤铁矿和菱铁矿在 H_2 气氛中反应行为。

a　赤铁矿还原的热力学分析

根据赤铁矿在 H_2 中还原可能发生的反应，得出 H_2 还原赤铁矿的各级反应方程式及其 $\Delta_r G_m^\ominus$ 值。

当温度大于 570℃ 时，存在下列反应：

$$3Fe_2O_3(s) + H_2(g) = 2Fe_3O_4(s) + H_2O(g) \tag{5-1}$$
$$\Delta_r G_m^\ominus = -15.55 - 0.074T(kJ/mol)$$

$$Fe_3O_4(s) + H_2(g) = 3FeO(s) + H_2O(g) \tag{5-2}$$
$$\Delta_r G_m^\ominus = 71.94 - 0.074T(kJ/mol)$$

$$FeO(s) + H_2(g) = Fe(s) + H_2O(g) \tag{5-3}$$
$$\Delta_r G_m^\ominus = 23.43 - 0.016T(kJ/mol)$$

当温度小于 570℃ 时，存在下列反应：

$$3Fe_2O_3(s) + H_2(g) = 2Fe_3O_4(s) + H_2O(g) \tag{5-4}$$
$$\Delta_r G_m^\ominus = -15.55 - 0.074T(kJ/mol)$$

$$Fe_3O_4(s) + 4H_2(g) = 3Fe(s) + 4H_2O(g) \tag{5-5}$$
$$\Delta_r G_m^\ominus = 35.55 - 0.03T(kJ/mol)$$

由图 5-6 及图 5-7 可知，在所求的温度范围内反应式（5-1）、式（5-4）、式（5-5）的反应吉布斯自由能小于 0，说明上述反应从热力学角度看是可以进行的。Fe_3O_4、FeO 被 H_2 还原的最低起始温度分别为 976K 和 1432K。表明，随温度的升高，铁氧化物的吉布斯自由能逐渐减小，表明升高温度可促进反应的进行。

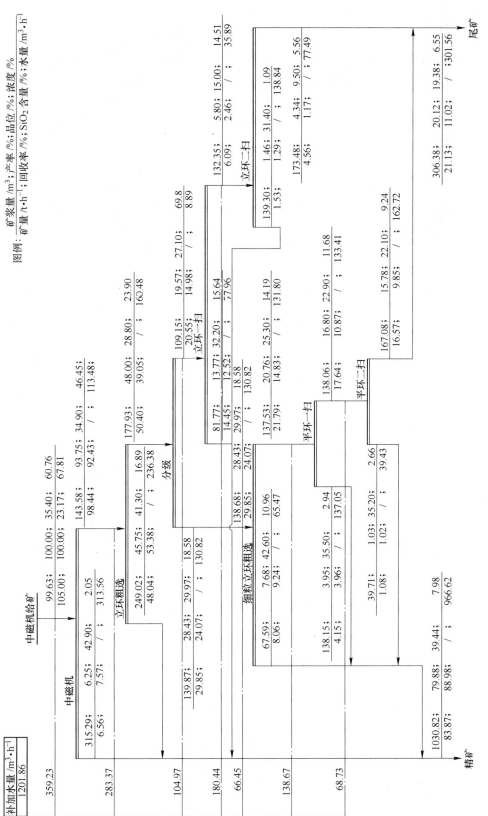

图 5-5 酒钢铁矿石预富集数质量流程图

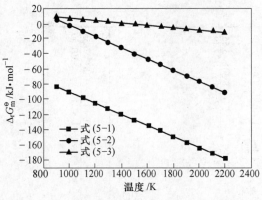

图 5-6 反应式 (5-1) ~ 式 (5-3) 的吉布斯自由
能随温度的变化

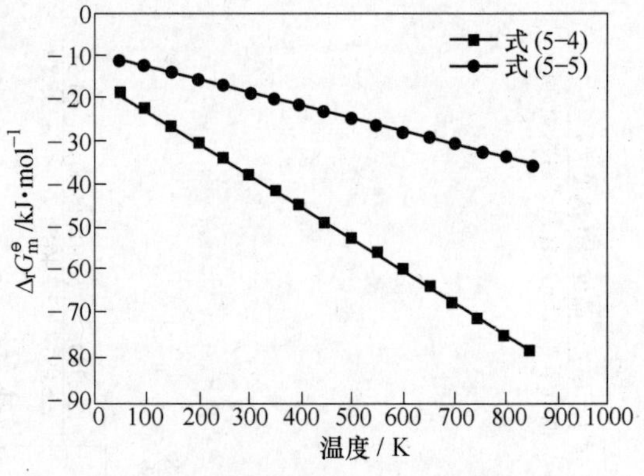

图 5-7 反应式 (5-4) 和式 (5-5) 的吉布斯自由
能随温度的变化

平衡方程的平衡常数可根据自由能变化计算出关于温度的表达式：

$$\Delta_r G_m^{\ominus} = -RT\ln K^{\ominus} \tag{5-6}$$

其中反应的平衡常数 $K^{\ominus}$ 和气相平衡成分的关系可用式 (5-7) 表示：

$$K^{\ominus} = \frac{P_{H_2O}}{P_{H_2}} = \frac{\varphi(H_2O)}{\varphi(H_2)} \tag{5-7}$$

因此：

$$\varphi(H_2) = \frac{1}{1 + K^{\ominus}} \times 100\% \tag{5-8}$$

由式 (5-8) 可以计算出，各反应在不同温度下平衡时的 H_2 浓度，如图 5-8 所示。由图 5-8 可知，四条曲线是将式 (5-1)、式 (5-2)、式 (5-3)、式 (5-5) 四个化学反应平衡时的气相组成对温度作图得到的。四条曲线把整个反应划为 A、B、C、D 四个区域。A 为 Fe_2O_3 稳定区域，图中为横坐标与虚线之间的部分，这个区域很小，实际上是指该反应为不可逆反应；B 为 Fe_3O_4 稳定区域；C 为浮氏体稳定区域；D 为金属 Fe 稳定区域。赤铁矿磁化焙烧热力学分析表明，

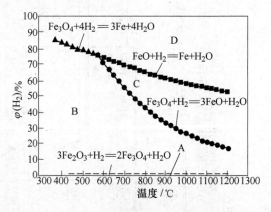

图 5-8 H_2 还原氧化铁的平衡图

赤铁矿还原为磁铁矿的热力学趋势很大，在很低的 H_2 浓度下，反应即可发生，当 H_2 浓度过高时，生成的磁铁矿容易被进一步还原成金属 Fe 或者浮氏体 (FeO)。

b 菱铁矿分解的热力学

菱铁矿是碳酸盐矿物，其化学式为 $FeCO_3$，在高温条件下发生分解，可能发生的分解反应为：

$$FeCO_3(s) = FeO(s) + CO_2(g) \tag{5-9}$$
$$\Delta_r G_m^{\ominus} = -15.55 - 0.074T(kJ/mol)$$

$$3FeCO_3(s) = Fe_3O_4(s) + 2CO_2(g) + CO(g) \tag{5-10}$$
$$\Delta_r G_m^{\ominus} = -15.55 - 0.074T(kJ/mol)$$

由于 FeO 在低于 570℃时是不稳定相，因此菱铁矿发生分解的反应式与温度相关，在温度低于 570℃时主要按照式（5-9）进行；当温度大于 570℃时，两种反应都有可能进行。

c 脉石矿物还原的热力学

矿石中主要的脉石矿物为石英、方解石、白云石等。根据矿物的化学成分来进行热力学分析。

$$CaO(s) + H_2(g) = Ca(s) + H_2O(g) \tag{5-11}$$
$$\Delta_r G_m^\ominus = 389.62 - 0.052T(kJ/mol)$$
$$MgO(s) + H_2(g) = Mg(s) + H_2O(g) \tag{5-12}$$
$$\Delta_r G_m^\ominus = 357.43 - 0.057T(kJ/mol)$$
$$SiO_2(s) + 2H_2(g) = Si(s) + 2H_2O(g) \tag{5-13}$$
$$\Delta_r G_m^\ominus = 418.57 - 0.073T(kJ/mol)$$

由图 5-9 可知，反应式（5-11）~式（5-13）的标准吉布斯自由能均大于零，表明在温度为 1300K 以下反应式（5-11）~式（5-13）均不能自发进行。因此，脉石矿物在悬浮焙烧过程中无法被 H_2 还原。

d 脉石矿物之间的热力学

在铁矿石悬浮焙烧过程中，不仅有铁氧化物的还原反应，脉石矿物之间也可能发生反应。脉石矿物之间可能发生的反应如下所示：

$$3Al_2O_3(s) + 2SiO_2(s) = 3Al_2O_3 \cdot 2SiO_2(s) \tag{5-14}$$
$$\Delta_r G_m^\ominus = -8.6 - 0.017T(kJ/mol)$$
$$3CaO(s) + Al_2O_3(s) = 3CaO \cdot Al_2O_3(s) \tag{5-15}$$
$$\Delta_r G_m^\ominus = -12.6 - 0.025T(kJ/mol)$$
$$3CaO(s) + SiO_2(s) = 3CaO \cdot SiO_2(s) \tag{5-16}$$
$$\Delta_r G_m^\ominus = -118.8 - 0.0067T(kJ/mol)$$
$$MgO(s) + Al_2O_3(s) = MgO \cdot Al_2O_3(s) \tag{5-17}$$
$$\Delta_r G_m^\ominus = -35.6 - 0.0021T(kJ/mol)$$
$$MgO(s) + SiO_2(s) = MgO \cdot SiO_2(s) \tag{5-18}$$
$$\Delta_r G_m^\ominus = -67.2 + 0.0043T(kJ/mol)$$

由图 5-10 可知，反应式（5-14）~式（5-18）的吉布斯自由能均小于零，表明在悬浮焙烧过程中上述反应均有可能发生。但热力学分析是在理想状态下进行的，实际悬浮焙烧过程中所发生的反应需基于试验结果进行分析。

B 冷却方式对悬浮焙烧物料化学组成的影响

冷却介质和冷却速度对焙烧物料的化学组成及分选效果有着重要的影响。研究表明，采用一定的冷却制度，使高温焙烧物料在无氧气氛中降低至一定温度，然后将焙烧物料置于空气中使其快速冷却，可使焙烧物料中的磁铁矿氧化生成 $\gamma\text{-}Fe_2O_3$，$\gamma\text{-}Fe_2O_3$ 与 Fe_3O_4 晶型结构相同，同属尖晶石型立方晶格，两者的晶格常数也十分接近，同属于强磁性铁矿物，物料的磁性变化不大。该反应为放热反应，将反应热与物料所携带热量进行回收，可达到节省能耗的目的。磁铁矿转化为 $\gamma\text{-}Fe_2O_3$ 的氧化反应对温度比较敏感，温度过高则转变为弱磁性的 $\alpha\text{-}Fe_2O_3$，温度过低焙烧物料中的磁铁矿无法充分转变为 $\gamma\text{-}Fe_2O_3$。

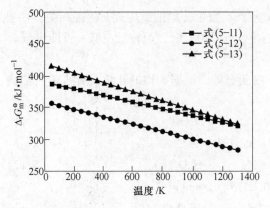

图 5-9 反应式 (5-11) ~ 式 (5-13) 的吉布斯
自由能随温度的变化

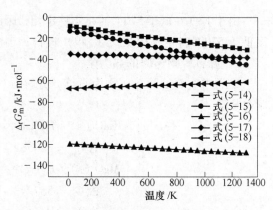

图 5-10 反应式 (5-14) ~ 式 (5-18) 的吉布斯
自由能随温度的变化

采用热重分析仪对磁铁矿进行 DSC-TG 分析，其中升温速率为 10K/min、空气流量为 50mL/min，磁铁矿纯矿物的 DSC-TG 曲线如图 5-11 所示。由图 5-11 可知，在温度为 20 ~ 300℃之间失重比较明显，这是由于试样中含有少量的水分，随着温度的升高，水分蒸发，导致重量损失，随后随磁铁矿发生氧化反应，使重量增加。由 DSC 曲线可以看出，出现三个明显的放热峰。在 280℃时，DSC 曲线斜率发生变化，表明在该温度下物料的水分已蒸发完全，此时磁铁矿颗粒发生氧化反应生成 $\gamma\text{-}Fe_2O_3$。

280℃时物料的穆斯堡尔谱图如图 5-12 所示。由图 5-12 可知，在图谱中出现了 $\gamma\text{-}Fe_2O_3$ 的六指峰，其含量为 3.75%，表明在该温度下 Fe_3O_4 开始发生氧化反应，转变为 $\gamma\text{-}Fe_2O_3$。Fe_3O_4 和 $\gamma\text{-}Fe_2O_3$ 都属于尖晶石型立方晶系，不发生晶型转变，只是由 Fe_3O_4 转变为 $\gamma\text{-}Fe_2O_3$，即生成了强磁性的 $\gamma\text{-}Fe_2O_3$。但是 $\gamma\text{-}Fe_2O_3$ 为非稳定相，继续升高温度，晶格重新排列，从立方晶系转变为斜方晶系，由 $\gamma\text{-}Fe_2O_3$ 转变为 $\alpha\text{-}Fe_2O_3$，物料磁性也随之急剧降低。当温度升高至 680℃时，DSC 曲线斜率发生转变，表明颗粒中残存的磁铁矿继续氧化，故在 DSC 曲线中在 708.4℃时产生放热峰。焙烧物料的穆斯堡尔谱分析见表 5-8。

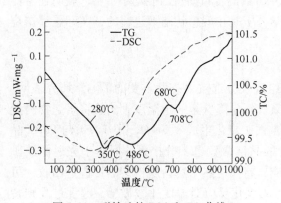

图 5-11 磁铁矿的 DSC 和 TG 曲线

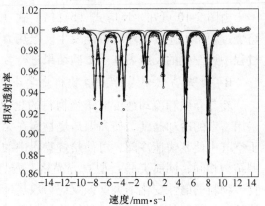

图 5-12 焙烧物料的穆斯堡尔谱图

表 5-8 焙烧物料的穆斯堡尔谱分析

样　品	$I_s/mm \cdot s^{-1}$	$Q_s/mm \cdot s^{-1}$	H/kOe	$C_i/\%$	铁物相
	0.26	0.03	490	47.36	磁铁矿 A
氧化后	0.66	0.10	476	48.89	磁铁矿 B
	0.34	-0.02	504	3.75	磁赤铁矿

a　空气流量的影响

采用管式炉对磁铁矿进行氧化试验，试验方法为将磁铁矿置于管式炉中，在氮气气氛中升温至预定温度，然后通入一定流量的空气保温，保温完成后通入氮气，使物料冷却至常温，探明不同条件因素对磁铁矿氧化反应的影响。首先对气体流量进行试验研究，氧化温度为 280℃，氧化时间为 3min，在空气流量分别为 200mL/min、400mL/min、600mL/min 条件下进行试验，空气流量对氧化物料的磁性、FeO 含量及焙烧物料穆斯堡尔谱的影响如图 5-13 ~ 图 5-15 所示。不同空气流量焙烧物料的穆斯堡尔谱分析见表5-9。

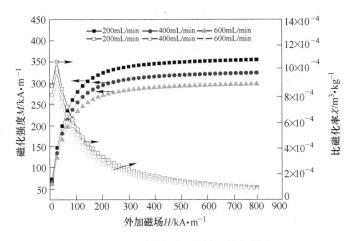

图 5-13　空气流量对物料磁性的影响

由图 5-13、图 5-14 可知，随空气流量的增加，氧化物料的磁化强度和比磁化率呈逐渐下降的趋势，物料中 FeO 的含量逐渐减少。由图 5-15 可知，随空气流量的增加焙烧物料中磁铁矿的含量逐渐减少，当空气流量由 200mL/min 增加至 600mL/min 时，磁铁矿的含量由 94.98% 减少至 88.90%，而 $\gamma\text{-}Fe_2O_3$ 的含量则由 5.02% 增加至 11.10%，表明增加空气流量可促进空气中的 O_2 向磁铁矿颗粒表面吸附，促进氧化反应的进行，使物料中的磁铁矿转变为 $\gamma\text{-}Fe_2O_3$。

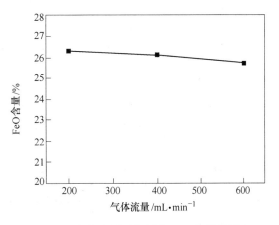

图 5-14　空气流量对物料中 FeO 含量的影响

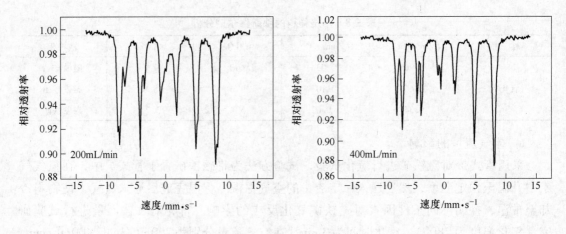

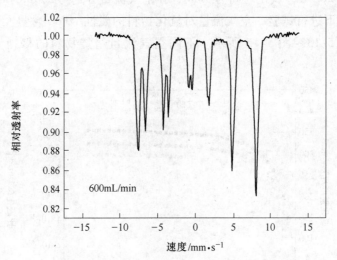

图 5-15 不同空气流量焙烧物料的穆斯堡尔谱图

表 5-9 不同空气流量焙烧物料的穆斯堡尔谱分析

气体流量/mL·min^{-1}	I_s/mm·s^{-1}	Q_s/mm·s^{-1}	H/kOe	C_i/%	铁物相
200	0.26	0.03	490	47.16	磁铁矿 A
	0.66	0.10	476	47.82	磁铁矿 B
	0.34	-0.02	504	5.02	磁赤铁矿
400	0.25	0.03	490	45.16	磁铁矿 A
	0.66	0.10	476	46.72	磁铁矿 B
	0.32	-0.02	504	8.12	磁赤铁矿
600	0.26	0.03	490	44.51	磁铁矿 A
	0.66	0.10	476	44.39	磁铁矿 B
	0.35	-0.01	501	11.10	磁赤铁矿

b 氧化温度的影响

由 DSC-TG 分析可知，氧化温度对磁铁矿的氧化影响较大，温度较低，氧化反应缓慢；温度过高则会使氧化生成的 $\gamma\text{-}Fe_2O_3$ 发生晶格转变，生成弱磁性的 $\alpha\text{-}Fe_2O_3$。在空气流量为 600mL/min、氧化时间为 3min，分别在氧化温度为 250℃、300℃、350℃、400℃ 的条件下进行试验。氧化温度对氧化物料磁性、FeO 含量及物料穆斯堡尔谱的影响如图 5-16 ~ 图 5-18 所示。不同氧化温度物料的穆斯堡尔谱分析见表 5-10。

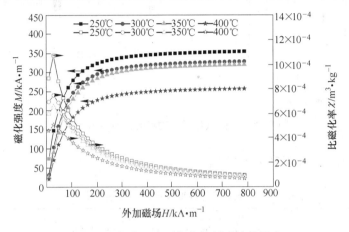

图 5-16 氧化温度对氧化物料磁性的影响

由图 5-16 ~ 图 5-18 可知，当氧化温度由 250℃ 升至 350℃ 时，氧化物料的磁化强度和比磁化率呈逐渐减小的趋势，但物料的磁性变化不大。这是由于升高氧化温度，促进物料中的磁铁矿转变为 $\gamma\text{-}Fe_2O_3$，而 $\gamma\text{-}Fe_2O_3$ 的磁性略小于磁铁矿，从而导致磁性的降低。继续升高氧化温度至 400℃ 时，物料的磁化强度和比磁化率迅速减小，并且在氧化物料的穆斯堡尔谱中出现赤铁矿的六指峰，表明氧化温度过高，氧化生成的 $\gamma\text{-}Fe_2O_3$ 发生晶格转变，生成 $\alpha\text{-}Fe_2O_3$，导致物料磁性的大幅度减

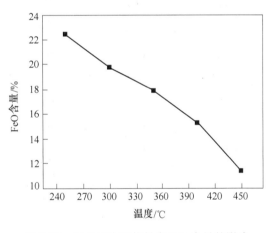

图 5-17 氧化温度对物料中 FeO 含量的影响

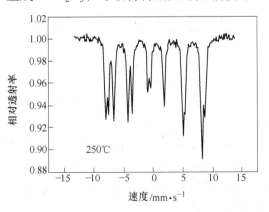

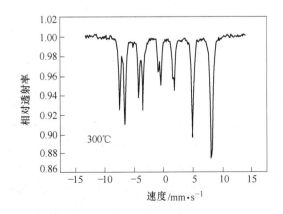

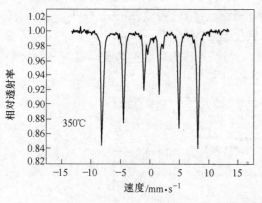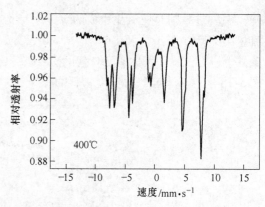

图 5-18　不同氧化温度物料的穆斯堡尔谱图

小。最终确定适宜的氧化温度为 350℃。

表 5-10　不同氧化温度物料的穆斯堡尔谱分析

氧化温度/℃	I_s/mm·s^{-1}	Q_s/mm·s^{-1}	H/kOe	C_i/%	铁物相
	0.25	0.03	492	46.83	磁铁矿 A
250	0.66	0.11	473	46.44	磁铁矿 B
	0.34	-0.02	504	6.73	$\gamma\text{-}Fe_2O_3$
	0.27	0.03	489	41.96	磁铁矿 A
300	0.66	0.10	476	43.80	磁铁矿 B
	0.32	-0.02	508	14.24	$\gamma\text{-}Fe_2O_3$
	0.24	0.03	494	40.39	磁铁矿 A
350	0.62	0.10	478	40.88	磁铁矿 B
	0.31	-0.02	504	18.73	$\gamma\text{-}Fe_2O_3$
	0.25	0.03	495	34.97	磁铁矿 A
400	0.65	0.10	474	35.46	磁铁矿 B
	0.32	-0.02	501	21.47	$\gamma\text{-}Fe_2O_3$
	0.38	-0.21	516.4	8.10	赤铁矿

c　氧化时间的影响

在空气流量为 600mL/min、氧化温度为 350℃，分别在氧化时间为 3min、5min、10min、20min 的条件下进行试验。氧化时间对氧化物料磁性、FeO 含量及穆斯堡尔谱的影响如图 5-19～图 5-21 所示。不同氧化时间物料的穆斯堡尔谱分析见表 5-11。

由图 5-19～图 5-20 可知，氧化时间由 3min 延长至 10min 时，氧化物料中 $\gamma\text{-}Fe_2O_3$ 含量由 18.73% 增加至 38.73%，物料的比磁化率由 $3.82\times10^{-4}m^3/kg$ 减小至 $1.87\times10^{-4}m^3/kg$，表明延长氧化时间可促进磁铁矿转变为 $\gamma\text{-}Fe_2O_3$。继续延长氧化时间至 20min 时，物料的 $\gamma\text{-}Fe_2O_3$ 含量及磁性变化不大。因此确定适宜的氧化时间为 10min。

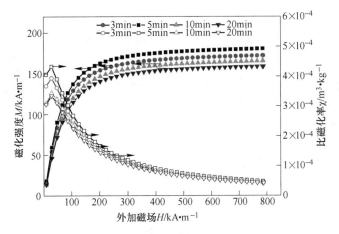

图 5-19 氧化时间对氧化物料磁性的影响

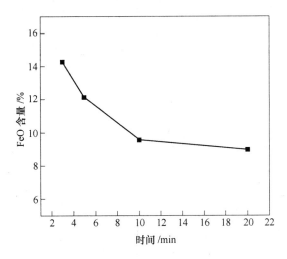

图 5-20 氧化时间对物料中 FeO 含量的影响

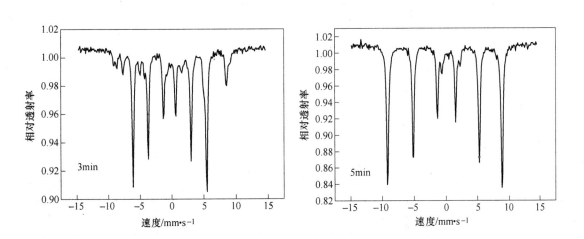

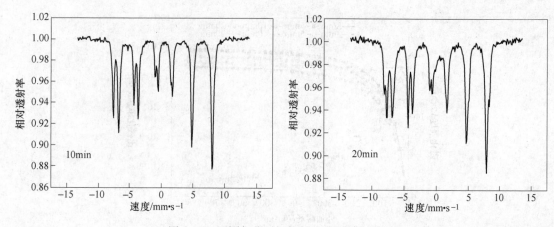

图 5-21　不同氧化时间物料的穆斯堡尔谱图

表 5-11　不同氧化时间物料的穆斯堡尔谱分析

氧化时间/min	I_s/mm · s^{-1}	Q_s/mm · s^{-1}	H/kOe	C_i/%	铁物相
	0.24	0.03	494	40.39	磁铁矿 A
3	0.62	0.10	478	40.88	磁铁矿 B
	0.31	−0.02	504	18.73	γ-Fe$_2$O$_3$
	0.23	0.03	491	35.81	磁铁矿 A
5	0.63	0.10	477	36.02	磁铁矿 B
	0.33	−0.02	503	28.17	γ-Fe$_2$O$_3$
	0.24	0.03	494	30.51	磁铁矿 A
10	0.62	0.10	478	30.76	磁铁矿 B
	0.31	−0.02	504	38.73	γ-Fe$_2$O$_3$
	0.25	0.03	495	29.26	磁铁矿 A
20	0.65	0.10	474	30.11	磁铁矿 B
	0.32	−0.02	501	40.63	γ-Fe$_2$O$_3$

　　为探明冷却方式对悬浮焙烧物料铁物相转变的影响，对悬浮焙烧物料进行冷却试验，该悬浮焙烧物料的条件为：物料粒度为 −0.074mm 占 80%，气体速度为 1.4m/s，H$_2$ 浓度为 40%，还原温度为 650℃，还原时间为 10s。焙烧后的物料在 N$_2$ 气氛中冷却至 350℃，通入 600mL/min 的空气对焙烧物料进行氧化处理，氧化时间为 10min，氧化温度为 350℃，氧化完成后在 N$_2$ 气氛中冷却至常温，冷却后的物料进行穆斯堡尔谱分析，分析结果如图 5-22、表 5-12 所示。

　　由图 5-22、表 5-12 可知，冷却后物料中铁物相由磁铁矿、γ-Fe$_2$O$_3$、鲕绿泥石及赤铁矿组成。表明经氧化后悬浮焙烧物料中的部分磁铁矿转变为 γ-Fe$_2$O$_3$，其含量为 34.48%。

　　对悬浮焙烧物料的冷却方式研究表明，焙烧物料在氧化温度为 350℃、氧化时间为 10min、空气流量为 600mL/min 条件下完成焙烧后冷却至常温，可使物料中磁铁矿转变为 γ-Fe$_2$O$_3$，其含量为 34.48%。

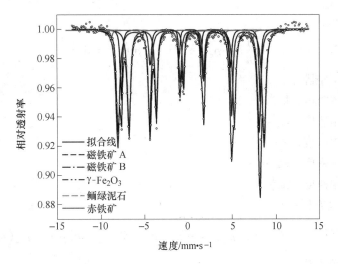

图 5-22　焙烧物料氧化的穆斯堡尔谱图

表 5-12　焙烧物料氧化的穆斯堡尔谱分析

样　品	I_s/mm·s^{-1}	Q_s/mm·s^{-1}	H/kOe	C_i/%	铁物相
	0.26	0.03	490	16.80	磁铁矿 A
	0.66	0.10	476	38.91	磁铁矿 B
氧化后	0.38	−0.21	516.3	6.75	赤铁矿
	0.34	−0.02	504	34.48	γ-Fe$_2$O$_3$
	1.13	2.67	—	3.06	鲕绿泥石

5.1.5.3　复杂难选铁矿石悬浮焙烧流动特性数值模拟

悬浮焙烧是在流化状态下进行的，与传统的磁化焙烧方式相比，该技术的特点是可在较短的时间内实现物料的热质传递及化学反应，显著缩短了焙烧时间。悬浮焙烧过程中颗粒的运动状态直接关系到矿石流动特性及热量传递速率，进而影响物料磁化焙烧的反应速率。因此，开展悬浮焙烧炉内气固流动特性研究，可揭示铁矿石在悬浮焙烧过程中的气固流动特性，为优化悬浮焙烧及实践应用提供理论依据。本研究采用 Euler-Euler 双流体模型对间歇式悬浮焙烧炉核心炉管结构进行了数值模拟，以期探明复杂难选铁矿石悬浮焙烧过程中的流动特性数学模型。

A　气固两相流动数学模型

a　控制方程

在流态化数值计算模型中，控制方程是表征气相和颗粒相质量及动量守恒最基本的模型。在 Euler-Euler 双流体模型中，需确定模拟过程中的连续相和拟连续相。根据鲕状赤铁矿悬浮焙烧过程中的流动特性，确定气相为连续相，颗粒为拟连续相。采用欧拉模型并结合颗粒动力学理论进行数值模拟要求解的气体相和固体相的基本守恒方程如下：

气相连续方程：

$$\frac{\partial}{\partial t}(\varepsilon_g \rho_g) + \nabla \cdot (\varepsilon_g \rho_g u_g) = 0 \tag{5-19}$$

固相连续方程：

$$\frac{\partial}{\partial t}(\varepsilon_s \rho_g) + \nabla \cdot (\varepsilon_s \rho_s u_s) = 0 \tag{5-20}$$

式中 ε_g——床层空隙率；

ρ_g——气体密度，kg/m^3；

u_g——气相速度，m/s；

ε_s——固相浓度；

ρ_s——气体密度，kg/m^3；

u_s——固相速度，m/s。

气相动量守恒方程：

$$\frac{\partial(\rho_g \varepsilon_g u_g)}{\partial t} + \nabla \cdot (\varepsilon_g \rho_g u_g \mu_g) = -\varepsilon_g \nabla p_g + \nabla \cdot \tau_g + \varepsilon_g \rho_g g + \beta_{gs}(u_s - u_g) \tag{5-21}$$

固相动量守恒方程：

$$\frac{\partial(\rho_s \varepsilon_s u_s)}{\partial t} + \nabla \cdot (\varepsilon_s \rho_s u_s \mu_s) = -\varepsilon_s \nabla p_s + \nabla \cdot p_s + \nabla \cdot \tau_s + \varepsilon_s \rho_s g + \beta_{gs}(u_g - u_s)$$

$$\tag{5-22}$$

式中 p_g——气相压力，Pa；

τ_g——气相应力张量，Pa；

g——重力加速度，m/s^2；

β_{gs}——控制体内的曳力系数，$kg/(m^2 \cdot s)$；

p_s——固相压力，Pa；

τ_s——固相应力张量，Pa。

气相应力方程：

$$\tau_g = \varepsilon_g \mu_g [\nabla u_g + (\nabla u_g)^T] - \frac{2}{3\varepsilon_g \mu_g \nabla} \cdot u_g I \tag{5-23}$$

固相应力方程：

$$\tau_s = \varepsilon_s \mu_s [\nabla u_s + (\nabla u_s)^T] + \varepsilon_s \left(\lambda_s - \frac{2}{3\mu_s}\right)\nabla \cdot u_s I \tag{5-24}$$

式中 μ_g——气相黏度，$Pa \cdot s$；

I——单位张量；

μ_s——固相黏度，$Pa \cdot s$；

λ_s——固相体积黏度，$Pa \cdot s$。

b 摩擦应力方程

颗粒应力方程：

$$\tau_s = \tau_k + \tau_f \tag{5-25}$$

式中 τ_k——固相动力应力张量，Pa；

τ_f——摩擦应力张量，Pa。

固相压力：

$$p_s = \begin{cases} p_{s,k} + p_{s,f} & \varepsilon_s > \varepsilon_{s,min} \\ p_{s,k} & \varepsilon_s \leqslant \varepsilon_{s,min} \end{cases} \tag{5-26}$$

$$p_{s,k} = \varepsilon_s \rho_s \theta [1 + 2g_0 \varepsilon_s (1 + e)] \tag{5-27}$$

$$p_{s,f} = F \frac{(\varepsilon_s - \varepsilon_{s,min})^n}{(\varepsilon_{s,max} - \varepsilon_s)^p} \tag{5-28}$$

式中　$p_{s,f}$——固相摩擦压力，Pa；

$\quad\varepsilon_{s,min}$——摩擦应力起作用时的固相浓度；

$\quad p_{s,k}$——固相动力压力，Pa；

F，n，p——材料的经验常数。

c　湍流方程

目前紊流数值模拟方法可以分为直接数值模拟方法和非直接数值模拟方法，本书采用的是非直接数值模拟方法中的标准 k-ε 模型，方程表达式为：

$$\rho_g \frac{\partial k_g}{\partial t} + \rho \nabla \cdot (v_g k_g) = \nabla \left(\frac{\mu_{t,g}}{\sigma_k} \nabla k_g \right) + G_{k,g} - \rho_g \varepsilon_g \tag{5-29}$$

ε 方程为：

$$\rho_g \frac{\partial \varepsilon_g}{\partial t} + \rho_g \nabla \cdot (v_g \varepsilon_g) = \nabla \left(\frac{\mu_{t,g}}{\sigma_k} \cdot \nabla \varepsilon_g \right) + \frac{\varepsilon_f}{k_g} (C_{1e} G_{k,g} - C_{2e} \rho_g \varepsilon_g) \tag{5-30}$$

式中　C_{1e}，C_{2e}，σ_k，ρ_g——紊流模型常数；

$\quad k_g$——气体相紊动能；

$\quad\varepsilon_g$——气体相紊动能的耗散率；

$\quad G_{k,g}$——紊动能增量，其表达式为：

$$G_{k,g} = \mu_{t,g} S^2 \tag{5-31}$$

式中　S——平均张量系数；

$\quad\mu_{t,g}$——气体紊流黏度，其表达式为：

$$\mu_{t,g} = \rho_g C_\mu \frac{k_g^2}{\varepsilon_g} \tag{5-32}$$

B　悬浮焙烧数值模拟参数设置

a　几何模型的建立

本研究首先以间歇式悬浮焙烧炉为模拟对象，物料由侧面的加料装置加料，以 N_2 和 H_2 的混合气体作为铁矿的还原性气体，从炉体底部通入，悬浮焙烧炉尺寸如图 5-23 所示。由于鲕状赤铁矿在悬浮焙烧过程中主要在主炉中发生反应，故本研究针对物料在主炉的悬浮焙烧过程的流动特性进行模拟，根据悬浮焙烧尺寸，采用 Solid-Works 软件建立三维模型，并将模型文件导入到 Ansys 软件 ICEM CFD 模块中，并对进口、出口和壁面等部分定义。

b　网格划分

本研究采用 Gambit 软件进行网格划分工作，在使用 Gambit 软件划分网格时，对于三维问题，Gambit 可以使

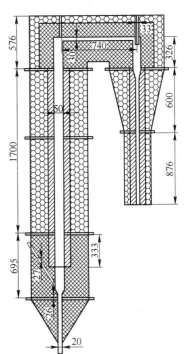

图 5-23　间歇式悬浮焙烧炉尺寸图

用四面体、六面体、金字格以及楔形单元，或者两种单元的混合网格。对于几何边界较简单的模型，用结构化网格划分时对下一步的数值计算比较方便。对于几何边界较复杂的模型，生成网格时也比较复杂，这时需要对几何边界进行分区，用局部区域加密的方法来提高计算精度。网格的数量对计算精度及计算时间影响较大，在数值模拟计算时，要建立符合实际流场的几何模型，尽量精简，尽可能地减少计算域。本研究使用的几何模型并不复杂，采用结构化四面体可以加速收敛。考虑到边界层的影响，在靠近壁面附近采用边界层网格进行加密。得到的悬浮焙烧炉底部网格图如图 5-24 所示，底部壁面网格加密图如图 5-25 所示。

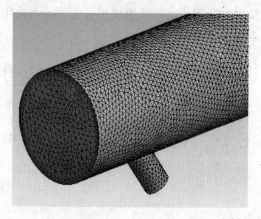

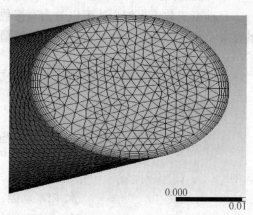

0.000
0.01

图 5-24 悬浮焙烧炉计算网格局部放大图　　　图 5-25 悬浮焙烧炉壁面边界层网格加密图

c 初始和边界条件

本试验的边界条件按以下方法确定：由于悬浮焙烧炉是由底部进气，且一开始设定悬浮焙烧炉入口处的气体速度为固定值，所以底部为速度入口型边界，入口速度方向与焙烧炉的横截面垂直。边界出口为物料的出口，因此出口也定义为速度出口边界。时间步长选择越小，计算结果也就越准确，收敛性也就越好，但时间步长选择过小会增加计算时间，本研究取该值为 $0.0055 s^{-1}$。

d 松弛因子的选择

在 Fluent 软件中，分离求解器使用松弛因子来控制每一步迭代中的计算变量的更新。对于大多数系统，不需要修改默认亚松弛因子。但是，如果出现不稳定或者发散的情况时就需要减小默认的亚松弛因子了，以避免由于差值过大而引起非线性迭代过程的发散。对于本研究的非线性且耦合的问题一般要减小松弛因子，本研究选取数值如表 5-13 所示。

表 5-13 悬浮焙烧炉数值模拟参数

名　称	松弛因子
压力	0.2
浓度	1
体积力	1
体积分数	0.2
颗粒温度	0.2

e 初始条件的设置

初始及边界条件是控制方程能够进行运算的基础条件。初始条件中入口气速和床层空隙率在不同的计算工况下均是给定的，对计算结果不会产生直接的影响。本研究中流化气体为常温常压下空气进气，固体颗粒为单一粒径的球形颗粒。对于颗粒在悬浮焙烧炉内流动状态由雷诺数求得，计算公式为：

$$Re = \rho du / \mu \tag{5-33}$$

式中 ρ——流体的密度，kg/m^3；

d——管径，m；

u——流体的流速，m/s；

μ——流体的黏度，$Pa \cdot s$。

当 $Re \leqslant 2300$ 时，管流为层流；当 $8000 \leqslant Re \leqslant 12000$ 时，管流为湍流；当 $2300 < Re < 8000$ 时，流动处于层流与湍流间过渡区。通过计算 Re 值可知，物料在悬浮焙烧过程中属于湍流区。数值计算过程中，假定流体为不可压流体，气相进、出口为速度进口，流化床上部气体出口为压力出口，壁面设为无滑移壁面边界条件。

C 悬浮焙烧炉内气固流动特性

a 不同时刻内悬浮焙烧炉内颗粒流动特性

在物料细度为 $-0.074mm$ 占 80%、气体速度为 1.4m/s 的条件下，对不同时刻悬浮焙烧炉内颗粒浓度、速度及气体速度进行模拟，不同时刻颗粒浓度、颗粒速度、气体速度见图 5-26 ~ 图 5-28。

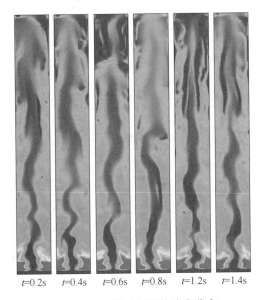

图 5-26 不同时刻颗粒浓度分布

图 5-27 不同时刻颗粒速度分布

由图 5-26 可知，悬浮焙烧炉内颗粒浓度分布表现出强烈的不均匀性。炉内底部颗粒浓度高于顶部浓度，边壁浓度高于中心浓度，在中心形成了一个明显的气体通道。在悬浮焙烧炉内边壁区域也可观测到大量浓度稍低、形状为丝状的颗粒团聚物的存在，此处颗粒团聚物主要是由于上升颗粒相互碰撞而产生。

由图 5-27 和图 5-28 可知，悬浮焙烧炉内的气相和固相瞬时速度分布非常相似，气固两相速度表现出明显的跟随性。气相和固相速度呈现中心区域速度高、边壁区域速度低的不均匀分布。颗粒在中心区域由于气流的带动作用向上快速运动，而在边壁区域，固体颗粒由于黏性力和摩擦力等原因速度较小。另外在悬浮焙烧炉下部区域，气相和颗粒相的速度分布在轴向方向呈现出一种明显的 S 形结构，随着时间的推移 S 形结构做左右摆动运动。

b 气体速度对颗粒流动特性的影响

物料粒度为 −0.074mm 占 80%，分别在气体速度为 1.2m/s、1.4m/s、1.6m/s 条件下，对物料颗粒在悬浮炉不同高度颗粒浓度和颗粒速度的径向分布进行模拟。气体速度对颗粒速度在悬浮炉不同高度的径向分布如图 5-29 所示。颗粒浓度在悬浮炉不同高度的径向分布如图 5-30 所示。

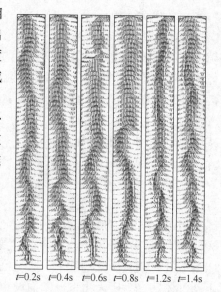

$t=0.2s$ $t=0.4s$ $t=0.6s$ $t=0.8s$ $t=1.2s$ $t=1.4s$

图 5-28 不同时刻气体速度分布

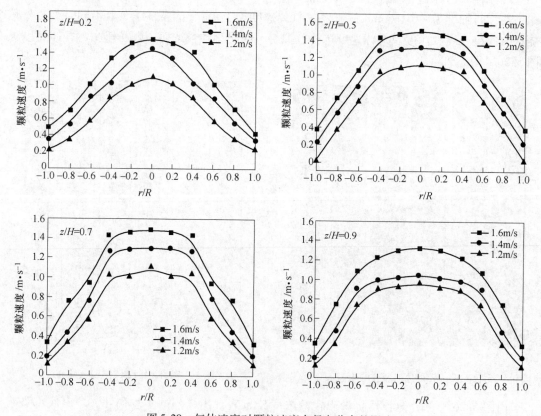

图 5-29 气体速度对颗粒速度在径向分布的影响

（1）气体速度对颗粒速度在径向分布的影响。由图 5-29 可知，在一定气体速度下，颗粒速度在径向分布上呈中间颗粒速度高、边壁处颗粒速度低，并且颗粒速度由中心处向边壁呈逐渐减小的趋势，这是由于在边壁处颗粒与壁面存在摩擦力，导致颗粒速度减小。随着悬浮焙烧炉高度的升高，颗粒速度呈逐渐减小的趋势，这是由于在悬浮焙烧过程中存在着摩擦力及颗粒间的碰撞，导致颗粒上升力逐渐减弱，从而使颗粒速度逐渐减小，另外随着高度的升高，中心区域颗粒速度趋于平缓。当气体速度增加时，颗粒速度在径向和轴向均随之增加，这是由于随着气体速度的增加，颗粒在悬浮焙烧过程中的上升力也随之增大，从而导致颗粒速度的增加。

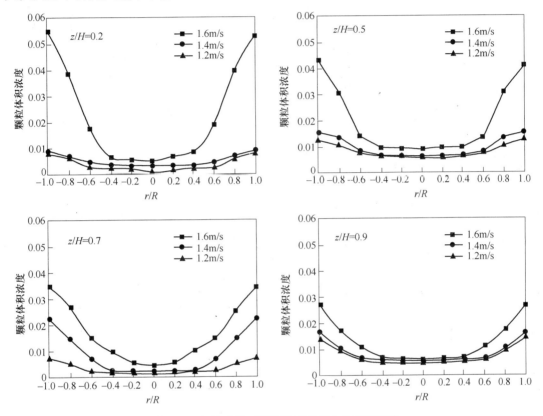

图 5-30 气体速度对颗粒浓度在径向分布的影响

　　（2）气体速度对颗粒浓度在径向分布的影响。由图 5-30 可以看出，在一定速度下，颗粒浓度在径向分布上呈中心区域浓度低、边壁颗粒浓度高的趋势，并在边壁处颗粒浓度达到最大值，呈明显的不均匀性。这是由于在中心区域颗粒速度较大，与大量的气体形成一个快速的通道，但仅有少量颗粒夹带在气流中，从而使中心区域颗粒浓度较低。随着高度的升高，颗粒的浓度呈逐渐减小的趋势，并且颗粒浓度在径向分布的不均匀性也逐渐减小。这是由于颗粒在高速气流的带动下向上运动，随着高度的升高颗粒速度之间的差异逐渐减小，从而导致颗粒浓度区域均匀。随着气流速度的增加，颗粒浓度在径向分布上呈逐渐减小的趋势。而在轴向上随着高度的升高，颗粒浓度随气流速度的增加而减小，但呈逐渐减小的趋势。

　　c　物料粒度对颗粒流动特性的影响

　　在气体速度为 1m/s，物料粒度分别为 -0.074mm 占 70%、80%、90% 的条件下，对颗粒速度和颗粒浓度在悬浮焙烧炉内不同高度处径向分布进行模拟。不同物料粒度对颗粒速度在悬浮焙烧炉内径向分布的影响如图 5-31 所示。不同物料粒度对颗粒浓度在悬浮焙烧炉在径向分布的影响如图 5-32 所示。

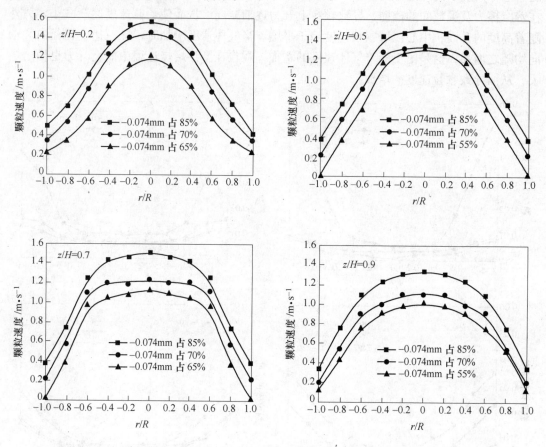

图 5-31 物料粒度对颗粒速度在径向分布的影响

（1）物料粒度对颗粒速度的影响。由图 5-31 可以看出，在同一物料细度下，颗粒速度在径向分布中也呈现出中心区域速度高、边壁速度低的特点，其中颗粒速度在径向分布的不均匀性随悬浮焙烧高度的升高而逐渐降低，表明在悬浮焙烧炉底部颗粒之间的速度差异较大，颗粒运动激烈，随着高度的升高颗粒速度之间的差异逐渐减小，速度在径向上趋于平均。随着颗粒粒度的减小，颗粒速度在径向方向上呈逐渐增加的趋势。这是由于随着物料粒度的减小，颗粒在悬浮焙烧过程中所受的上升力增加，从而使颗粒速度增加。在轴向上，随着物料粒度的减小，颗粒的速度也呈逐渐增加的趋势，其中当物料粒度由 -0.074mm 占 70% 增加至 80% 时，颗粒速度增加的幅度较大。

（2）物料粒度对颗粒浓度的影响。由图 5-32 可知，在一定颗粒粒度下颗粒浓度在径向上呈中心浓度低的状况，随着高度的升高颗粒的浓度呈逐渐减小的趋势，并且颗粒浓度在径向分布上的不均匀性也出现逐渐减小趋势。随着物料粒度的减小，颗粒浓度呈逐渐增加的趋势，尤其是在边壁区域，该现象十分明显。当物料粒度增大到一定程度后，径向各点颗粒浓度受物料粒度变化的影响逐渐减弱。

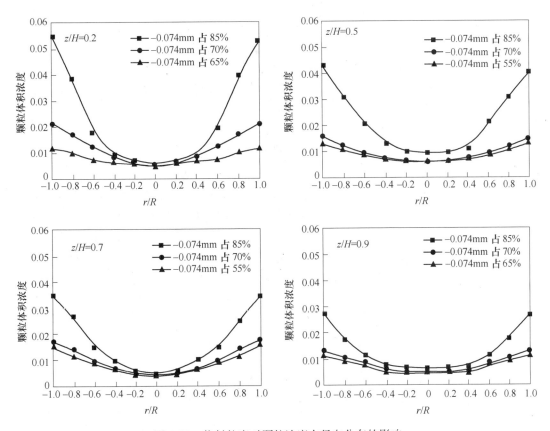

图 5-32　物料粒度对颗粒浓度在径向分布的影响

5.1.5.4　复杂难选铁矿石悬浮焙烧装备及试验研究

A　悬浮焙烧装备研制

a　实验室间歇式悬浮焙烧系统

东北大学与沈阳鑫博工业技术股份有限公司共同研制开发了实验室间歇式悬浮焙烧系统，该悬浮焙烧装置由给料系统、悬浮焙烧炉、电加热与温度控制系统、物料收集系统、除尘系统等部分组成。在气体管道、悬浮焙烧炉及出料装置中均装有气体流量计和压力表以监测该点的流量和压力，在悬浮焙烧炉中还装有热电偶以检测焙烧过程中温度的变化。该装置的加热方式为电加热，通过温度控制系统对温度进行控制。悬浮焙烧炉示意图如图 5-33 所示。

在悬浮焙烧试验过程中，首先向悬浮焙烧炉中通入 N_2 以排净悬浮焙烧炉中空气，并在加料斗中加入原料，当悬浮焙烧炉的温度达到预设反应温度后，将经过预热的 N_2 与 H_2 按一定比例通入悬浮炉主炉中，同时将加料斗中的原料吹入悬浮焙烧主炉内进行还原，完成焙烧后关闭加热系统并向悬浮炉内通入 N_2 至焙烧物料冷却到常温，还原产品通过辅炉排入排料装置中。整个系统采用正压操作，废气经排气管排出。

b　连续型悬浮焙烧中试系统

在实验室间歇式悬浮焙烧系统的基础上，东北大学联合中国地质科学院矿产综合利用研究所和沈阳鑫博工业技术有限公司研制成功处理能力为 150kg/h 的连续型悬浮焙烧半工

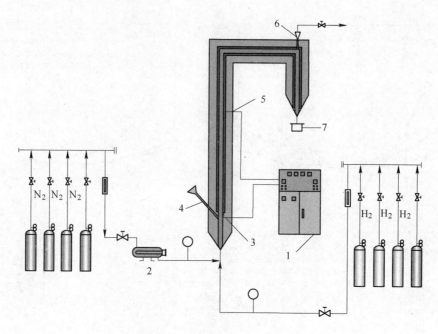

图 5-33　悬浮焙烧炉示意图

1—控制柜；2—气体加热器；3—电加热丝；4—加料斗；

5—热电偶；6—气固分离器；7—出料斗

业装备，该悬浮焙烧系统由给料系统、磁化焙烧系统、出料系统、收尘系统及辅助系统组成，连续型悬浮焙烧炉结构示意图如图 5-34 所示。

物料由给料仓给入到失重秤中并由螺旋溜槽均匀给入预热器中，经预热后的物料进入悬浮焙烧炉加热至预定温度，通过旋风分离器进行分离，物料进入还原反应器中进行流态化还原。完成焙烧后的物料进入出料系统，并通过冷却器迅速冷却至常温，最终进入收料器中。悬浮焙烧过程中产生的粉尘进入除尘器中，实现气固分离，最终收集在灰槽中。该悬浮焙烧炉系统的动力由罗茨风机提供，整个系统采用负压操作。物料还原所使用的还原剂为 CO，通过通入一定流量的 N_2 来调节 CO 的浓度。试验所采用的加热方式为液化气燃烧加热，物料的还原温度可达 700℃。在悬浮焙烧炉系统中的关键部位均装有热电偶和测压点，用于监控系统中的温度和

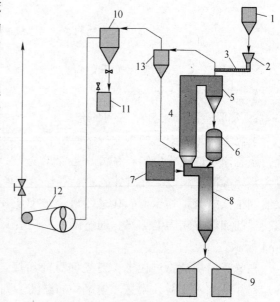

图 5-34　连续型悬浮焙烧炉结构示意图

1—给料仓；2—失重秤；3—螺旋给料器；

4—悬浮焙烧炉；5—旋风分离器；

6—还原反应器；7—燃烧机；8—冷却器；

9—收料器；10—除尘器；11—灰槽；

12—罗茨风机；13—预热器

压力，在悬浮焙烧炉系统的出气口安装有 CO 分析仪，用于测定气体中 CO 的含量，确保试验系统安全运行。该连续型悬浮焙烧中试系统有如下特点：

（1）物料由螺旋给料器给入到预热器中，物料在预热器中由系统排出的高温气体预热至 300℃，实现了整个系统的余热高效利用。

（2）在悬浮焙烧过程中，物料的加热和还原反应分别在不同的系统中完成。

（3）焙烧后的物料首先冷却至 350℃，然后在冷却器中快速冷却至常温。与传统水淬冷却方式相比节省了用水，并且在冷却过程中磁铁矿发生氧化反应生成强磁性的 $\gamma\text{-}Fe_2O_3$，在实现物料冷却的同时，该反应还释放大量的热，由于系统为负压操作，反应生成的热量重新进入系统得到利用。

B 鞍钢东部尾矿预富集精矿悬浮焙烧试验

鞍钢东部尾矿经"弱磁-强磁-混磁精再磨-弱磁-强磁"预富集流程，获得了 TFe 品位为 29.84%、回收率 61.58% 的预富集精矿。针对该预富集精矿分别开展了间歇式和连续式悬浮焙烧条件试验，确定适宜的给矿量为 114kg/h、CO 用量为 $3m^3/h$、N_2 用量为 $2m^3/h$，在此条件下考察悬浮焙烧温度对指标的影响。扩大试验现场采用一粗一精的磁选流程分选焙烧产品（如图 5-35 所示），试验结果如表 5-14 所示。

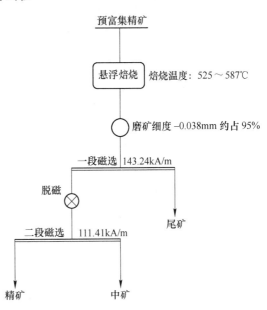

图 5-35 连续悬浮焙烧现场分选流程

由表 5-14 可见，随着还原温度的升高，精矿品位和回收率均呈现出先升高后降低的趋势，当还原温度由 525℃ 升高至 540℃ 时，精矿 TFe 品位由 64.20% 升高至 65.78%，铁回收率则由 72.99% 升高至 82.62%；当还原温度继续升高至 587℃ 时，精矿 TFe 品位下降至 60.75%，铁回收率则快速下降至 59.67%，这表明适宜的升高温度有利于铁矿物还原，但温度过高一方面可能出现过还原生成 FeO，另一方面同矿石中细粒级铁矿物易与 SiO_2、Al_2O_3 等脉石矿物发生固相反应，生产低熔点共晶体或者硅酸铁铁矿物，致使分选效果较差。综合考虑，确定适宜的悬浮焙烧温度为 540℃，并在此条件下进行了 72h 的连续扩大焙烧试验。

表 5-14 还原温度对预富集精矿悬浮焙烧产品分选指标的影响 （%）

温度/℃	产品名称	产率	品位	回收率
525	精矿	32.68	64.20	72.98
	中矿	10.55	42.75	15.70
	尾矿	56.77	5.73	11.32
	合计	100.00	28.74	100.00

温度/℃	产品名称	产率	品位	回收率
535	精矿	39.09	63.68	77.80
	中矿	8.81	39.26	10.80
	尾矿	52.10	7.00	11.40
	合计	100.00	32.00	100.00
540	精矿	37.42	65.78	82.62
	中矿	6.95	35.92	8.38
	尾矿	55.63	4.82	9.00
	合计	100.00	29.79	100.00
550	精矿	37.75	65.15	80.21
	中矿	8.92	42.25	12.28
	尾矿	53.33	4.32	7.51
	合计	100.00	30.67	100.00
560	精矿	39.30	64.68	83.39
	中矿	7.90	36.35	9.42
	尾矿	52.80	4.15	7.19
	合计	100.00	30.48	100.00
570	精矿	38.15	64.77	81.24
	中矿	7.47	44.44	10.92
	尾矿	54.38	4.39	7.84
	合计	100.00	30.42	100.00
575	精矿	36.94	64.16	71.71
	中矿	10.11	47.6	14.55
	尾矿	52.95	8.58	13.74
	合计	100.00	33.06	100.00
585	精矿	33.62	60.75	59.67
	中矿	17.55	48.77	25.01
	尾矿	48.83	10.74	15.32
	合计	100.00	34.23	100.00

对扩大连续悬浮焙烧产品进行了系统的分选试验，在磨矿条件为 -0.025mm 占 92% 的条件下，经过四次弱磁选，获得了 TFe 品位 65.69%、作业回收率 89.85%、总回收率 55.33% 的良好技术指标。东部尾矿的 PSRM 数质量流程图见图 5-36。

C　鞍钢眼前山排岩矿预富集精矿悬浮焙烧试验

TFe 品位为 19.41% 的眼前山排岩矿经预富集扩大试验，获得了 TFe 品位为 29.15%、回收率 78.52% 的预富集精矿。该预富集精矿经系统的静态磁化焙烧、间歇式悬浮磁化焙烧及悬浮焙烧扩大条件试验，确定在给料速度 125kg/h、焙烧温度 583℃、CO 气量 4m³/h

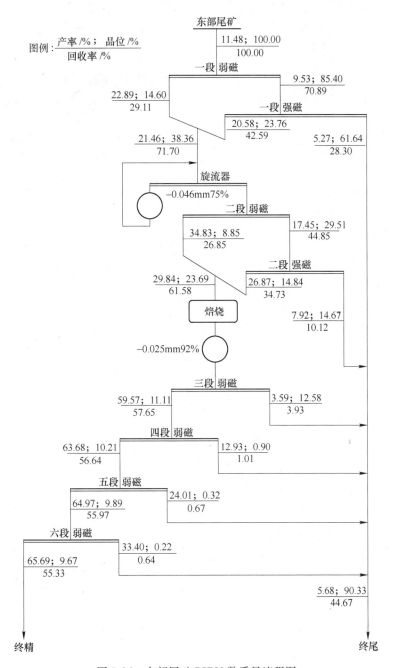

图 5-36 东部尾矿 PSRM 数质量流程图

的条件下进行悬浮焙烧扩大试验，悬浮焙烧中试系统连续运行 72h，共制备约 9t 焙烧产品供磁选试验。

该焙烧产品经系统的选矿试验研究，确定适宜的分选工艺为阶段磨矿阶段磁选流程，其中，一段磨矿细度 −0.038mm 含量占 70%，二段磨矿细度 −0.038mm 含量占 95%，获得了 TFe 品位 63.01%、作业回收率 78.14%、总回收率 61.68% 的良好技术指标。眼前山排岩矿 PSRM 数质量流程图见图 5-37。

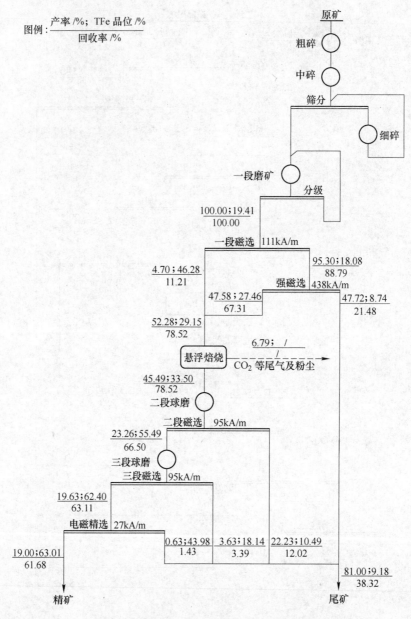

图 5-37　眼前山排岩矿 PSRM 数质量流程图

D　酒钢铁矿石预富集精矿悬浮焙烧试验

　　酒钢选矿厂通过对现有流程改造，生产出了粒度 -0.074mm 含量占 64.43% 的预富集精矿。该矿样化学成分分析见表 5-15。分析结果表明该矿石中主要回收成分为铁，TFe 品位为 39.09%；主要脉石成分为 SiO_2，且矿石的烧失量较大，达到 11.97%，这说明矿石中含有大量的受热分解组分。

表 5-15　预富集精矿化学成分分析　　　　　　　　（%）

成分	TFe	FeO	SiO_2	Al_2O_3	CaO	MgO	P	S	烧失
含量	39.09	9.67	17.85	2.33	1.79	3.07	0.012	0.81	11.97

该矿样工艺矿物学分析结果表明，预富集精矿中主要含铁矿物为赤（褐）铁矿及少量的菱铁矿，主要脉石矿物为石英、重晶石、白云石等。

东北大学和酒钢集团针对酒钢预富集粗精矿开展了系统的马弗炉静态磁化焙烧和间歇式悬浮焙烧试验研究。其中在焙烧温度650℃、配煤量6%、焙烧时间50min的条件下，进行马弗炉静态磁化焙烧试验，在焙烧产品细度为 −125μm、磁场强度为103.45kA/m的条件下进行磁选，可获得TFe品位55.83%、回收率95.17%的铁精矿产品。

预富集精矿在气体流量10m³/h、氢气浓度30%、焙烧温度650℃、焙烧时间18s的适宜悬浮焙烧条件下进行间歇式悬浮焙烧，焙烧产品磁场强度为103.45kA/m条件下进行磁选，最终获得了TFe品位55.64%、回收率92.55%的铁精矿，为酒钢粉矿的悬浮磁化焙烧-分选技术的扩大连续试验奠定了坚实的基础。

目前酒钢选烧厂采用强磁分选处理粉矿，仅能获得TFe品位45%、回收率65%左右的技术指标；采用预富集-悬浮焙烧-磁选-反浮选处理粉矿，预计可获得磁选精矿59.50%~62.00%、回收率75%~85%的优异指标。酒钢粉矿660万吨/年"预富集-悬浮焙烧-磁选-反浮选"新技术工业化后，可大幅提高产品质量和资源利用效率，精矿铁品位提高14个百分点以上，回收率提高10个百分点以上，年产高品位铁精矿约260万吨，铁精矿品位及回收率大幅提高，预计选矿至炼铁流程年新增效益3.11亿元，进而带动酒钢全产业链的结构优化。

E 其他试验研究

截至目前，东北大学与相关单位合作还完成了东鞍山含碳酸盐铁矿石正浮选尾矿、湖北五峰鲕状赤铁矿、渝东典型沉积型赤褐铁矿等复杂难选铁矿石的悬浮焙烧扩大试验，其中东鞍山正浮选尾矿经悬浮焙烧-磁选扩大试验，可获得TFe品位65.10%、回收率82.77%的铁精矿；精矿品位和回收率较现有工艺分别提高7.7和37.98个百分点。

五峰鲕状赤铁矿悬浮焙烧-磁选-反浮选试验结果表明，五峰鲕状赤铁矿适宜的悬浮焙烧条件为：焙烧温度600℃、CO浓度90%、气体流量7m³/h；焙烧物料磨至 −0.074mm占95%时进行磁选，磁选流程为一粗一精两段磁选，最终可获得铁品位为56.04%、回收率为94.32%的磁选铁精矿；磁选精矿经一粗一扫反浮选流程处理，可获得铁品位60.13%、回收率74.58%、磷含量0.24%的铁精矿。

5.1.6 结语

PSRM工艺属于国际首创的复杂难选铁矿石高效利用新技术，该技术具有生产能力大（单台200万吨/年）、环保无污染（排放废气粉尘浓度（标态）不大于40mg/m³）、生产成本低及自动化程度高等特点。

目前，东北大学与鞍钢矿业集团公司、酒泉钢铁（集团）有限责任公司、中国地质科学院矿产综合利用研究所及沈阳鑫博工业技术有限公司等单位合作完成了多种复杂难选铁矿石PSRM扩大试验，均取得了良好的试验效果。基于鞍钢东部尾矿PSRM项目的研究成果，鞍钢矿业集团东部尾矿280万吨/年的PSRM工业化示范工程已完成初步设计，据估算该项目在不增加开采矿石量的前提下，每年可回收合格铁精粉300万吨，精矿成本仅为260元/吨左右，预计2017年正式投产。2016年5月酒钢集团完成了660万吨/年PSRM项目的可行性研究，采用悬浮焙烧技术后，酒钢集团吨铁生产成本预计可降低57.98元，每年可降低生铁成本 3.01 亿元，该工程预计 2017 年正式投产。上述两个项目的顺利投产，将为 PSRM 工艺的推广应用奠定坚实的基础。

复杂难选铁矿石 PSRM 技术的成功推广，一方面可实现我国贫杂难选赤铁矿、菱铁矿、褐铁矿石以及尾矿资源的高效利用，初步估计可盘活我国难选铁矿资源 100 亿吨以上；另一方面可大幅提高我国难选铁矿石的回收率，一般可较现有工艺提高 15 个百分点以上，属我国复杂难选铁矿石高效利用方面的重大突破，推广应用前景广阔。

5.2 超级铁精矿与洁净钢基料绿色制备技术

5.2.1 研究背景

超级铁精矿也称为高品位铁精矿、高纯铁精矿、优质铁精矿等，是指铁含量高、脉石含量低的铁精矿，既是选矿的深加工产品，又是一种发展前景广阔的新型功能材料。超级铁精矿主要分为两类：一类称为高纯铁精矿，其 TFe 品位高于 70.00%，二氧化硅及其他杂质含量小于 2.00%，主要用于生产直接还原铁（DRI）；另一类称为超纯铁精矿，其 TFe 品位高于 71.50%，二氧化硅及其他杂质含量（酸不溶物）小于 0.20%，是粉末冶金、磁性材料、超纯铁及洁净钢基料的重要原料，以其为原料生产的优质还原铁粉广泛用于交通、机械、电子、航天、航空及新能源等领域。

国外关于超级铁精矿的研究始于 20 世纪 60 年代，苏联、加拿大、美国、挪威等国先后开展了相关的研究工作，并形成了一定的生产规模，生产出的超级铁精矿铁品位接近 72.00%，二氧化硅含量小于 0.50%。我国在 20 世纪 60 年代就开始采用优质铁精矿生产磁性材料。随着超级铁精矿需求量的增加，生产超级铁精矿的厂家不断增多，规模也不断扩大。南芬铁矿、保国铁矿、歪头山铁矿等均先后成功地在实验室生产出合格的超级铁精矿。但由于超级铁精矿对二氧化硅含量的要求极为苛刻，国内生产的超级铁精矿的质量和产量均不能满足有关行业的要求，需进一步加强对超级铁精矿的研究与开发。

随着国防、交通、石油、汽车等行业的发展和技术进步，对钢材的性能要求日益提高。钢中杂质元素、夹杂物等对钢的性能影响极大。1962 年，Kiessling 率先提出了洁净钢（Clean Steel）一词，洁净钢是指对钢中杂质元素含量具有非常严格的控制要求的钢种，一般要求硫、磷的质量分数小于 0.01%，且对氢、氧以及低熔点金属的含量也有严格的要求。国内外对洁净钢的研究给予了高度重视和极大关注，目前已经有许多大规模洁净钢生产企业建成投产，洁净钢的生产水平已成为企业综合竞争能力的重要表现之一。21 世纪以来，我国高效率、低成本洁净钢生产技术取得了一定进展，然而洁净钢生产的数量、品种、质量和成本均与世界先进水平有很大的差距，成为我国钢铁生产的短板，无法满足我国国民经济发展的需要，严重影响我国装备制造、国防等工业发展。

洁净钢生产需要低碳、低硫、低磷、有害及残留元素低的铁源原料——洁净钢水或冶炼洁净钢基料。我国目前生产的洁净钢主要采用高炉—转炉传统冶炼流程。我国铁矿资源禀赋差，整体呈现出品位低、嵌布粒度细、组成复杂的特点。虽然经过复杂的选矿工艺处理可以生产出满足高炉冶炼要求的铁精矿，然而冶炼得到的铁水通常含有较多杂质。以高炉铁水为原料生产洁净钢时，铁水中残留元素需在铁水预处理、转炉炼钢等过程中去除，造成了炼钢工艺流程的复杂和成本的上升，不仅生产难度大、消耗高、碳排放量大，而且钢的化学成分及材质稳定性难以控制，限制了我国洁净钢生产技术的发展。此外，高炉炼铁以焦炭为主要能源，排放大量污水、CO_2、硫化物、氮氧化物等污染物，严重污染环境。

除采用传统的高炉铁水外，工业纯铁（TFe 含量 99.50%~99.90%）和超纯铁（UPH，TFe 含量大于 99.90%）是洁净钢的主要基料，但我国工业纯铁和超纯铁主要依靠进口，进口价格高达每吨数万元，严重影响我国洁净钢的生产。此外，纯铁或超纯铁也具有诸多特殊性能，不仅可用于冶炼各种高温合金、耐热合金、精密合金、马氏体时效钢等合金或钢材，还是雷达、通信、电机、电子管、人造卫星等国防、电子工业中的一种功能材料。因此，开发高效率、低成本洁净钢基料生产技术，成为钢铁行业十分迫切的任务之一。直接还原炼铁是以非焦煤为能源，在不熔化、不造渣的条件下，原料基本保持原有物理形态，铁的氧化物经还原获得以金属铁为主要成分的固态产品的技术方法。其产品直接还原铁中硅、锰、镍、铬、钛、钒、砷、锑、铋等元素含量比高炉铁水及废钢低 1~2 个数量级，是生产优质钢铁材料不可或缺的原材料。因此，以我国超级铁精矿（TFe 含量大于 71.50%）为原料生产高品位直接还原铁（TFe 含量大于 98.00%），再通过熔炼生产洁净钢基料（TFe 含量大于 99.90%）是我国发展洁净钢工业的重要出路。

东北大学韩跃新教授及其负责的科研团队早在 2003 年就提出了铁矿石优质优用的学术思想，并将超级铁精矿生产作为重要的研究方向，以满足直接还原铁和粉末冶金等行业的需要。针对我国铁精矿品质较差、洁净钢基料匮乏的现状，提出了基于源头控制杂质含量的"铁精矿深度提质—选择性还原—电炉熔炼"洁净钢基料低成本制备新技术，该技术具有以下优点：

（1）以高品质铁精矿为原料，从原料开始控制产品洁净度，最大限度地控制残留元素进入生产过程，降低冶金过程去除残留元素的生产成本。

（2）在低温固态下以选择性还原的方式完成铁氧化物的还原，还原及熔炼过程中不会引入其他干扰元素，产品化学成分稳定。

（3）采用直接还原技术生产海绵铁，与传统高炉—转炉流程相比，CO_2 排放量大幅度降低。

（4）该工艺单机生产能力可以大幅度调整，可与洁净钢生产能力相匹配。

（5）产品多样化，既可生产洁净钢基料（纯铁 TFe 含量大于 99.90%），也可生产粉末冶金基料（高品位直接还原铁 TFe 含量大于 98.50%）。

在国家和企业科研项目的支持下，研究团队围绕超级铁精矿和洁净钢基料高效制备过程中存在的矿物加工、冶金、物理化学等关键基础问题开展工作，研发了铁精矿深度去杂、超级铁精矿选择性还原、直接还原铁品质控制等一系列关键技术，最终形成了超级铁精矿和洁净钢基料高效绿色制备成套工艺技术。以国内某普通铁精矿为原料，开展了超级铁精矿制备小型和中试试验，获得了 TFe 品位 72.32%、SiO_2 含量 0.20%、酸不溶物含量 0.18%的超级铁精矿产品；在实验室对生产的超级铁精矿进行了直接还原和电炉熔炼探索性试验，最终获得了 TFe 含量大于 99.90%、碳含量小于 0.0010%、硫含量为 0.0040%、磷含量为 0.0010%的纯铁样品，为实现该项技术的工业化提供了重要支撑。

5.2.2 关键共性技术内容

5.2.2.1 超级铁精矿高效绿色制备技术

我国铁矿资源种类多、品位低、组成复杂、矿物结晶粒度微细，造成经选矿加工生产的铁精矿物质组成迥异。因此，首先要对铁精矿的工艺矿物学特性进行系统的研究，针对不同的铁精矿，采用不同的技术方案进行提质。此外，铁精矿是经过磨矿、磁选、重选、浮选一系列选矿工艺处理后得到的产品，其中所含的杂质多为结晶粒度微细且与铁矿物结合紧密的脉石矿物，难以实现有效解离，即便实现了解离，现有的选别技术也无法实现铁矿物与杂质的有效分离。为此，要实现铁矿物的高效解离和铁精矿深度提质，在选矿技术与装备研发方面，需进行如下研究工作：

（1）基于工艺矿物学的超级铁精矿制备可行性评价体系研究。并非所有的铁精矿都适合作为超级铁精矿的生产原料，矿物的结晶粒度、脉石矿物的种类、铁矿物与脉石矿物的共生和嵌镶关系，都影响着最终超级铁精矿的品位和酸不溶物的含量。通过详尽的工艺矿物学研究和系统的分选试验，形成基于铁矿石工艺矿物学特性的超级铁精矿制备可行性评价体系，实现超级铁精矿原料的高效、快速、便捷筛选。

（2）铁矿物与脉石矿物高效解离技术开发。超级铁精矿制备过程中，铁矿物与脉石矿物解离十分关键。铁矿物的欠磨和过磨都不利于超级铁精矿的制备，欠磨导致脉石和铁矿物连生体增加；过磨一方面导致物料粒度超出物理选矿设备分选的下限，降低分选效率，另一方面会导致物料的表面积增大，团聚及细颗粒表面罩盖不利于杂质的去除。从铁矿物与脉石矿物晶体间结合关系着手，研究矿物颗粒的力学响应行为，揭示矿物颗粒破碎与受力之间的作用规律，为铁矿物高效解离工艺优化提供指导。依据矿物颗粒力学响应规律，本项目采用以研磨作用为主的搅拌磨磨矿技术，并对其工艺进行优化，实现了铁精矿的窄级别粉磨。

（3）复合力场磁选新技术与装备。复合力场的分选有利于剔除脉石颗粒，确保超级铁精矿的品位。研究矿物颗粒在磁力场、重力场、流体力场中的受力情况和运动状态，建立矿物颗粒在复合力场中的运动轨迹方程，据此设计出包含三种力场的新型磁选设备，并对其选别工艺进行优化，开发出超级铁精矿复合力场分离技术与装备。

（4）新型常温高效浮选药剂研发。浮选是超级铁精矿制备最为关键的环节，是超级铁精矿产品质量稳定性的可靠保证。从矿物颗粒表面悬键和药剂分子作用基团入手，研究药剂分子与矿物表面的作用规律，设计新型药剂的分子结构，结合浮选性能对分子结构进行优化，最终研制出了针对性强、低温捕收效果好、无毒、可降解、绿色浮选药剂。

（5）超级铁精矿高效绿色生产工艺优化及工业化实施。将铁精矿工艺矿物学特性、窄级别磨矿技术、复合力场分选新装备及新型常温浮选药剂等研究成果有机结合，建立最佳流程结构优化机制以及流程参数调控机制，最终形成超级铁精矿高效绿色生产工艺与装备集成体系，实现高品质铁精矿的高效化、稳定化、绿色化生产。

5.2.2.2 洁净钢基料高效绿色制备技术

超级铁精矿虽然经过深度提质，其中仍然含有一定量的非铁元素，还原过程中控制非铁元素的还原对于保证产品质量至关重要。如采用高炉工艺对其进行冶炼，冶炼过程中铁氧化物还原的同时杂质元素的氧化物也会被还原并进入铁液，导致高炉铁水中混入 C、Si、P、S、Mn、Cr、Cu、Ni 等杂质元素。这些杂质元素可以通过铁水脱杂、钢水精炼等工艺加以去除，然而脱除工艺复杂，极大地增加了生产成本。直接还原工艺在低温、不熔化、不造渣的条件下进行，可以实现精矿中铁氧化物的选择性还原，还原产品中杂质仍以氧化物状态存在，通过简单的熔炼即可将其去除。因此，以超级铁精矿为原料，直接还原-熔炼技术是制备洁净钢基料的最佳途径。依据超级铁精矿自身特性及还原铁品质要求，开展如下关键技术的研发：

（1）超级铁精矿选择性还原冶金物理化学基础。重点阐明还原过程中铁矿物及杂质成分的热力学和动力学等关键科学问题，是实现超级铁精矿高品质选择性还原的前提基础。依据超级铁精矿物质组成，进行详尽的热力学计算与模拟，查明各物质还原反应发生的热力学条件及规律，为选择性还原奠定热力学基础。开展超级铁精矿选择性还原动力学研究，探明还原剂种类、还原温度、时间等条件对还原动力学、微观结构及物相演化的影响规律，揭示超级铁精矿还原反应过程及机理，确定限制性环节，建立动力学方程，为铁精矿高效还原提供指导。研究还原剂组分在还原生成的金属铁中的渗入及富集行为，确定其赋存状态，揭示富集路径及过程，建立动力学模型，形成还原剂组分在还原铁中富集的调控机制。

（2）超级铁精矿高效选择性还原技术。基于超级铁精矿还原热力学和动力学规律，开发超级铁精矿选择性高效还原技术。研究黏结剂成分在还原过程中的分解及其对还原产品的污染规律，研制新型的还原后无残留黏结剂。研究还原过程中热量传输规律，构建传热数学模型，对还原设备进行优化。研究还原过程中物料的黏性变化规律、黏结相的形成及生长机理，建立物料黏滞性调控机制。研究还原温度、还原时间、还原剂种类及用量等条件对还原产品品质的影响规律，确定适宜的选择性还原工艺参数。依据上述基础研究，在实验室开展还原实验，建立超级铁精矿选择性还原实验系统，制备出金属化率大于95%、TFe 含量大于98%的还原铁粉。

（3）高效除杂低碳熔炼技术。超级铁精矿还原铁中仍然含有少量的铁氧化物及杂质成分，需要进一步熔炼除杂才能制备出 TFe 含量大于99.90%的洁净钢基料。根据还原铁中杂质种类选取熔炼渣系组成，研究杂质组分向熔渣中的迁移规律，对熔渣及熔炼工艺进行优化，形成高效无污染熔炼除杂技术。在熔炼过程中，炉衬与金属铁可能发生化学反应，炉衬组分渗入金属铁中，进而增加金属铁的杂质含量。为解决这一问题，开展金属铁与炉衬材料之间相互作用规律的研究，选择适宜的炉衬材质及熔炼条件，形成炉衬污染的控制理论和技术。在实验室建立还原铁粉高效除杂低碳熔炼体系，对熔炼技术及熔炼炉衬进行整体优化，制备出 TFe 含量大于99.50%的洁净钢基料。

5.2.3 研究技术路线与实施方案

选取我国典型的铁精矿为研究对象，以原料的基本物理化学特性为基础，围绕铁精矿深度提质、超级铁精矿选择性还原、直接还原铁熔炼技术中的关键科学问题开展研究工作，研发出铁矿物高效解离、常温绿色高效浮选、高效选择性还原、直接还原铁无污染熔炼等一系列关键技术，开发出低成本、高品质、绿色化的基于杂质源头控制的"铁精矿深度提质—选择性还原低碳熔炼"一体化技术与装备，生产出可用于冶炼洁净钢的原料。项目具体实施方案如下：

（1）工艺矿物学研究：以我国大型铁矿选矿厂生产的铁精矿为研究对象，通过化学分析、光学显微镜、EPMA、XRD、FSEM-EDS 等分析手段研究化学组成、矿物组成、微观形貌、结晶粒度、晶体结构特征，重点查明铁矿物与脉石矿物之间的嵌布特征，根据工艺矿物学特性制定相应的铁精矿深度除杂选矿工艺原则流程。

（2）高效磨矿技术开发：采用岩石破裂过程软件 RFPA^{3D} 对矿物颗粒在外力作用下的塑性、蠕变、膨胀等力学响应行为模拟计算；基于离散元方法建立矿物颗粒随机解离模型，分析表征颗粒的各向异性力学特性，在此基础上分析力学各向异性对矿物颗粒变形、破坏的影响规律；根据矿物颗粒的受力粉碎规律，对磨矿形式、介质尺寸、形状等条件进行设计优化，实现铁精矿窄级别粉磨。

（3）复合力场磁选设备研发：采用 Fluent 软件对重力场、磁力场、流体力场三场叠加作用下各种矿物颗粒的受力状态及运动状态进行模拟，分析力场作用强度、作用深度、叠加形式等参数对颗粒运动的影响规律，建立颗粒复合力场运动模型，据此设计新型磁选设备的分选空间，研发出复合力场磁选装备，如图 5-38 所示。

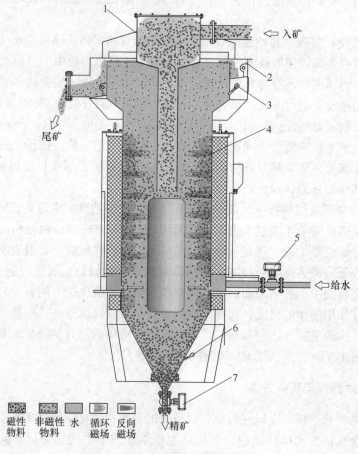

图 5-38 复合力场磁选装备示意图

1—给矿槽；2—溢流槽；3—溢流传感器；4—选别筒；
5—自动给水阀；6—精矿传感器；7—自动精矿阀

（4）常温浮选药剂研制：运用 Materials Studio 软件对矿物晶体结构、表面组成、表面能、表面悬键进行模拟计算；基于晶体表面性质计算结果，以脂肪酸为基体，通过在其 α 位碳原子引入 Cl、Br、胺基等原子或基团的方法设计新型药剂的分子结构，并采用 Materials Studio 软件计算模拟新型药剂在矿物表面的作用过程，通过差分电子密度分析二者作用强弱及药剂选择性，对药剂分子进行优化；在实验室合成出新型药剂，对其溶解性、常温捕收性能、毒性等进行检测，据此对药剂分子进一步优化，最终确定常温药剂的分子结构及合成工艺。

（5）超级铁精矿制备技术体系：将上述研发的新技术、新设备、新产品用于普通铁精矿的深度提质，基于典型铁精矿的工艺矿物学性质，对分选工艺流程进行组合优化，针对不同种类铁精矿确定最佳制备超级铁精矿的技术，建立以我国普通铁精矿为原料的超级铁精矿制备技术体系数据库，为超级铁精矿的高效、快速制备提供技术支撑。

（6）选择性还原热力学和动力学研究：依据超级铁精矿的物质组成，采用 FactSage 热力学软件进行各种组分反应特性的热力学计算和平衡相组成分析，确定各反应发生的热力学条件；采用恒温和程序升温两种热分析技术进行超级铁精矿还原动力学研究，确定铁矿物反应历程、各反应阶段的动力学方程和动力学参数，确定反应的限制环节。

（7）高效选择性还原技术：采用 TG、XRD、EPMA 等检测技术对黏结剂组分在还原过程中的分解及转化规律进行研究，同时分析还原后黏结剂残留程度及对还原产品的污染程度；采用软件对还原过程中的热量传输进行模拟分析；采用 FESEM-EDS 研究超级铁精矿压块还原过程中物料间粘连变化规律和粘结相的形成及作用机理，形成物料粘连调控机制；依据上述结果，对选择性还原技术进行优化，确定选择性还原工艺的最佳参数范围。

（8）熔炼过程外源杂质控制理论及技术：利用 SEM-EDS、EPMA 等先进检测技术分析还原铁粉中杂质组分在熔渣中和熔渣组分在金属铁中的富集迁移规律，通过优化渣系组成及熔炼条件最大限度地去除还原铁粉中的杂质组分，并消除熔渣组分对金属铁的污染；分析熔炼过程中炉衬组分与金属铁发生化学作用的可能性，查明炉衬组分在金属铁中渗透的行为规律，据此选择最适宜的炉衬材质，防止炉衬材质对金属铁造成污染。

（9）"铁精矿深度提质—高效选择性还原低碳熔炼"一体化技术优化：基于上述研究，对超级铁精矿制备、还原、熔炼技术进行整体优化和开发，在实验室建立"铁精矿深度提质—高效选择性还原低碳熔炼"试验系统，并针对各流程工艺条件开展试验，确定适宜的工艺参数；在实验室试验基础上，开发建立半工业试验系统，并进行半工业试验，为超级铁精矿和洁净钢基料制备技术的工业化推广提供技术原型。

5.2.4　研究计划

在上述原有相关技术研究与开发基础上，计划使用 4 年时间完成超级铁精矿和洁净钢基料高效绿色制备技术及装备开发。

（1）2014 年：完成工艺矿物学特性、矿物高效解离技术、复合力场磁选设备、常温特效浮选药剂的研究与开发，初步集成超级铁精矿高效绿色制备技术体系，建立实验室及半工业试验系统，提出超级铁精矿质量标准。

（2）2015 年：开发超级铁精矿高效选择性还原技术，研制新型无残留黏结剂，进行还原过程中物料间黏结优化控制，提出超级铁精矿高效选择性还原工艺参数，研发还原铁粉低碳熔炼技术，获得适宜的熔炼渣系、炉衬材质及熔炼工艺参数，建立实验室还原—熔炼系统。

（3）2016 年：整体上进一步完善优化超级铁精矿和洁净钢基料制备理论、技术和装备体系，形成"铁精矿深度提质—高效选择性还原低碳熔炼"一体化技术与试验系统，进行从原料（普通铁精矿）到产品（洁净钢基料）的连续性试验。

（4）2017 年：实施超级铁精矿和洁净钢基料制备半工业规模试验和工艺完善及应用，建成年产 2 万吨的洁净钢基料工业化示范生产线，批量生产 TFe 含量大于 99.90% 的洁净钢基料。

5.2.5 研究进展

本研究选取招金有色宝华矿业生产的普通铁精矿为原料开展了超级铁精矿绿色制备技术研究。首先，对铁精矿的工艺矿物学特性进行系统分析，以期为铁精矿的深度提质奠定矿物学基础；在此基础上进行铁精矿实验室小型分选试验研究，确定适宜的选别工艺和流程；然后组建扩大连续试验系统，进行铁精矿分选扩大连续试验，为超级铁精矿制备技术的工业化提供支撑。

5.2.5.1 铁精矿工艺矿物学特性

为了确定利用普通铁精矿制备超级铁精矿的适宜工艺，对该铁精矿进行了工艺矿物学特性研究。研究内容包括：矿石化学组成、矿物组成及相对含量、主要矿物的特征、主要矿物的解离度、回收矿物连生体的结合特征和主要矿物的粒度统计。

A 化学成分分析

铁精矿的光谱半定量分析和化学多元素分析结果见表 5-16 和表 5-17。结果表明矿石中主要元素为 Fe、Si、Mg、Al、Ca 等，其中 Fe 为主要回收元素。主要回收成分 TFe 品位为 66.33%；主要脉石成分为 SiO_2，含量为 5.95%；杂质成分 CaO、MgO、Al_2O_3 含量较低，分别为 0.42%、0.52% 和 0.42%。

表 5-16 原矿光谱半定量分析 （%）

成分	Fe_2O_3	SiO_2	MgO	Al_2O_3	CaO	SO_3
含量	86.3235	10.8475	0.9292	0.6894	0.6839	0.1718
成分	P_2O_5	Na_2O	TiO_2	MnO	K_2O	
含量	0.1183	0.0875	0.0695	0.0433	0.0362	

表 5-17 原矿化学多元素分析 （%）

成分	TFe	FeO	SiO_2	Al_2O_3	CaO	MgO	S	P
含量	66.33	29.57	5.95	0.42	0.42	0.52	0.069	0.019

B 矿物组成及含量

铁精矿 XRD 图谱如图 5-39 所示，由图 5-39 可以发现铁精矿中主要含铁矿物为磁铁矿，主要脉石矿物为石英和铁闪石。

为确定铁精矿的矿物组成，采用光学显微镜进行观察，各矿物相对含量见表 5-18。由表 5-18 可知，该铁精矿的矿物组成较为复杂，金属矿物主要为铁矿物和微量的黄铜矿；铁矿物主要为磁铁矿，含量为 87.76%，另有少量赤铁矿、褐铁矿及黄铁矿；非金属矿物含量为 11.70%。

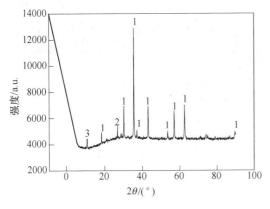

图 5-39 铁精矿 XRD 图谱

1—Fe_3O_4；2—SiO_2；3—$Mg_2Fe_5Si_8O_{22}(OH)_2$

表 5-18 矿物组成及含量统计结果

（%）

矿物名称	含量
磁铁矿	87.76
赤铁矿	0.23
黄铁矿	0.21
褐铁矿	0.10
黄铜矿	微量
非金属矿物	11.70
合计	100.00

铁精矿的化学物相分析结果见表 5-19，结果表明铁精矿中铁主要赋存于磁铁矿中，分布率为 96.13%，而菱铁矿、赤褐铁矿、硫化铁、硅酸铁的含量相对较少。

表 5-19 铁精矿的化学物相分析结果

（%）

铁元素存在的相	磁性铁中的	碳酸铁中的	氧化铁中的	硫化铁中的	硅酸铁中的	总铁
铁含量	64.28	0.58	0.52	0.19	1.30	66.87
铁分布率	96.13	0.87	0.78	0.28	1.94	100.00

C 主要矿物产出特征

a 金属矿物

铁精矿中主要金属矿物为磁铁矿，磁铁矿的粒度较细，超过半数磁铁矿颗粒小于 0.037mm。铁精矿中磁铁矿单体解离度较高，绝大部分以单体形式存在（图 5-40）。少量磁铁矿与非金属矿物结合形成连生体，且多为贫连生体（图 5-41、图 5-42）。也有磁铁矿与黄铁矿等结合形成连生体，但含量很少（图 5-43）。磁铁矿与非金属矿物结合的连生体主要为毗连型（图 5-41）和包裹型（图 5-42）连生体。

图 5-40 磁铁矿（Mt）和非金属矿物（G）单体

图 5-41 磁铁矿（Mt）与非金属矿物（G）结合形成连生体（毗连型）

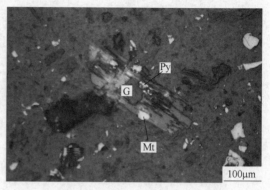

图 5-42   磁铁矿（Mt）与非金属矿物（G）
结合形成连生体（包裹型）

图 5-43   磁铁矿（Mt）与黄铁矿
（Py）结合形成连生体

b   脉石矿物

脉石矿物主要指非金属矿物，其粒度相对较粗，约有一半数量的脉石矿物颗粒粒度大于 0.053mm。脉石矿物的单体解离度较低，连生体主要为与磁铁矿结合形成的连生体，因此磁铁矿与脉石矿物的分离是进一步提高铁精矿品位的关键。脉石矿物主要以毗连型和包裹型与磁铁矿结合形成连生体（图 5-41 和图 5-42）。

D   主要矿物解离情况

磁铁矿为铁精矿中主要铁矿物，非金属矿物为铁精矿中的主要杂质矿物。磁铁矿和非金属矿物的单体解离度和连生情况的考查结果对提纯除杂工作具有重要的指导意义，为此对磁铁矿和非金属矿物的解离情况进行考查，结果如表 5-20 和表 5-21 所示。

表 5-20   磁铁矿解离情况考查结果   （%）

嵌 布 关 系	含 量
Mt	91.77
Mt-G	7.90
Mt-Ht-G	0.13
Mt-Py-G	0.2
合 计	100.00

注：Mt—磁铁矿；Ht—赤铁矿；Py—黄铁矿；G—非金属矿物。

表 5-21   非金属矿物解离情况考查结果   （%）

嵌 布 关 系	含 量
G	57.03
G-Mt	42.58
G-Mt-Py	0.21
G-Mt-Ht	0.18
合 计	100.00

注：Mt—磁铁矿；Ht—赤铁矿；Py—黄铁矿；G—非金属矿物。

由表 5-20 可知，磁铁矿的单体解离度为 91.77%，磁铁矿的连生体主要为磁铁矿与非金属矿物结合形成的连生体含量为 8.23%，磁铁矿与黄铁矿等结合形成的连生体含量很少。由表 5-21 可知，非金属矿物的单体解离度较低，为 57.03%，非金属矿物与磁铁矿结合形成的连生体含量合计为 42.97%，可见以单体和连生体混入铁精矿中的非金属矿物数量差异不大，要除去非金属矿物须进一步细磨和分选。

E　主要矿物浸染粒度

对铁精矿中磁铁矿和非金属矿物进行粒度测定，结果如表 5-22 和表 5-23 所示。因铁精矿为铁矿石经破碎、研磨、分选后的产品，因此，磁铁矿粒度统计结果不代表原矿石中矿物结晶粒度情况。

表 5-22　磁铁矿粒度统计结果

粒级/mm	+0.074	−0.074 +0.053	−0.053 +0.037	−0.037 +0.01	−0.01
分布率/%	7.05	12.27	23.11	43.21	14.36
累计/%		19.32	42.43	85.64	100.00

表 5-23　非金属矿物粒度统计结果

粒级/mm	+0.074	−0.074 +0.053	−0.053 +0.037	−0.037 +0.01	−0.01
分布率/%	39.68	12.70	22.54	21.90	3.18
累计/%		52.38	74.92	96.82	100.00

由表 5-22 可知，大部分磁铁矿颗粒分布在 0.074mm 以下粒级中，在 0.037mm 以下粒级中的分布率为 57.57%，其中在 0.01mm 以下粒级中的分布率为 14.36%，可见磁铁矿粒度微细。由表 5-23 可知，非金属矿物在 0.074mm 以上的分布率为 39.68%，在 0.037mm 以下的分布率为 25.08%，非金属矿物的粒度以中细粒分布为主。

F　试验用铁精矿的特点

工艺矿物学研究结果表明，该铁精矿主要有以下几个特点：

（1）金属矿物主要为磁铁矿，其他金属矿物有赤铁矿、黄铁矿、褐铁矿等。矿石中的主要回收矿物为磁铁矿，主要杂质矿物为石英等非金属矿物。

（2）磁铁矿的单体解离度高，为 91.77%，连生体主要为磁铁矿与非金属矿物结合形成的连生体。非金属矿物的单体解离度较低，为 57.03%，连生体主要为与磁铁矿结合形成的连生体，较多非金属矿物以连生体形式混入铁精矿，要除去这部分非金属矿物须进一步细磨和分选。

（3）磁铁矿与非金属矿物的主要结合类型为毗连型和包裹型，微细粒包裹型连生体对铁的选矿影响较大，即使细磨也难以解离。

（4）磁铁矿的粒度较细，在 0.037mm 以下粒级中分布率较高，其中在 0.01mm 以下粒级中的分布率为 14.36%；非金属矿物的粒度以中细粒分布为主。

5.2.5.2　铁精矿深度分选试验研究

A　预先抛尾试验

为获得超级铁精矿，首先对铁精矿进行预先抛尾，得到预选精矿和预选尾矿。试验结果如表5-24所示。由表5-24可知，给矿经预先抛尾处理后得到了铁品位为68.19%、回收率为97.35%的预选精矿。

表5-24 预先抛尾试验结果 （%）

产品名称	总产率	铁品位	总回收率
预选精矿	93.80	68.19	97.35
预选尾矿	6.20	28.11	2.65
合 计	100.00	65.70	100.00

B 一段磨矿-弱磁-精选试验

采用一段磨矿-弱磁-精选的流程制备一段精矿，为后续试验提供样品。其中，一段磨矿细度为 -0.043mm 占98.68%。试验结果如表5-25所示。由表5-25可知，经过磨矿-弱磁-精选处理后，铁精矿的品位提高到71.81%，达到了超级铁精矿对铁品位的要求。然而，精矿中 SiO_2 的含量为0.70%，酸不溶物含量为0.56%，远高于超级铁精矿对 SiO_2 含量的要求。因此，仍需对其进行进一步分选处理。

表5-25 一段磨矿-弱磁-精选试验结果 （%）

磨矿细度	产品名称	总产率	铁品位	总回收率	SiO_2含量	酸不溶物含量
-0.043mm 占98.68%	精选精矿	86.64	71.81	94.22	0.70	0.56
	精选中矿	0.81	61.88	0.76		
	弱磁尾矿	6.35	24.64	2.36		
	预选尾矿	6.20	28.11	2.66		
	合 计	100.00	65.70	100.00		

C 二段磨矿细度-弱磁-精选试验

a 二段磨矿细度试验

采用预先抛尾-阶段磨矿-阶段选别工艺流程进行选别。将一段磁选精矿进行二段磨矿-精选试验，考察不同二段磨矿细度对精选指标的影响，试验结果如表5-26所示。

表5-26 二段磨矿细度-弱磁-精选试验结果 （%）

细度（-0.030mm）	产品名称	总产率	铁品位	总回收率	SiO_2含量	酸不溶物含量
78.95	精选精矿	84.11	71.81	91.58	0.39	0.28
	二段精选中矿	2.53	68.90	2.64		
	合 计	86.64	71.73	94.22		
87.79	精选精矿	83.33	71.97	90.76	0.37	0.21
	二段精选中矿	3.31	69.00	3.46		
	合 计	86.64	71.86	94.22		
92.05	精选精矿	83.10	71.87	90.50	0.33	0.20
	二段精选中矿	3.54	69.34	3.72		
	合 计	86.64	71.77	94.22		
94.27	精选精矿	83.28	71.92	90.65	0.34	0.20
	二段精选中矿	3.36	70.24	3.57		
	合 计	86.64	71.85	94.22		

由表5-26可知，随着磨矿细度的提高，精矿铁品位逐渐提高，精矿中二氧化硅含量、酸不溶物含量逐渐降低。当二段磨矿细度 −0.030mm 占 92.05% 时，精矿铁品位为71.87%，酸不溶物含量为0.20%，SiO_2 含量为0.33%。由此确定适宜的二段磨矿细度为 −0.030mm 占 92.05%。考虑精矿中 SiO_2 含量仍然超标，因此，对二段精选精矿进行反浮选脱硅试验。

b 反浮选脱硅试验

在预先抛尾-阶段磨矿-阶段选别流程基础上增加反浮选作业，捕收剂选用 YS-3，用量分别为100g/t、200g/t、300g/t，在磨矿细度为 −0.030mm 占 92.05% 条件下考察反浮选捕收剂用量对分选指标的影响。试验结果如表5-27所示。

表5-27 反浮选脱硅试验结果

YS-3 用量 /g·t⁻¹	产品名称	总产率 /%	铁品位 /%	总回收率 /%	SiO_2 含量 /%	Al_2O_3 含量 /%	酸不溶物含量 /%
300	反浮选精矿	42.83	72.28	46.82	0.30	0.14	0.18
	反浮选尾矿	40.27	71.68	43.68			
	合计	83.10	71.99	90.50			
200	反浮选精矿	58.59	71.88	63.98	0.30	0.15	0.19
	反浮选尾矿	24.51	71.17	26.52			
	合计	83.10	71.67	90.50			
100	反浮选精矿	77.73	71.81	84.70	0.35	0.15	0.19
	反浮选尾矿	5.37	71.30	5.80			
	合计	83.10	71.78	90.50			

由表5-27可知，随着捕收剂用量的增加，反浮选精矿铁品位逐渐提高，精矿中 SiO_2 含量、酸不溶物含量逐渐降低。捕收剂用量为100g/t时，铁精矿品位虽较高，但 SiO_2 含量为0.35%；当捕收剂用量为200g/t时，精矿铁品位为71.88%、回收率为63.98%、酸不溶物含量为0.19%、SiO_2 含量为0.30%，已达到超级铁精矿合格品级的要求。对该超级铁精矿进行多元素分析，结果如表5-28所示。由表5-28可知，最终制备的超级铁精矿各项指标均已符合标准。

表5-28 超级铁精矿多元素分析结果

TFe 含量 /%	CaO 含量 /%	MgO 含量 /g·t⁻¹	SiO_2 含量 /%	Al_2O_3 含量 /%	S 含量 /%	P 含量 /%	K 含量 /g·t⁻¹
72.05	0.024	80	0.30	0.15	0.0092	0.0020	61

Na 含量 /g·t⁻¹	TiO_2 含量 /%	Mn 含量 /g·t⁻¹	Cu 含量 /g·t⁻¹	Pb 含量 /g·t⁻¹	Zn 含量 /g·t⁻¹	酸不溶物含量 /%
72	0.032	50	2.5	12	24	0.19

D 实验室推荐工艺流程

根据实验室分选试验研究结果，最终推荐超级铁精矿的制备流程为：电磁精选机预先抛尾-阶段磨矿-阶段磁选-二段磁选精矿反浮选脱硅流程,工艺流程如图 5-44 所示,推荐流程最终试验结果如表 5-29 所示。

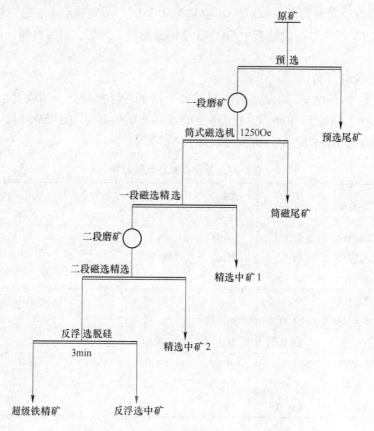

图 5-44   预先抛尾-阶段磨矿-阶段选别-反浮选试验流程

表 5-29   预先抛尾-阶段磨矿-阶段选别-反浮选试验结果 （%）

磨矿细度	产品名称	总产率	铁品位	总回收率
一段磨矿 −0.038mm 占 92.29% 二段磨矿 −0.030mm 占 92.05%	超级铁精矿	58.59	71.88	63.98
	反浮选中矿	24.51	71.17	26.52
	精选中矿 2	3.54	69.34	3.72
	精选中矿 1	0.81	61.88	0.76
	筒式弱磁尾矿	6.35	24.64	2.36
	预选尾矿	6.20	28.11	2.65
	合 计	100.00	65.82	100.00

由表 5-29 可见,采用推荐流程在最佳工艺条件下,可获得品位为 71.88%、回收率为 63.98% 的超级铁精矿,精矿中 SiO_2 含量为 0.30%,酸不溶物含量为 0.19%,其他杂质含量极低,均满足要求。

推荐流程的最终数质量流程图如图 5-45 所示。

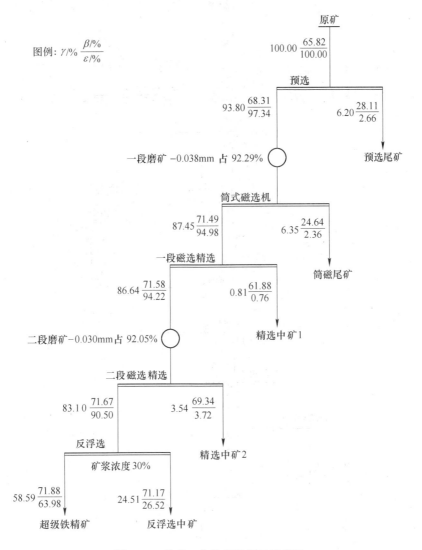

图 5-45 推荐工艺流程数质量流程图

5.2.5.3 铁精矿分选扩大连续试验

根据实验室研究结果,研究团队于 2015 年 4 月 7 日至 4 月 14 日,针对招金集团普通铁精矿,建成了超级铁精矿制备连续试验生产线,并完成了超级铁精矿选别扩大试验。超级铁精矿制备扩大连续试验稳定运行 84h,共计处理普通铁精矿 2.65t,生产出符合质量要求的超级铁精矿 630kg。

A 扩大连续试验流程及设备

扩大连续试验流程如图 5-46 所示。为考察试验流程的稳定性,在试验过程中共设计 22 个取样点(图 5-46),当系统稳定后每隔 1h 进行取样和检测,以检测和评定连续分选扩大试验结果及流程稳定性。试验连续实行 2 班制,每班工作 12h。

根据实验流程对扩大连续试验采用的主要设备进行了选型,如表 5-30 所示,设备外形如图 5-47~图 5-52 所示。

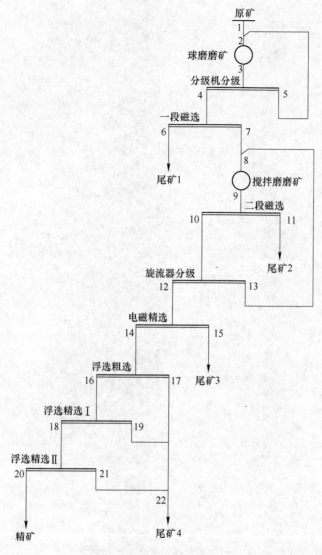

图 5-46　扩大连续试验流程图

表 5-30　主要设备参数表

名　称	型　号	规　格	功率/kW	厂　家
格子球磨机	XMQL420×450	ϕ420mm×450mm	2.12	武汉探矿机械厂
浓缩磁选机	NCT500×600	ϕ500mm×600mm	5.5	沈阳隆基电磁科技股份有限公司
鼓型磁选机	XCRS500×600	ϕ500mm×600mm	0.25	沈阳隆基电磁科技股份有限公司
立式砂浆泵	XBSL	486mm×280mm×465mm	0.75	武汉洛克粉磨设备制造有限公司
磁悬浮精选机	LJC207	ϕ207mm	2	沈阳隆基电磁科技股份有限公司
恒磁场脱磁器	LTC75×900	ϕ75mm×900mm	1.6	沈阳隆基电磁科技股份有限公司
搅拌桶	XJT30	30L	0.75	武汉洛克粉磨设备制造有限公司
搅拌桶	XJT50	50L	0.75	武汉洛克粉磨设备制造有限公司
连续浮选机	FX-7	7L	0.37	武汉探矿机械厂
搅拌磨	WHTM-50	50L	5.5	辽宁五寰科技发展有限公司

图 5-47　一段球磨分级系统

图 5-48　搅拌磨机

图 5-49　一段磁选设备

图 5-50　二段磁选设备

图 5-51　磁悬浮精选机

图 5-52　旋流器分级设备

B 扩大连续分选试验结果

扩大连续分选试验给矿量为 31.5kg/h，每间隔 1h 进行取样分析，并于 2015 年 4 月 11 日 10：30 和 13：40 分别进行了流程考察。试验结果表明，扩大连续试验设备及流程运行平稳，易于操作控制，指标稳定。

最终超级铁精矿产品的化学多元素分析结果见表 5-31。由表 5-31 可见，生产出的超级铁精矿 TFe 品位高达 72.32%，酸不溶物含量为 0.18%，SiO$_2$ 含量为 0.20%，达到了超级铁精矿的质量标准。表明通过该工艺流程可将品位为 67% 的普通铁精矿制备成为超级铁精矿。超级铁精矿制备扩大连续试验数质量流程图见图 5-53。

表 5-31 超级铁精矿化学多元素分析结果 （%）

成分	TFe	SiO$_2$	Al$_2$O$_3$	CaO	MgO	TiO$_2$	S	P
含量	72.32	0.20	0.095	0.0022	未检测	0.068	0.0029	0.002
成分	K	Na	Mn	Cu	Pb	Zn	酸不溶物	
含量	0.003	0.009	0.008	0.001	<0.001	0.001	0.18	

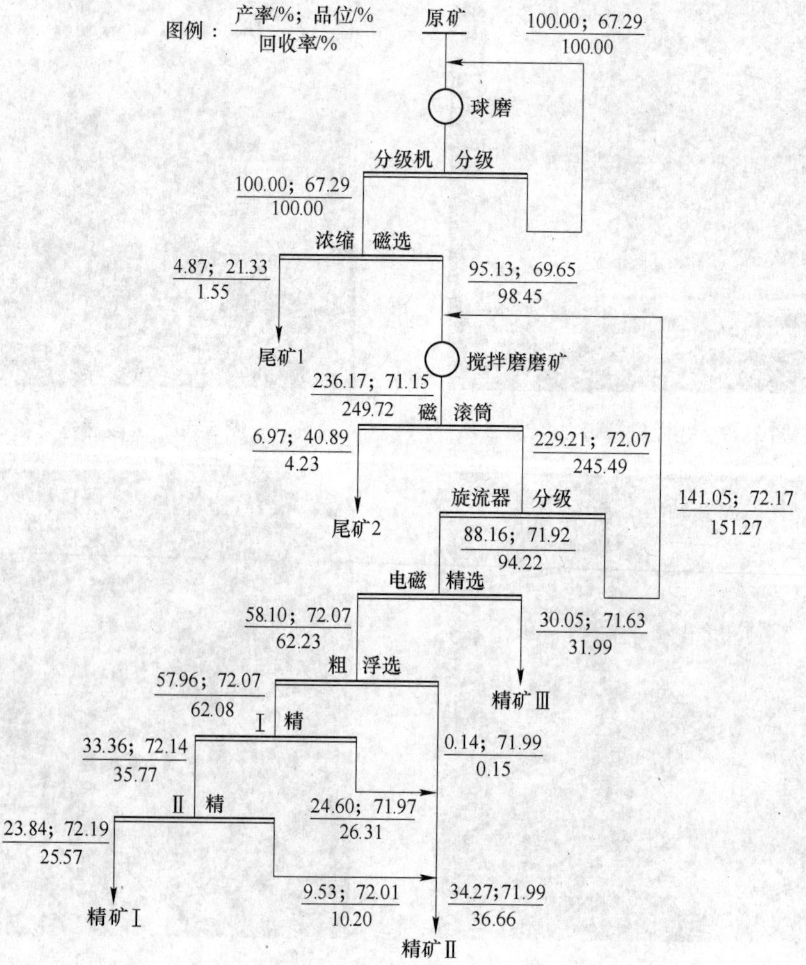

图 5-53 超级铁精矿制备数质量流程图

对最终制备出的超级铁精矿进行了沉降试验，考虑到浮选浓度为 30%~40%，将沉降试验的矿浆浓度设为 40%。由于超级铁精矿的密度相对较大，因此在室温条件下不添加任何凝聚剂和絮凝剂时，测定了沉降高度与沉降时间的变化关系，试验结果如图 5-54 所示。由图 5-54 可知，在 20min 以内时，随着沉降时间的延长，澄清层的高度变化较明显；当沉降时间超过 60min 以后，澄清层高度变化基本平稳；沉降时间增至 180min 时，澄清层高度为 126mm。

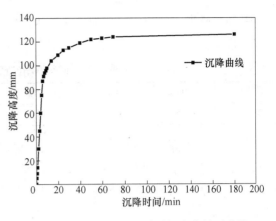

图 5-54　沉降高度随沉降时间变化关系曲线

C　讨论

上述试验结果是利用实验室连续试验系统获得的，从试验结果来看，最终精矿的质量合格，具有代表性；然而，最终超级铁精矿产率偏低，主要原因如下：

（1）本次试验的目的重点是考察以普通铁精矿制备超级铁精矿的可行性，制备出合格的超级铁精矿样品，为后续洁净钢基料制备提供原料，因此制定试验方案时，要优先保证产品质量。

（2）实际生产中的最佳产率，是在流程设计与优化的基础上，将各个作业均调整到最佳状态下获得的，实验室的连选设备很难同时调整到最佳工作状态。

根据实验室扩大连续试验结果及相关企业的生产实践，按照试验用普通铁精矿的性质，未来生产实践中，如果选矿厂流程设计合理，最终超级精矿的产率将大于 60%。

D　分选技术经济分析

按照年处理铁精矿 10 万吨、超级铁精矿产率为 58.79%（按照实验室小型试验结果计算），对普通铁精矿制备超级铁精矿的工艺进行了初步的成本分析，结果如下：

（1）电耗：24 元/吨原矿。

（2）水耗：6 元/吨原矿。

（3）药剂：2 元/吨原矿。

（4）备件：5 元/吨原矿。

（5）人工及其他：15 元/吨原矿。

因此，每处理 1 吨铁精矿的成本为 52 元，超级铁精矿的生产成本为 52/0.5879 = 88 元/吨精矿。

5.2.5.4　超级铁精矿直接还原探索性试验

为考察超级铁精矿制备洁净钢基料的可行性，以生产的超级铁精矿为原料，在实验室开展了直接还原和熔炼探索性实验。直接还原采用的还原剂为煤粉，配碳方式为外配碳，还原温度 1150℃，还原时间 8h，压球还原，还原铁化学成分如表 5-32 所示。由表 5-32 可知，超级铁精矿经还原后，铁品位高达 99.27%，金属化率 99.83%，表明绝大部分铁氧化物还原为了金属铁；杂质元素 C、P、S 的含量较低，分别为 0.047%、0.0107%、

0.0045%。然而，获得的直接还原铁尚未满足工业纯铁的质量要求，需要对其进行进一步的熔炼除杂。

表 5-32   超级铁精矿直接还原铁化学成分

成分	TFe	MFe	酸不溶物	金属化率	C	S	P
含量/%	99.27	99.10	0.18	99.83	0.047	0.0107	0.0045

直接还原铁熔炼后，产品的化学组成如表 5-33 所示。由表 5-33 可知，直接还原铁经熔炼后，Fe 含量提高到 99.96%，杂质元素 C、P、S 的含量分别为 0.0023%、0.0024%、0.0048%，基本达到了超纯铁的质量要求。熔炼产品可用于生产洁净钢、磁性材料、高温合金、超硬材料等。

表 5-33   熔炼产品化学成分

成分	Fe	C	Si	Mn	P	S	Cr	Ni	Cu	Mo
含量/%	99.96	0.0023	0.0030	0.0023	0.0024	0.0048	0.0042	0.0043	0.0013	<0.0000

超级铁精矿直接还原-熔炼探索性试验表明，以普通铁精矿为原材料制备超级铁精矿，进而制备洁净钢基料是完全可行的。

5.2.6   结语

以普通铁精矿为原料制备具有高附加值的超级铁精矿和洁净钢基料，为洁净钢冶炼、粉末冶金、功能材料等行业提供原料，无论是在理论上还是在生产实践上均是可行的。然而，目前该技术的研究工作尚处于探索性研究阶段，关于铁精矿分选提质、超级铁精矿高效还原、还原铁熔炼等过程中的关键技术和理论研究相对较少。因此，今后应加强超级铁精矿和洁净钢基料绿色制备技术的基础研究，形成理论体系，同时积极开展实验室和半工业试验，为其工业化推广奠定理论基础和提供技术原型。

超级铁精矿和洁净钢基料绿色制备技术将填补国内外低品位磁铁矿至纯铁全流程绿色制备技术空白，解决了我国长期缺少高品位直接还原铁原料的难题，为我国发展钢铁短流程工艺奠定了原料基础。与传统高炉-转炉工艺相比吨钢 CO_2 排放量降低 70% 以上，且以非结焦煤为能源，研究成果环境效益突出。同时该技术为我国洁净钢基料的生产开辟了新的途径，对推动我国钢铁材料产品从中低端向中高端迈进，突破国外在国防、航天、航空及新能源等领域高端材料的封锁具有重要意义。我国辽宁、河北、山东、山西等地拥有丰富的优质磁铁矿资源，该技术经济、环境、社会效益良好，推广前景广阔。

5.3   复杂难选铁矿资源深度还原-高效分选技术

5.3.1   研究背景

矿产资源是国土资源的重要组成部分，是国民经济和社会发展的重要物质基础，对支撑国民经济的可持续发展，保障社会民生的安全运行具有不可替代的作用。在众多的矿产资源当中，铁矿资源是最为重要的战略性矿产资源之一。我国铁矿资源储量丰富，据《中国矿产资源报告（2015）》显示，截止到 2014 年底，我国铁矿石查明资源储量 843.4 亿吨，居世界第五位。然而，我国铁矿资源禀赋差，整体呈现出品位低、嵌布粒度细、组成复杂的特点，即通常说的"贫、细、杂"，致使 97% 以上的铁矿石需要经过破碎、磨矿、磁选、浮选等复杂的选矿工艺处理才能入炉冶炼。

钢铁作为一种重要的金属材料，广泛应用于建筑、机械、汽车、铁路、造船、轻工和家电等行业。钢铁工业是国民经济的基础产业，其发展水平成为一个国家综合实力的重要标志。近年来，国民经济的持续快速发展促进了我国钢铁行业的飞速发展，并由此使我国对生产钢铁所需原料——铁矿石的需求量大幅增加。由于我国优质铁矿资源匮乏、复杂难选铁矿石利用率低，致使国内铁矿石产量远远不能满足钢铁企业的需求，多数大型钢铁企业不得不大量进口铁矿石。2015 年我国进口铁矿石 9.53 亿吨，创历史新高，对外依存度首次突破 80%，中国钢铁工业的国际话语权和资源安全性进一步降低，这不仅对我国钢铁产业造成严重的影响，对国民经济的健康持续发展也构成了巨大的威胁。由此可见，铁矿石供应不足已成为伴随工业化、城镇化和现代化过程的一个重大现实问题，甚至成为制约国家经济发展的"瓶颈"。因此，加强国内复杂难选铁矿石高效开发利用研究，提高铁矿石自给率，具有重要的战略意义。

铁矿石供需矛盾的日益加剧，为我国铁矿资源（特别是复杂难选铁矿资源）的开发与利用带来了机遇。为提高我国铁矿石的自给率，摆脱国外矿业巨头的束缚，相关科研工作者围绕铁矿资源的高效利用开展了大量的研究工作，形成了许多新技术和新成果，集中体现在微细粒铁矿高效选别、矿石破碎与细磨、尾矿再利用、磁化焙烧-磁选、新型捕收剂研发等方面。尽管上述工作为我国铁矿资源开发利用提供了强有力的理论与技术保障，然而在我国复杂难选铁矿资源中约有上百亿吨铁矿石因铁矿物嵌布粒度极微细、矿物间嵌布关系密切、含有害元素 P 和 S、共伴生其他金属（如铝、铬、锡、锌）等因素导致采用传统选矿工艺和磁化焙烧技术也难以实现铁矿物的高效回收。例如，被公认的世界上最难选的鲕状赤铁矿就属于此类铁矿石。目前，该类铁矿资源尚未获得大规模工业化开发，利用率极低。因此，研发创新性工艺技术，实现该类铁矿资源的高效开发与利用具有重要的实际意义。

针对这种极难选铁矿资源的开发利用，东北大学韩跃新教授及其研究团队突破选矿-造块-高炉炼铁的传统理念，将矿物加工、冶金和冶金物理化学等多学科有机结合，提出了深度还原-磁选技术，即以粉煤为还原剂，在低于矿石熔化温度下将矿石中的铁矿物还原为金属铁，并通过调控促使金属铁聚集生长为一定粒度的铁颗粒（图 5-55），还原物料经高效分选获得金属铁粉。深度还原是介于"直接还原"和"熔融还原"之间的一种状态，该工艺包含铁氧化物还原和金属铁颗粒长大两个过程，其产品为不同于直接还原产品（DRI）和熔融还原产品（液态铁水）的金属铁粉（图 5-56）。此外，直接还原和熔融还原对原料要求较高，通常是高品位的块矿、铁精矿和氧化球团，故直接还原和熔融还原的主要反应是铁氧化物的还原反应。深度还原的原料是复杂难选铁矿石，原料成分复杂，还原过程不仅包含铁氧化物的还原及相变，还存在其他矿物的还原及矿物之间更复杂地反应。因此，深度还原技术与非高炉炼铁中的"直接还原"和"熔融还原"有本质的区别，应将其视为一个全新的学术概念加以对待。深度还原-磁选技术为我国复杂难选铁矿的开发利用开辟了全新途径。

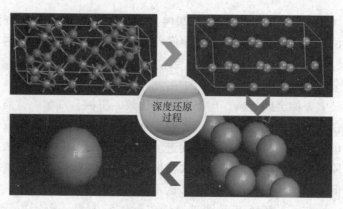

图 5-55 铁矿物还原-铁颗粒生长示意图

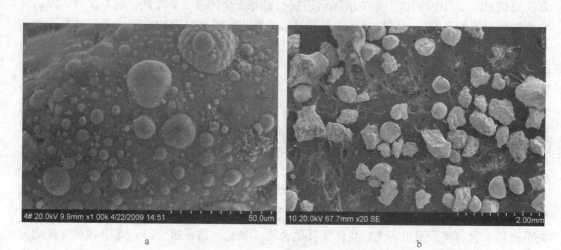

图 5-56 深度还原产品 SEM 图像

a—还原物料；b—磁选铁粉

近年来，在国家自然科学基金重点项目、科技部国际合作重点项目和科技部科技支撑计划项目的资助下，科研团队围绕深度还原过程中各种矿物反应热力学和动力学机制、有价及有害组元的迁移与分离等关键科学问题进行了系统的研究，揭示了矿物的转化过程及机制、金属相的聚集生长机理、有害元素 P 和 S 的富集迁移规律。在此基础上，针对鲕状赤铁矿、白云鄂博铁矿等多种复杂难选铁矿石开展了深度还原-磁选探索性研究。结果表明，在适宜的还原温度、还原时间、煤粉用量等还原条件下，可获得金属化率大于90%的还原物料，经磁选后可获得品位为85%~95%、回收率大于90%的深度还原铁粉，该铁粉可以作为炼钢原料。基于上述研究成果形成了深度还原-磁选技术及理论体系，为我国复杂难选铁矿的高效开发利用奠定了坚实基础。

5.3.2 关键共性技术内容

深度还原-磁选技术涉及矿物加工、冶金、冶金物理化学等多学科理论知识，深度还原过程则属复杂的多元多相化学反应及物质迁移体系，是矿物转化、组元迁移、结构演化等复杂物理化学过程的强烈耦合。深度还原处理旨在彻底改变铁矿物的赋存状态，使之转化为金属铁相，并生长为一定粒度，以便实现金属相与渣相的分离。对杂质含量高的低品位难选铁矿石直接进行还原，无论是在矿物加工还是冶金领域均是一项新的尝试。因此，研究矿石中铁矿物还原规律，实现铁矿物的高效还原，同时调控还原生成的金属铁相的生长是该技术首先要解决的关键问题。在深度还原过程中不仅有铁矿物的还原，其他矿物也有可能被还原，尤其是磷、硫矿物，极有可能还原为相应单质迁移进入金属相，严重影响还原铁粉的质量。因此，研究磷、硫矿物的反应行为，探明磷、硫元素的富集规律，实现其走向控制是该技术需要解决的第二个科学问题。深度还原-磁选的最终目的是获得可作为炼钢原料的高品位铁粉，这就需要对还原物料进行高效分选。而现有的分选技术处理对象多为铁矿物，对于金属铁相与渣相分离的研究未见报道。因此，针对还原物料特点，研发适用于深度还原物料的解离及磁选工艺，同时将选别指标与还原工艺相结合，形成选冶整体工艺系统是该技术应解决的又一关键问题。

针对深度还原-磁选技术所涉及的重大理论与关键技术问题开展深入系统的研究，以期为复杂难选铁矿深度还原技术的工业化奠定坚实的理论和应用基础。为此，需要重点解决以下关键技术难点。

5.3.2.1 深度还原过程的冶金物理化学基础

复杂难选铁矿石矿物组成复杂，不仅含有铁矿物，还有石英、绿泥石等脉石矿物，导致还原过程中不仅发生铁矿物的还原反应，必然还存在其他组分的还原反应及各种组分之间的化学反应。此外，脉石矿物对铁矿物的还原过程也会产生一定的影响。因此，首先应该针对深度还原过程中矿物反应的热力学行为进行分析，明确还原过程中可能发生的化学反应，并采用热力学计算软件对深度还原过程中物相组成进行计算模拟，建立复杂难选铁矿深度还原热力学分析体系。复杂难选铁矿组成及结构的复杂性使得其还原过程更为复杂，现有的动力学研究结果并不完全适于描述其还原过程。因此在热力学分析基础上，需要进行系统的深度还原动力学研究，揭示还原条件、矿物组成、矿石结构等因素对还原度及还原速率的影响规律，求解动力学机理函数及动力学参数，建立深度还原动力学数学模型，并确定限制性环节。复杂难选铁矿石还原过程中，组成矿物及矿石结构发生一系列变化，故还需要对深度还原不同阶段物料的工艺矿物学特性进行研究，查明还原过程中矿物的物相转化过程和矿石微观结构的演化规律，得出还原条件对物相组成及微观结构演变的作用规律，最终揭示深度还原过程中各种矿物微观及宏观结构的演变机制。基于上述热力学、动力学和还原机制的研究结果，建成复杂难选铁矿石深度还原冶金物理化学基础理论体系，为深度还原过程的优化提供理论支撑。

5.3.2.2 金属铁颗粒生长及调控机制

深度还原过程中铁矿物被还原剂还原为金属铁，只有当金属铁生长到一定粒度，才能实现金属铁相与渣相的良好解离，进而实现金属铁的磁选富集。因此，应重点揭示金属铁相的形成、聚集和生长过程，明确铁颗粒生成、长大规律，以期实现铁颗粒的粒度控制。首先，研究矿石的金属化过程，得出金属化率与还原工艺条件之间的内在关系；进而研究金属铁相的微观形貌，查清其存在形态；之后揭示金属铁颗粒的成核及聚集生长机制；然后结合金属铁相的存在形式提出适宜的铁颗粒粒度测量和表征方法，获得还原温度、还原时间、还原剂用量等工艺条件对铁颗粒粒度的影响规律；最终在丰富的试验数据基础上，确定金属铁颗粒生长的限制性环节，建立铁颗粒粒度与还原工艺参数之间的数学模型，并对模型进行验证和优化，实现金属铁颗粒粒度的预测。基于上述研究形成复杂难选铁矿石深度还原过程中金属铁颗粒粒度调控机制。

5.3.2.3　有害元素的富集与迁移规律

复杂难选铁矿石中有害元素 P、S 的含量往往较高，P 和 S 在矿石中主要分别以磷灰石和硫化矿物的形式存在。高温还原过程中，磷灰石和硫化矿物会发生还原反应，导致有害元素 P 和 S 在金属铁相中形成富集。这就造成还原铁粉中有害元素 P、S 含量偏高，严重影响铁粉的使用性能。故此，揭示有害元素 P、S 在还原过程中的富集迁移机理，研发 P、S 走向控制技术，是保证最终产品质量的关键。要实现有害元素走向调控首先要探明有害元素是如何进入金属铁中的。为此，需要从理论上研究分析深度还原过程中磷矿物和硫矿物的反应特性，二者与还原剂、其他矿物之间的界面行为及其矿物结构演变规律，还原工艺条件对铁矿石中磷矿物和硫矿物还原反应特性的影响规律，有害元素在还原物料中赋存状态及其在各相间的分布规律，P、S 在还原过程中富集迁移的路径及机理，富集迁移的限制性环节、影响因素和动力学模型。在工艺方面，基于有害元素富集迁移机制，通过添加抑制磷、硫矿物还原（或阻止 P、S 进入金属相）的添加剂和调整还原工艺相结合的方法，形成复杂难选铁矿石深度还原过程中有害元素 P、S 的走向调控技术。

5.3.2.4　物料与耐火材料粘连作用规律及控制技术

在深度还原过程中，尽管大多数矿物是高熔点的化合物，不可能熔化，但各种矿物之间、矿物与耐火材料之间以及新生的化合物与原组分之间存在低共熔点，使它们在较低的温度下可能发生固相反应，生成一定量的高强度黏结相，从而导致物料与耐火材料发生黏结。这将对深度还原技术的应用产生严重影响。为解决这一问题，应开展如下研究：物料体系内的各组分之间及新生的化合物与原组分之间生成高强度黏结相过程研究，深度还原物料与镁质、碳化硅质、尖晶石质及高铝质耐火材料之间相互作用规律的研究，控制物料与耐火材料粘连的技术基础研究。通过上述研究，研发出能够有效防止与还原物料粘连的耐火材料，为深度还原技术的应用提供依据和指导。

5.3.2.5　深度还原选冶一体化流程参数优化

对复杂难选铁矿石进行深度还原处理的目的是使得矿石的铁元素赋存状态发生改变，以利于后续分选作业。深度还原后，铁元素以金属铁的形态存在于物料中，并且金属铁与渣相结合关系紧密。因此，要实现金属铁与渣的分离，就需要对还原物料进行系统的分选试验。将深度还原物料工艺矿物学特点与深度还原控制技术进行有机结合，对深度还原与分选进行整体优化。具体研究包括：深度还原工艺条件（还原温度、还原时间、还原剂用量、矿石粒度、还原剂种类、造粒与散料等）对分选指标的影响规律，适用于深度还原物料粉磨和分选装备及工艺的优化设计，未反应还原剂特性及其回收利用研究。最终开发出复杂难选铁矿石深度还原-磁选一体化工艺系统，制备出 TFe 品位大于 90%、铁回收率大于 90% 的深度还原铁粉。

5.3.3　研究技术路线与实施方案

选取我国典型的复杂难选铁矿石为研究对象，以原料的基本物理化学特性为基础，围绕深度还原过程中各种矿物反应热力学和动力学机制、有价及有害组元的迁移与分离、金属铁相与渣相的有效解离及分选等关键科学问题，采用理论分析、试验研究和计算模拟相结合的研究方法，揭示矿物物相转化机制、金属相的形成和生长机理、有害元素的富集迁移路径，研发铁矿物高效还原、金属颗粒粒度控制、有害组元走向控制、还原物料高效分选等一系列关键共性技术，开发出复杂难选铁矿石深度还原-高效分选理论与技术体系，生产出可用于冶炼钢材的深度还原铁粉。具体实施方案如下：

（1）矿石工艺矿物学研究：选取我国极难选铁矿石为研究对象，通过化学分析、光学显微镜、EPMA、XRD、FSEM-EDS 等分析手段研究化学组成、矿物组成、微观形貌、结晶粒度、晶体结构等工艺矿物学特性，重点查明铁矿物与脉石矿物之间的嵌布特征，以及有害元素 P、S 的赋存状态。

（2）深度还原热力学基础：基于矿石的物质组成，采用 HSC Chemistry 6.0 热力学计算软件对深度还原过程中铁矿物（赤铁矿、磁铁矿、褐铁矿、菱铁矿）及脉石矿物（石英、绿泥石、白云石、磷灰石）可能发生的反应进行热力学计算与分析，并对还原物相平衡组成进行模拟计算，形成深度还原热力学数据库，为难选铁矿石深度还原奠定热力学基础。

（3）深度还原动力学分析：采用动态法和静态法研究还原过程的动力学。动态法即非等温法，采用 DTA-TG 测试技术，结合化学分析、高温 XRD 分析，研究不同矿物在还原过程中的反应历程及各个阶段的动力学参数（活化能 E、反应级数 n、指前因子 A 等），确定各个反应阶段的动力学方程；静态法即等温法，在不同恒定的温度下，采用 TG 测试技术，研究不同温度下铁氧化物转化率随时间的变化规律，获得相关的动力学方程和动力学参数，确定反应的限制环节，为强化还原反应提供理论依据。

（4）矿石物相及微观结构演化机制：在实验室利用小型试验设备制备出不同还原阶段的深度还原样品，采用化学物相分析、穆斯堡尔谱、XRD、SEM-EDS、MLA 等分析手段对其物相组成和微观结构进行检测，基于检测结果得出矿物物相的变化历程和矿石微观结构的破坏过程，建立深度还原过程模型。

（5）金属颗粒的形成、生长及调控：在实验室制备出不同还原温度、还原时间、还原剂用量等条件下的深度还原物料，通过化学分析、FSEM-EDS 等方法研究矿石的金属化过程和金属铁颗粒的形成及生长规律；将还原物料制作成光片，通过图像分析技术测定金属铁颗粒的粒度，对铁颗粒粒度进行定量描述，系统考察不同还原条件对金属铁颗粒粒度的影响规律；利用 MATLAB 数学软件建立金属铁颗粒粒度与还原工艺之间的数学模型，实现金属颗粒粒度的预测；根据上述研究结果，形成基于调节还原工艺的铁颗粒粒度的优化控制技术。

（6）有害元素的走向控制技术：运用 XRD、SEM-EDS 等检测技术研究还原条件对磷、硫矿物反应特性的影响规律，确定深度还原物料中含 P、S 相的化学成分、微观形貌；通过 EPMA、FE-SEM 等先进测试技术从微观角度查明深度还原物料中金属相和渣相内部、表面及相界面中 P、S 的浓度分布规律，探明 P、S 进入金属相的迁移途径，考察深度还原工艺条件对磷、硫富集行为的影响，进而探讨在金属相中富集的机理，确定富集过程中的限速环节，最终建立富集迁移的动力学模型；根据磷、硫矿物反应及迁移特性，通过加入添加剂增加磷、硫矿物还原难度，并调节还原条件减小 P、S 元素在金属相中的富集，使其不发生还原或牢固地与脉石成分结合留在渣相中，从而实现有害元素走向的控制。

（7）物料与耐火材料粘连研究：对人工配制 Fe_2O_3-FeO-Fe-SiO_2-Al_2O_3-C、Fe_2O_3-FeO-Fe-SiO_2-Al_2O_3-CaO-MgO-C 以及 Fe_2O_3-FeO-Fe-SiO_2-Al_2O_3-Na_2O-C 体系物料进行深度还原试验，采用 FSEM-EDS、XRD 等检测分析反应产物的化学组成、物相组成及微观形貌，确定黏结相的成分，得到物料与耐火材料的黏结作用规律，进而指导耐火材料组分的优化和筛选；通过将深度还原物料置于适宜的耐火材料表面进行深度还原试验，若有黏结相产生，测定黏结相的化学组成和物相组成，再通过调控物料组分及其相变控制黏结相的生成，从而解决物料与还原设备粘连的技术基础问题。

（8）深度还原-磁选一体化技术优化：在实验室利用小型试验设备对多种复杂难选铁矿石进行深度还原试验，分别考察还原温度、还原时间、还原剂用量、还原剂种类、添加剂种类及其优化组合、原料粒度、造粒与散料等工艺条件对还原物料金属化率、铁颗粒粒度的影响规律，确定适宜的还原温度、还原时间、还原剂的用量、还原剂种类等工艺参数；针对深度还原产物的性质，利用实验室小型设备，确定磁选流程及参数，分选出合格的深度还原铁粉，建立复杂难选铁矿石深度还原选冶一体化流程参数优化调控机制。

5.3.4　研究计划

复杂难选铁矿石深度还原-磁选技术及理论研究在原工作基础上，计划利用 4 年的时间完成全部工作，具体计划包括：

（1）2014 年：完成难选铁矿石深度还原过程各种矿物反应机理和还原过程动力学研究，获得深度还原过程中矿物反应的热力学参数，建立深度还原过程动力学方程和动力学参数，形成深度还原热力学和动力学理论基础体系，为复杂难选铁矿石深度还原提供冶金物理化学基础和理论指导。

（2）2015 年：完成难选铁矿石深度还原过程机理研究，查明深度还原过程中矿石的物相组成和微观结构演化规律，探明金属相形成和生长机制，开发金属铁颗粒测量及表征方法，建立铁颗粒粒度与还原条件之间的数学模型，提出铁颗粒粒度优化调控技术。

（3）2016 年：完成有害元素富集迁移及物料与耐火材料的作用规律研究，查明深度还原后物料中 P、S 的赋存状态，通过引入添加剂和优化还原条件，最大限度控制有害元素 P、S 进入渣相，揭示物料与耐火材料之间的反应规律，研发抑制物料与耐火材料粘连的调控机制。

（4）2017 年：完成深度还原物料的高效分选研究，获得复杂难选铁矿石的深度还原选冶一体化优化参数，建立优化的调控机制。根据还原物料的性质和结构，最终确定最优化的深度还原及分选工艺参数与流程，制备出 TFe 含量大于 90%、金属化率大于 90% 的铁粉，铁回收率大于 90%。

5.3.5　研究工作主要进展

选取高磷鲕状赤铁矿这一被公认为世界上最难选的铁矿石作为研究对象，利用扫描电子显微镜、X 射线衍射和电子探针等检测技术，采用理论分析、试验研究和计算模拟相结合的方法，围绕深度还原过程中矿物反应热力学和动力学机制、有价及有害组分的迁移与分离等关键科学问题，进行了基础性研究工作，取得了一些具有科学意义和应用价值的研究成果。

5.3.5.1 深度还原热力学基础

根据典型难选铁矿石的物质组成，从热力学角度对深度还原过程中铁矿物及脉石矿物（非铁矿物）可能发生的反应进行了热力学计算与分析，以期为复杂难选铁矿石深度还原提供理论指导。

A 碳的气化反应

矿石深度还原使用的还原剂为普通煤粉，煤含有固定碳、挥发分、灰分和水分，其中固定碳为主要成分。煤粉受热时，挥发分和水分迅速呈气态逸出。因此，本研究只考虑固定碳参与的还原反应。而挥发分中的甲烷、氢及其他碳氢化合物均不予考虑。碳与氧体系可能存在的化学反应如下：

$$C(s) + O_2 \rightleftharpoons CO_2(g) \tag{5-34}$$
$$2C(s) + O_2 \rightleftharpoons 2CO(g) \tag{5-35}$$
$$C(s) + CO_2(g) \rightleftharpoons 2CO(g) \tag{5-36}$$

当氧过剩时，O_2 和 CO_2 是气相中的主要成分。而当碳过剩时，气相平衡成分受反应式（5-36）控制。式（5-36）称为碳的气化反应，在有固体碳参加的还原过程中起着重要作用。

采用热力学软件 HSC Chemistry 6.0 中的 Reaction Equation 模块对以上反应的标准 Gibbs 自由能变化进行计算，结果如图 5-57 所示。由图可知，随着温度的升高，反应式（5-34）~式（5-36）的 $\Delta G^\ominus$ 逐渐减小，说明温度越高上述反应发生的趋势越大。在 400~1600K 温度范围内，反应式（5-34）和式（5-35）的 $\Delta G^\ominus < 0$，表明反应可以进行。当温度高于 850K 时，反应式（5-36）的 Gibbs 自由能变化开始小于 0，故碳的气化反应发生所需的条件是温度高于 850K。还可以看出，低温下（850K 以下）煤粉中的碳主要氧化为 CO_2，高温下（850K 以上）碳主要氧化为 CO。

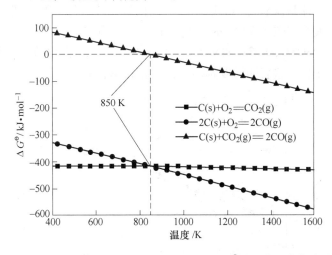

图 5-57 反应式（5-34）~式（5-36）的 $\Delta G^\ominus$ 随温度的变化关系

矿石深度还原的温度一般要高于 1273K，并且还原过程中碳处于过量状态，因此碳的气化反应在还原过程中发挥着重要作用。根据软件计算得出的反应平衡常数，计算出标准状态下碳的气化反应平衡曲线如图 5-58 所示。由图可以发现，平衡曲线把图面分为两个区域，在曲线的左侧为 CO 的分解区域，反应式（5-36）向 CO 分解方向进行；在曲线的右侧为 CO 的形成区域，反应式（5-36）向生成 CO 的方向进行。温度对碳的气化反应影响显著，温度越高，气相中 CO 的浓度越大。在 873~1173K 温度范围内，温度对碳的气化影响最为剧烈，当温度高于 1273K 时，气相中 CO 的浓度接近 100%。由此可知，矿石深度还原过程中，CO 作为一种气体还原剂参与了矿物的还原。同时，可以通过适当提高还原温度来增强还原气氛，达到促进铁矿物还原的目的。

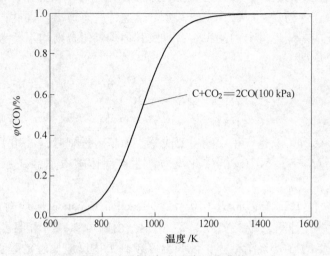

图 5-58　碳的气化反应平衡曲线

B　铁矿物的还原

由难选铁矿矿石性质可知，矿石中铁矿物主要为赤褐铁矿、磁铁矿和菱铁矿，三种铁矿物中铁的比例占全铁的 99.24%。高温下菱铁矿发生热分解，转化为铁的氧化物。因此，矿石中铁矿物的还原即是铁氧化物的还原。铁氧化物及碳氧化物的标准生成 Gibbs 自由能变化随温度的变化关系如图 5-59 所示。由图可知，Fe_2O_3、Fe_3O_4 和 FeO 被固体碳还原的最低起始温度分别为 928K、993K 和 995K。并且铁氧化物的标准生成 Gibbs 自由能变化随着温度的升高逐渐变大，这表明温度越高，铁氧化物越容易被还原。

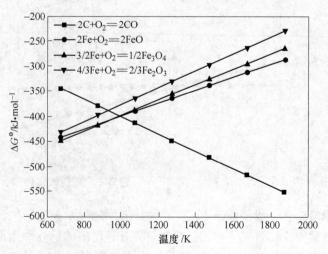

图 5-59　铁和碳的氧化物标准生成 Gibbs 自由能变化

　　实际上，将铁矿石中的铁氧化物还原是相当复杂的，尤其是以煤粉作为还原剂。还原过程中不仅包括矿石颗粒和煤粉颗粒接触面上发生的固-固相反应（直接还原），还包括CO与铁氧化物之间发生的气-固相反应（间接还原）。整个还原过程中以间接反应为主要反应。在实际生产中，高温下还原反应进行得相当剧烈，也证明了气-固相反应为主要反应。

　　理论和实践均已表明，铁氧化物的还原是由高价氧化物向低价氧化物逐级进行的。当温度低于843K时，铁氧化物以 $Fe_2O_3 \rightarrow Fe_3O_4 \rightarrow Fe$ 的顺序被还原；当温度高于843K时，铁氧化物按照 $Fe_2O_3 \rightarrow Fe_3O_4 \rightarrow FeO \rightarrow Fe$ 的顺序被还原。深度还原的温度在1273K以上，矿石中的铁主要以氧化物 Fe_2O_3 的形式存在，故利用碳的燃烧反应和铁氧化物的生成反应组合，得出深度还原过程中各级铁氧化物可能发生的还原反应如下：

$$3Fe_2O_3(s) + C(s) = 2Fe_3O_4(s) + CO(g) \tag{5-37}$$

$$Fe_3O_4(s) + C(s) = 3FeO(s) + CO(g) \tag{5-38}$$

$$FeO(s) + C(s) = Fe(s) + CO(g) \tag{5-39}$$

$$3Fe_2O_3(s) + CO(g) = 2Fe_3O_4(s) + CO_2(g) \tag{5-40}$$

$$Fe_3O_4(s) + CO(g) = 3FeO(s) + CO_2(g) \tag{5-41}$$

$$FeO(s) + CO(g) = Fe(s) + CO_2(g) \tag{5-42}$$

　　利用 HSC Chemistry 6.0 软件对上述反应的标准 Gibbs 自由能变化进行计算，结果如图5-60所示。由图可知，在深度还原温度范围内反应式（5-37）~式（5-41）的 $\Delta G^{\ominus} < 0$，故反应式（5-37）~式（5-41）可以发生。然而，反应式（5-42）的 $\Delta G^{\ominus} > 0$，表明在标准状态下反应式（5-42）不能发生。但是在实际还原过程中，判断反应能否正向进行应利用化学反应的等温方程，即反应式（5-42）的 Gibbs 自由能变化通过下式进行计算：

$$\Delta G = \Delta G^{\ominus} + RT\ln\left(\frac{p_{CO_2}}{p_{CO}}\right) \tag{5-43}$$

式中，ΔG 为反应式（5-42）实际条件下的 Gibbs 自由能变化；$\Delta G^{\ominus}$ 为标准 Gibbs 自由能变化；R 为气体常数；T 为绝对温度；p_{CO_2} 为 CO_2 的分压；p_{CO} 为 CO 的分压。

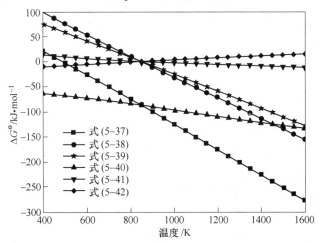

图5-60　反应式（5-37）~式（5-42）的 $\Delta G^{\ominus}$ 随温度的变化关系

由此可知，反应式（5-42）能否发生不单由 $\Delta G^{\ominus}$ 大小决定，还与体系内 CO 与 CO_2 的比例有关。

如前所述，矿石深度还原过程中，固体碳和 CO 均参与铁矿物的还原反应，碳的气化反应发挥着重要作用。故此，根据软件计算得到的反应式（5-34）~ 式（5-42）的平衡常数及平衡常数与气相成分的关系，可以绘制出铁氧化物还原的平衡图，如图 5-61 所示。

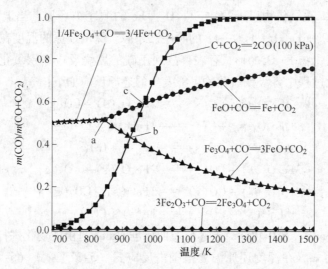

图 5-61　铁氧化物还原的平衡图

由图 5-61 可以看到，反应 $3Fe_2O_3 + CO = 2Fe_3O_4 + CO_2$ 的曲线非常接近横轴底端，表明微量 CO 即可使 Fe_2O_3 还原为 Fe_3O_4，该反应非常容易发生。反应 $1/4Fe_3O_4 + CO = 3/4Fe + CO_2$、$Fe_3O_4 + CO = 3FeO + CO_2$ 和 $FeO + CO = Fe + CO_2$ 的曲线在 843K 处相交于 a 点，说明温度低于 843K 时，铁氧化物还原不经过 FeO 阶段，而当温度高于 843K 时，铁氧化物还原经过 FeO 阶段，这一结果与前文分析相一致。碳的气化曲线分别与两个间接还原反应的曲线交于 b、c 两点。b 点的坐标为 $m(CO)/m(CO + CO_2) \approx 0.42$，$T \approx 950K$，是反应式（5-41）的起始温度；c 点的坐标为 $m(CO)/m(CO + CO_2) \approx 0.62$，$T \approx 992 \sim 1010K$，是反应式（5-42）的起始温度。深度还原的温度在 c 点对应的温度以上，由于有过量碳存在，体系的 $m(CO)/m(CO + CO_2)$ 高于 0.62，因此铁氧化物将发生 $Fe_2O_3 \rightarrow Fe_3O_4 \rightarrow FeO \rightarrow Fe$ 的转变，当体系达到平衡时，在这一温度区间内最终稳定存在的是金属铁。

铁矿物深度还原热力学分析可知，固体碳和 CO 均参与了还原反应，碳的气化发挥着重要作用，即实际还原过程中间接还原发挥着主要作用，这就为深度还原创造了良好的动力学条件。铁氧化物按照 $Fe_2O_3 \rightarrow Fe_3O_4 \rightarrow FeO \rightarrow Fe$ 的顺序逐级被还原，要想得到稳定的金属铁产物，还原温度必须高于 1000K。

C　非铁氧化物的还原

难选铁矿石中非铁矿物主要有石英、鲕绿泥石、白云石、长石和黑云母，这些矿物的主要化学成分为 SiO_2、Al_2O_3、CaO 和 MgO。由于矿物的热力学数据相对匮乏，难以对其进行热力学计算，因此需要对矿物进行简化。在高温过程中，上述矿物有些会发生分解，生成相应的氧化物。因此，为了便于分析，本章热力学计算过程中将上述矿物看作 SiO_2、Al_2O_3、CaO 和 MgO 单体氧化物来处理。

碳和 CO 还原 SiO_2、Al_2O_3、CaO、MgO 可能发生的反应如下：

$$SiO_2(s) + 2C(s) =\!\!= Si(s) + 2CO(g) \tag{5-44}$$

$$SiO_2(s) + 2CO(g) =\!\!= Si(s) + 2CO_2(g) \tag{5-45}$$

$$Al_2O_3(s) + 3C(s) =\!\!= 2Al(s) + 3CO(g) \tag{5-46}$$

$$Al_2O_3(s) + 3CO(g) =\!\!= 2Al(s) + 3CO_2(g) \tag{5-47}$$

$$CaO(s) + C(s) =\!\!= Ca(s) + CO(g) \tag{5-48}$$

$$CaO(s) + CO(g) =\!\!= Ca(s) + CO_2(g) \tag{5-49}$$

$$MgO(s) + C(s) =\!\!= Mg(s) + CO(g) \tag{5-50}$$

$$MgO(s) + CO(g) =\!\!= Mg(s) + CO_2(g) \tag{5-51}$$

利用 HSC Chemistry 6.0 软件对上述反应的标准 Gibbs 自由能变化进行计算，结果如图 5-62 所示。从图 5-62 可以发现，当温度低于 1600K 时，反应式（5-44）~式（5-51）的标准 Gibbs 自由能变化均明显地大于零，表明标准状态下反应式（5-44）~式（5-51）均不能自发进行。由此可见，CaO、MgO、SiO_2、Al_2O_3 在难选铁矿石深度还原过程中（1273 ~ 1573K）均不可能被碳或 CO 还原成对应的单质。

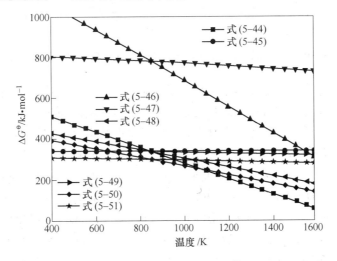

图 5-62　反应式（5-44）~式（5-51）的 $\Delta G^{\ominus}$ 随温度的变化关系

D　铁复杂化合物的生成及还原

由前文分析可知，深度还原过程中，铁氧化物还原必须经过 FeO 阶段。在高温还原气氛下 FeO 具有较高的活性，所以可以推测，铁矿物在被还原的同时，铁矿物及其还原中间产物还可能与矿中的 SiO_2、Al_2O_3、CaO 等氧化物发生固相反应，生成铁橄榄石（$2FeO \cdot SiO_2$）、铁尖晶石（$FeO \cdot Al_2O_3$）、铁酸钙（$2CaO \cdot Fe_2O_3$）等铁复杂化合物。可能发生的反应如下：

$$2CaO(s) + Fe_2O_3(s) =\!\!= 2CaO \cdot Fe_2O_3(s) \tag{5-52}$$

$$CaO(s) + Fe_2O_3(s) \Longrightarrow CaO \cdot Fe_2O_3(s) \tag{5-53}$$

$$2FeO(s) + SiO_2(s) \Longrightarrow 2FeO \cdot SiO_2(s) \tag{5-54}$$

$$FeO(s) + SiO_2(s) \Longrightarrow FeSiO_3(s) \tag{5-55}$$

$$FeO(s) + Al_2O_3(s) \Longrightarrow FeO \cdot Al_2O_3(s) \tag{5-56}$$

反应式（5-52）~式（5-56）的标准 Gibbs 自由能变化与温度的关系如图 5-63 所示。由图可知，在深度还原温度范围内（1273 ~ 1573K），上述反应的 $\Delta G^{\ominus}$ 都小于零，这表明深度还原过程中上述反应都有可能发生。然而，实际上矿石中 CaO 和 Al_2O_3 含量较低，SiO_2 含量较高，因此推断还原过程中主要形成铁橄榄石。

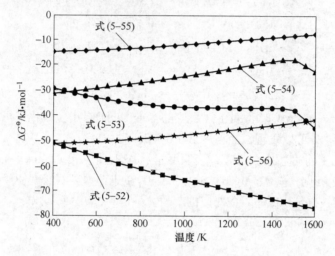

图 5-63 反应式（5-52）~式（5-56）的 $\Delta G^{\ominus}$ 随温度的变化关系

由于深度还原过程中，还原体系始终处于还原气氛，所以到达一定还原时间后，还原过程中生成的铁复杂化合物将有可能被还原。因此针对深度还原过程中，固相反应生成的铁复杂化合物，对其还原进行热力学分析，可能发生的化学反应如下：

$$2FeO \cdot SiO_2(s) + 2CO(g) \Longrightarrow 2Fe(s) + SiO_2(s) + 2CO_2(g) \tag{5-57}$$

$$FeSiO_3(s) + CO(g) \Longrightarrow Fe(s) + SiO_2(s) + CO_2(g) \tag{5-58}$$

$$FeO \cdot Al_2O_3(s) + CO(g) \Longrightarrow Fe(s) + Al_2O_3(s) + CO_2(g) \tag{5-59}$$

$$2CaO \cdot Fe_2O_3(s) + 3CO(g) \Longrightarrow 2Fe(s) + 2CaO(s) + 3CO_2(g) \tag{5-60}$$

$$CaO \cdot Fe_2O_3(s) + 3CO(g) \Longrightarrow 2Fe(s) + CaO(s) + 3CO_2(g) \tag{5-61}$$

$$2FeO \cdot SiO_2(s) + 2C(s) \Longrightarrow 2Fe(s) + SiO_2(s) + 2CO(g) \tag{5-62}$$

$$FeSiO_3(s) + C(s) \Longrightarrow Fe(s) + SiO_2(s) + CO(g) \tag{5-63}$$

$$FeO \cdot Al_2O_3(s) + C(s) \Longrightarrow Fe(s) + Al_2O_3(s) + CO(g) \tag{5-64}$$

$$2CaO \cdot Fe_2O_3(s) + 3C(s) \Longrightarrow 2Fe(s) + 2CaO(s) + 3CO(g) \tag{5-65}$$

$$CaO \cdot Fe_2O_3(s) + 3C(s) \Longrightarrow 2Fe(s) + CaO(s) + 3CO(g) \tag{5-66}$$

深度还原过程中生成的铁复杂化物被进一步还原反应的标准 Gibbs 自由能变化与温度的关系如图 5-64 所示。由图可以看到，在 1273 ~ 1600K 温度范围内，用 CO 还原生成的 $2FeO \cdot SiO_2$、$FeSiO_3$、$FeO \cdot Al_2O_3$、$2CaO \cdot Fe_2O_3$ 和 $CaO \cdot Fe_2O_3$ 的反应的 $\Delta G^{\ominus}$ 均为正值，说明反应式（5-57）~式（5-61）在深度还原过程中是不可能发生的。然而，碳还原上述复杂化合物的反应的 $\Delta G^{\ominus}$ 小于零，表明反应式（5-62）~式（5-66）是可以正向进行的，并且随着温度的升高，还原反应式（5-62）~式（5-66）的 $\Delta G^{\ominus}$ 逐渐降低，说明温度越高这些反应发生的趋势越大。从图中还可以看出，深度还原温度范围内，反应式（5-62）~式（5-66）的 $\Delta G^{\ominus}$ 的大小关系为 $CaO \cdot Fe_2O_3 < 2CaO \cdot Fe_2O_3 < 2FeO \cdot SiO_2 < FeSiO_3 < FeO \cdot Al_2O_3$。据此可以推断，铁复杂化合物被碳还原的优先顺序为 $CaO \cdot Fe_2O_3 > 2CaO \cdot Fe_2O_3 > 2FeO \cdot SiO_2 > FeSiO_3 > FeO \cdot Al_2O_3$。

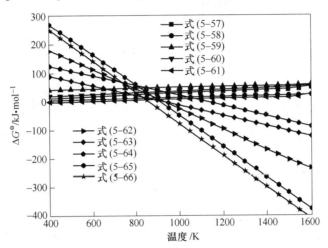

图 5-64 反应式（5-57）~式（5-66）的 $\Delta G^{\ominus}$ 与温度的关系

E 磷矿物的还原

矿石中的磷主要以胶磷矿的形式存在，胶磷矿主要由胶状、隐晶质磷灰石组成。磷灰石是磷酸钙 $Ca_3(PO_4)_2$ 和 CaF_2、$CaCl_2$ 及 $Ca(OH)_2$ 形成的复盐，其主要成分为 $Ca_3(PO_4)_2$。因此，还原过程中将胶磷矿视为 $Ca_3(PO_4)_2$ 进行热力学分析。由 Ellingham 图可以发现，$4/5P + O_2 = 2/5P_2O_5$ 和 $2Fe + O_2 = 2FeO$ 的氧势线比较接近，因此高炉炼铁时，原料中的磷几乎全部被还原进入铁水。

磷酸盐在 1473～1773K 时就可以被碳还原，生成单质磷。由于 SiO_2 的存在，磷酸盐的反应可以加速，磷酸盐被矿石中的 SiO_2 置换出自由态的 P_2O_5，然后 P_2O_5 再被固体碳还原为磷单质溶入铁粉。利用 C 的燃烧反应和磷酸盐、硅酸钙生成反应组合，得出 C 还原磷酸盐的反应如下：

$$Ca_3(PO_4)_2(s) + 5C(s) = 3CaO(s) + P_2(g) + 5CO(g) \tag{5-67}$$

$$Ca_3(PO_4)_2(s) + 3SiO_2(s) + 5C(s) = 3(CaO \cdot SiO_2)(s) + P_2(g) + 5CO(g) \tag{5-68}$$

$$Ca_3(PO_4)_2(s) + 2SiO_2(s) + 5C(s) = 3CaO \cdot 2SiO_2(s) + P_2(g) + 5CO(g) \tag{5-69}$$

$$2Ca_3(PO_4)_2(s) + 3SiO_2(s) + 10C(s) = 3(2CaO \cdot SiO_2)(s) + 2P_2(g) + 10CO(g) \tag{5-70}$$

反应式（5-67）~式（5-70）的标准 Gibbs 自由能变化与温度的关系如图 5-65 所示。由图 5-65 可知，反应式（5-67）~式（5-70）发生的起始温度分别为 1616K、1503K、1526K 和 1569K。并且这些反应的标准 Gibbs 自由能变化随着温度的升高迅速降低，表明温度越高越有利于磷酸钙的还原。由于难选铁矿石中矿物分布不均，导致各处碱度不同，所以上述各个反应均可能发生。具体磷矿物的还原以何种方式进行，则需通过试验验证。

深度还原温度范围为 1273 ~ 1573K，接近或超过反应式（5-67）~ 式（5-70）的起始温度，所以在深度还原过程中，部分胶磷矿将会被还原为磷单质。

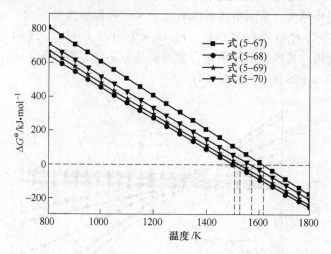

图 5-65 反应式（5-67）~ 式（5-70）的 $\Delta G^{\ominus}$ 与温度的关系

F 脉石矿物之间的反应行为

铁矿石深度还原过程中，脉石矿物不仅与铁氧化物发生反应生成复杂化合物，脉石矿物本身之间也可能发生反应。同样为了便于分析，根据脉石矿物的主要成分，将其简化为 SiO_2、Al_2O_3、CaO。将上述三种氧化物组合，得出深度还原体系中脉石矿物之间可能发生的反应如下：

$$CaO(s) + SiO_2(s) =\!\!=\!\!= CaO \cdot SiO_2(s) \tag{5-71}$$

$$2CaO(s) + SiO_2(s) =\!\!=\!\!= 2CaO \cdot SiO_2(s) \tag{5-72}$$

$$3CaO(s) + SiO_2(s) =\!\!=\!\!= 3CaO \cdot SiO_2(s) \tag{5-73}$$

$$3CaO(s) + 2SiO_2(s) =\!\!=\!\!= 3CaO \cdot 2SiO_2(s) \tag{5-74}$$

$$3CaO(s) + Al_2O_3(s) =\!\!=\!\!= 3CaO \cdot Al_2O_3(s) \tag{5-75}$$

$$CaO(s) + Al_2O_3(s) =\!\!=\!\!= CaO \cdot Al_2O_3(s) \tag{5-76}$$

$$CaO(s) + 2Al_2O_3(s) =\!\!=\!\!= CaO \cdot 2Al_2O_3(s) \tag{5-77}$$

$$CaO(s) + 6Al_2O_3(s) =\!\!=\!\!= CaO \cdot 6Al_2O_3(s) \tag{5-78}$$

$$Al_2O_3 + SiO_2(s) =\!\!=\!\!= Al_2O_3 \cdot SiO_2(s) \tag{5-79}$$

$$3Al_2O_3 + 2SiO_2(s) =\!\!=\!\!= 3Al_2O_3 \cdot 2SiO_2(s) \tag{5-80}$$

$$Al_2O_3(s) + 2SiO_2(s) =\!\!=\!\!= Al_2O_3 \cdot 2SiO_2(s) \tag{5-81}$$

$$CaO(s) + Al_2O_3(s) + SiO_2(s) =\!\!=\!\!= CaO \cdot Al_2O_3 \cdot SiO_2(s) \tag{5-82}$$

$$CaO(s) + Al_2O_3(s) + 2SiO_2(s) =\!\!=\!\!= CaO \cdot Al_2O_3 \cdot 2SiO_2(s) \tag{5-83}$$

$$2CaO(s) + Al_2O_3(s) + SiO_2(s) =\!\!=\!\!= 2CaO \cdot Al_2O_3 \cdot SiO_2(s) \tag{5-84}$$

图 5-66 给出了上述反应的标准 Gibbs 自由能变化与温度的关系。由图 5-66 可知，在深度还原温度范围内，除去反应式（5-81）的 $\Delta G^{\ominus}$ 为正值外，其余反应的 $\Delta G^{\ominus}$ 均小于零，表明这些反应在还原过程中均有可能发生。然而，由于深度还原的物料为矿石，而矿石中各种矿物之间的分布不一定是均匀的，因此各种矿物之间虽然理论上能够发生反应，但可

能由于未相互接触导致没有发生。所以，深度还原过程中究竟发生了上述哪些反应需要通过试验进一步验证。

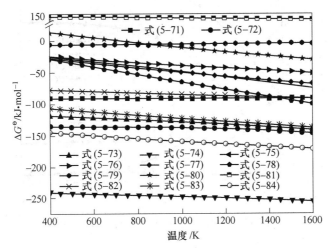

图 5-66 反应式（5-71）～式（5-84）的 $\Delta G^{\ominus}$ 与温度的关系

G 深度还原过程平衡相组成计算与模拟

利用 HSC Chemistry 6.0 软件中的 Equilibrium Composition 模块对铁矿深度还原体系中产物的平衡组分进行了计算，以期为试验研究提供参考。

铁矿石中主要铁矿物为赤铁矿，主要脉石矿物为石英、绿泥石、胶磷矿和白云石。利用 HSC Chemistry 6.0 软件计算过程中，将上述物质的化学成分简化为 Fe_2O_3、SiO_2、Al_2O_3。本着从易到难、由简单到复杂的思路，依次对 Fe_2O_3-C、Fe_2O_3-SiO_2-C、Fe_2O_3-SiO_2-Al_2O_3-C、Fe_2O_3-SiO_2-Al_2O_3-CaO-C、Fe_2O_3-SiO_2-Al_2O_3-CaO-$Ca_3(PO_4)_2$-C 五个体系的热力学物相平衡组成进行计算。计算条件为：系统平衡总压力 100kPa，计算温度区间 873～1573K、C/O 摩尔比 1.5，体系中各物质含量按照其在原矿中的比例进行设计。

a Fe_2O_3-C 体系

图 5-67 给出了 Fe_2O_3-C 体系在 873～1573K 温度范围内的平衡组成。由图可以看出，当计算温度为 873K 时，Fe_2O_3 和 C 反应生成 Fe_3O_4、FeO 和金属铁；随着温度升高，Fe_3O_4 和 FeO 含量逐渐减少，金属铁含量逐渐增加，表明铁氧化物逐渐被还原为金属铁。在 873～1273K 之间，随温度升高，CO_2 的含量明显减少，CO 的生成量则迅速增加，同时这个区间也是金属铁大量生成的阶段。由此可推断，在 873～1273K 之间，铁氧化物的还原剂主要是 CO。温度高于 1273K 后，物质组成逐渐趋于平衡，不再随温度升高发生改变，铁氧化物全部被还原为金属铁。因此，深度还原温度应该高于 1273K。还可以得出，还原过程中铁氧化物的还原历程为 $Fe_2O_3 \rightarrow Fe_3O_4 \rightarrow FeO \rightarrow Fe$。

b Fe_2O_3-SiO_2-C 体系

Fe_2O_3-SiO_2-C 体系在 873～1573K 温度范围内的平衡组成模拟计算结果如图 5-68 所示。由图可知，在 Fe_2O_3-SiO_2-C 体系中，赤铁矿与石英和碳反应生成的主要物质有 CO、CO_2、$2FeO \cdot SiO_2$、$FeSiO_3$ 和金属铁，表明还原过程中，新生成的 FeO 与 SiO_2 发生反应生成了 $2FeO \cdot SiO_2$ 和 $FeSiO_3$；随着反应温度升高，$2FeO \cdot SiO_2$ 和 $FeSiO_3$ 的含量则开始减少，

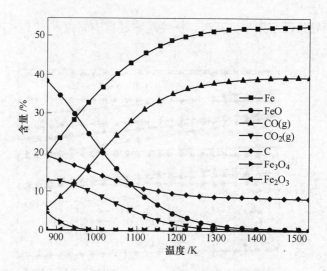

图 5-67 Fe_2O_3-C 体系平衡组成与温度关系

SiO_2 的含量开始增加，表明生成的 $2FeO \cdot SiO_2$ 和 $FeSiO_3$ 又会被还原为金属铁和 SiO_2，并且温度越高，还原效果越好。上述结果与前文铁橄榄石生成与还原热力学分析一节的结果相吻合。当温度升高至 1323K 后，反应平衡组成不再随着温度继续升高而发生变化，说明铁氧化物已反应完全。

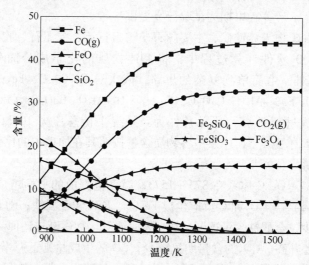

图 5-68 Fe_2O_3-SiO_2-C 体系平衡组成与温度关系

c Fe_2O_3-SiO_2-Al_2O_3-C 体系

图 5-69 显示了 Fe_2O_3-SiO_2-Al_2O_3-C 体系在 873~1573K 温度范围内的平衡组成。由图可以发现，与 Fe_2O_3-SiO_2-C 体系相比（图 5-68），Fe_2O_3-SiO_2-Al_2O_3-C 体系的差异表现在：在 873~1373K 温度区间，体系内生成了 $Fe_2Al_2O_4$，表明铁氧化物还原的中间产物 FeO 会与 Al_2O_3 发生反应。当温度升高至 1073K 时，$Fe_2Al_2O_4$ 的含量开始减少，说明 $Fe_2Al_2O_4$ 开始被还原为金属铁和 Al_2O_3。同时可知，$Fe_2Al_2O_4$ 被还原的温度高于 $2FeO \cdot SiO_2$ 和 $FeSiO_3$，表明铁尖晶石比铁橄榄石较难还原。上述结果与前文铁复杂化合物生成与还原热力学分析

一节的结果相一致。还可以发现，当温度升高到1400K之后，反应平衡组成趋于稳定，不再随温度升高而改变。

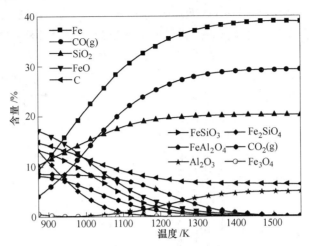

图 5-69 Fe_2O_3-SiO_2-Al_2O_3-C 体系平衡组成与温度关系

d　Fe_2O_3-SiO_2-Al_2O_3-CaO-C 体系

Fe_2O_3-SiO_2-Al_2O_3-CaO-C 体系在 873~1573K 温度范围内的平衡组成如图 5-70 所示。由图可以看到，和 Fe_2O_3-SiO_2-Al_2O_3-C 体系相比，Fe_2O_3-SiO_2-Al_2O_3-CaO-C 体系产物中出现了 $CaSiO_3$ 和 $CaFe_2O_4$，表明体系中 CaO 和 SiO_2 发生反应生成了 $CaSiO_3$，同时 CaO 与 Fe_2O_3 反应形成了 $CaFe_2O_4$。还可以发现，随着温度升高，$CaFe_2O_4$ 的含量逐渐减少，表明 $CaFe_2O_4$ 被进一步还原为了金属铁。此外，当温度高于 1425K 后，反应平衡组成基本不再随温度升高而发生变化。

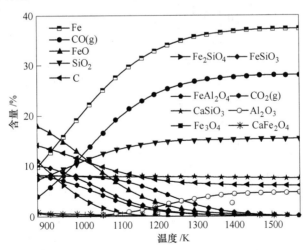

图 5-70　Fe_2O_3-SiO_2-Al_2O_3-CaO-C 体系平衡组成与温度关系

e　Fe_2O_3-SiO_2-Al_2O_3-CaO-$Ca_3(PO_4)_2$-C 体系

图 5-71 给出了 Fe_2O_3-SiO_2-CaO-Al_2O_3-$Ca_3(PO_4)_2$-C 体系的平衡组成模拟计算结果。由图可知，当温度高于 1223K 时，随着温度的升高，反应达到平衡时 $Ca_3(PO_4)_2$ 的含量逐

渐降低，同时金属铁含量开始减少，新出现了 Fe_3P、Fe_2P 和 FeP 相，并且其含量呈现逐渐升高的趋势，$CaSiO_3$ 的含量也开始增加。上述结果表明，还原过程中磷酸盐被还原为单质磷，还原生成的磷会在金属铁中富集，形成铁-磷相。平衡相组成模拟计算 $Ca_3(PO_4)_2$ 开始还原的温度为 1223K，明显低于热力学分析得出的温度 1503K。这可能是由于还原过程中，在 $Ca_3(PO_4)_2$ 开始还原之前体系内已有金属铁存在，而金属铁与磷单质极易发生反应，从而促进了 $Ca_3(PO_4)_2$ 的还原。由图还可以发现，当温度高于 1450K 后，各物质平衡组成基本不再随温度升高而改变。

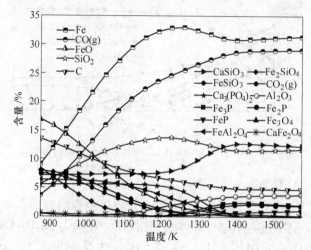

图5-71　Fe_2O_3-SiO_2-Al_2O_3-CaO-$Ca_3(PO_4)_2$-C 体系平衡组成与温度关系

纵向对比分析 Fe_2O_3-C、Fe_2O_3-SiO_2-C、Fe_2O_3-SiO_2-Al_2O_3-C、Fe_2O_3-SiO_2-Al_2O_3-CaO-C、Fe_2O_3-SiO_2-Al_2O_3-CaO-$Ca_3(PO_4)_2$-C 五个体系的热力学物相平衡组成模拟计算结果，可以得出：体系组分越多，反应平衡时的物相组成越复杂；随着组分数目增加，反应达到平衡时所需的最低温度逐渐升高，依次为 1273K、1323K、1400K、1425K、1450K。由此可以推断，难选铁矿石深度还原是一个极其复杂的过程，还原过程中不仅发生铁矿物的还原，同时脉石矿物之间也发生一系列的化学反应，矿石深度还原达到平衡所需的温度会更高。

5.3.5.2　深度还原动力学研究

利用热力学原理能够确定反应过程进行的可能性、方向和限度，但不能确定反应的速率。某些反应热力学的可能性很大，但反应速率却很低，因此反应可能进行与实际上反应进行的速率及反应的历程（即机理）是完全不同的两个方面。要了解反应的速率、各种因素对反应速率的影响、反应过程的限制环节和反应的历程就必须对反应的动力学进行研究。

铁氧化物还原动力学是提取冶金领域研究的主题之一，科研工作者对其开展了大量的研究工作。然而，铁氧化物还原动力学研究使用的试验原料为高纯度的 Fe_2O_3 或高品位铁矿石。因此，现有的动力学研究结果并不适于描述难选铁矿石深度还原。故而本研究对难选铁矿石深度还原动力学进行了系统的研究，以期为选择合适的还原条件、控制还原反应的进行、强化铁矿物还原及深度还原过程优化奠定基础。

A 研究方法

a 实验过程方法

热重分析作为一种能够直接测量反应过程中质量变化的测试手段被广泛应用于化学反应动力学研究。本项目采用等温和程序升温两种热重技术对高磷鲕状赤铁矿石深度还原反应动力学进行了研究。动力学试验在自行研制的热失重分析系统中进行，试验装置见图5-72。试验装置主要由立式管式炉和精度为1mg的电子天平组成。管式炉以 $MoSi_2$ 作为加热体，可以在炉管内部产生高度为120mm的恒温带。反应区温度通过 PID 控制器进行调节，通过精度为 $\pm 1K$ 的 $Pt \cdot 30\% Rh$-$Pt \cdot 6\% Rh$ 热电偶测定。炉管内排出气体中 CO 和 CO_2 浓度由精度为0.01%的 Gasboard-3100 非分光红外气体分析仪测定。天平、温度控制器和气体分析仪与计算机连接，试验数据采用自行开发的软件进行记录。试验过程中以纯度为99.99%的氮气作为保护气体。

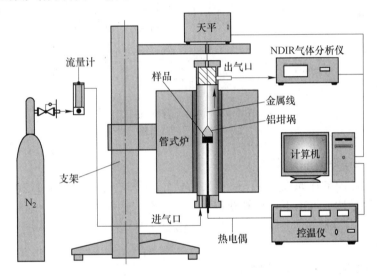

图 5-72 热重分析试验装置

首先将铁矿石和煤粉碎至 $-2mm$，将矿样（每份15g）按照 C/O 摩尔比（煤粉中固定碳与矿石中铁键合氧的摩尔比）1.5、2.0、2.5 和 3.0 与煤粉充分混合均匀。将混合样品置于刚玉坩埚内，同时在样品顶部均匀铺一层约3mm厚的煤粉（2g）用于保证坩埚内的还原气氛。本研究采用等温法和非等温法两种技术手段进行动力学分析。

等温法确定的试验温度为1423K、1473K、1523K 和 1573K，试验程序如图 5-73a 所示。首先将炉温以 10K/min 的速率升温至预设值，待温度稳定20min后，采用直径1mm的铁铬铝丝将装有样品的坩埚迅速悬挂于炉管中央的反应区内，务必保证坩埚不接触炉管壁。还原过程中，计算机通过软件每隔5s读取并记录一次样品的质量变化，并将数据以Excel形式存储于硬盘中。试验过程中保护气体氮气流速控制为 0.5L/min。当计算机采集的样品质量不再发生变化时，试验停止。

研究证明，还原温度低于843K 时，铁氧化物按照 $Fe_2O_3 \rightarrow Fe_3O_4 \rightarrow Fe$ 的顺序还原为金属铁；还原温度高于843K 时，铁氧化物的还原则按照 $Fe_2O_3 \rightarrow Fe_3O_4 \rightarrow FeO \rightarrow Fe$ 的顺序进行。深度还原温度通常介于 $1273 \sim 1573K$ 之间，因此非等温动力学试验确定的温度区间为

873～1573K。设定的升温速率为 5K/min、10K/min、15K/min 和 20K/min，试验程序如图 5-73b 所示。首先将还原炉在氮气气氛下以 10K/min 的速率升温至 873K，在该温度下稳定 20min，而后迅速将装有样品的坩埚悬挂于炉管恒温带处，然后以试验设定的升温速率开始升温。试验过程中，计算机每隔 15s 同时记录一次样品质量损失、炉内温度和排除气体中 CO 和 CO_2 浓度。当还原温度升高至 1573K 时，试验停止。

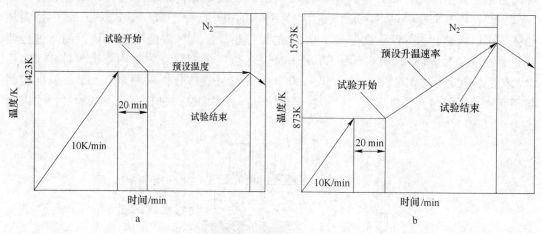

图 5-73 试验程序设定图

a—等温；b—程序升温

b 还原度和还原速率计算

铁矿石深度还原的还原度（α）被定义为任意还原时间 t 损失的可还原氧与样品中可还原氧总量的质量比，可由下式计算获得：

$$\alpha_t = \frac{\Delta m_O^t}{m_O^0} \tag{5-85}$$

式中 α_t——还原时间 t 时的还原度；

Δm_O^t——还原时间 t 时可还原氧的质量损失；

m_O^0——样品中可还原氧总量，m_O^0 经计算为 $0.17611m_0$；

m_0——矿样的初始质量。

与气基还原不同，深度还原采用的还原剂是煤粉，因此还原过程中产生的质量损失不仅包含氧的损失，还有碳和挥发分的损失以及矿石热损失。因此，为了获得实际损失的还原氧，同一还原条件下设计了 A、B 和 C 三组样品的平行试验（图 5-74）。样品 A 为难选铁矿石与煤粉混合物；样品 B 为铁矿石（质量与样品 A 中矿石质量相同）；样品 C 为煤粉和 Al_2O_3 的混合物（煤粉、Al_2O_3 质量分

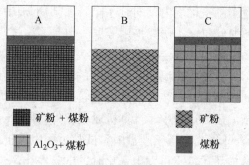

图 5-74 试验样品

别与样品 A 中煤粉、矿石质量相同）。故而，还原氧和固定碳的质量损失可通过下式计算得到：

$$\Delta m_t = \Delta m_A^t - \Delta m_B^t - \Delta m_C^t \tag{5-86}$$

式中 Δm_t——t 时刻还原氧和固定碳的质量损失;

Δm_A^t——t 时刻样品 A 的质量损失;

Δm_B^t——t 时刻样品 B 的质量损失;

Δm_C^t——t 时刻样品 C 的质量损失。

由碳的气化曲线可知,当温度高于 1373K 时还原过程中 CO_2 含量极低,可以忽略不计。因此,等温还原过程中,还原氧和固定碳以 CO 的形式从坩埚中溢出。所以,还原时间 t 时失去的还原氧质量计算式为:

$$\Delta m_O^t = \frac{16}{28} \Delta m_t \tag{5-87}$$

式中 16——O 的相对原子质量;

28——CO 的相对分子量。

将式(5-87)和式(5-86)代入式(5-85)得到铁矿石深度还原等温法还原度计算公式为:

$$\alpha_t = \frac{\frac{16}{28}(\Delta m_A^t - \Delta m_B^t - \Delta m_C^t)}{0.17611 m_0} \tag{5-88}$$

与等温法不同,在非等温试验过程中还原氧和固定碳以 CO 和 CO_2 的形式损失,尤其是当温度较低时。因此,非等温还原度需要结合气体分析仪测定的炉管内排除气体中 CO 和 CO_2 的浓度进行计算。同样,非等温试验同一还原条件也需要进行三组样品的平行试验。某时间间隔内还原氧和碳的质量损失计算公式为:

$$\Delta m_{C+O}^i = \Delta m_\Sigma^i - \Delta m_{LOI}^i - \Delta m_V^i \tag{5-89}$$

式中 Δm_{C+O}^i——时间间隔 i 内还原氧和碳的质量损失;

i——测量时间间隔;

Δm_Σ^i——时间间隔 i 内样品 A 的质量损失;

Δm_{LOI}^i——时间间隔 i 内样品 B 的质量损失;

Δm_V^i——时间间隔 i 内样品 C 的质量损失。

某时间间隔内 CO 和 CO_2 气体的浓度可近似认为对应时刻气体分析仪测量的数据,故某时间间隔内还原氧的质量损失可由下式计算获得:

$$\Delta m_O^i = \Delta m_{C+O}^i \frac{16x_{CO}^i + 32x_{CO_2}^i}{28x_{CO}^i + 44x_{CO_2}^i} \tag{5-90}$$

式中 x_{CO}^i——时间间隔 i 内 CO 的体积浓度;

$x_{CO_2}^i$——时间间隔 i 内 CO_2 的体积浓度。

以 C/O 摩尔比为 1.5 和升温速率为 5K/min 还原条件下时间间隔内还原氧质量损失计算为例,结果如图 5-75 和图 5-76 所示。

还原时间 t 时刻还原氧的质量损失(Δm_O^t)可以通过累积时间间隔内还原氧的质量损失(Δm_O^i)得到,计算公式为:

$$\Delta m_O^t = \sum_{i=0}^t \Delta m_O^i \tag{5-91}$$

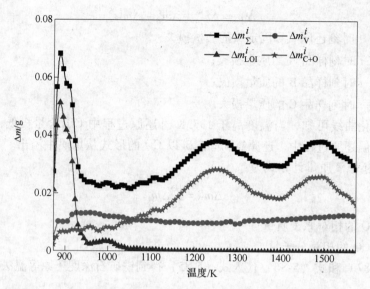

图 5-75　时间间隔内试验样品的质量损失计算

（C/O 摩尔比为 1.5，升温速率为 5K/min）

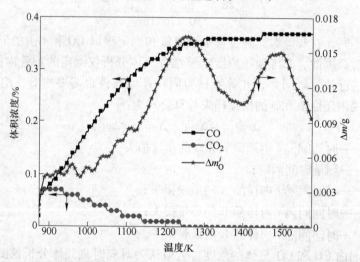

图 5-76　排除气体中 CO 和 CO_2 的体积浓度和还原氧质量损失计算

（C/O 摩尔比为 1.5，升温速率为 5K/min）

将式（5-89）~式（5-91）与式（5-85）合并整理得到铁矿石深度还原非等温法还原度计算公式为：

$$\alpha_t = \frac{\sum_{i=0}^{t} \left(\Delta m_{\Sigma}^i - \Delta m_{LOI}^i - \Delta m_V^i \right) \frac{16 x_{CO}^i + 32 x_{CO_2}^i}{28 x_{CO}^i + 44 x_{CO_2}^i}}{m_O^0} \tag{5-92}$$

还原度对还原时间取导数可以得到还原速率，如式（5-93）所示。本研究采用 MAT-LAB 7.14 数学软件中的 DIFF 函数对还原度随时间的变化曲线求导计算获得还原速率：

$$r = \frac{d\alpha}{dt} \tag{5-93}$$

B 等温动力学

a 还原温度影响

图 5-77 给出了不同还原温度和 C/O 摩尔比条件下难选铁矿石深度还原的还原度。由图可以发现还原温度对还原度影响显著。同一还原时间和 C/O 摩尔比条件下，还原度随着还原温度升高而增加，并且还原时间越长增加趋势越明显。C/O 摩尔比为 1.5、还原温度由 1423K 升高到 1573K 时，还原时间为 5min 时的还原度由 0.074 增加到 0.239；还原时间为 15min 时的还原度则从 0.415 增加到 0.631。不同还原条件下还原度随还原时间呈现出了相同的变化趋势。根据还原度曲线形状可以将还原过程分为初期、中期和后期三个阶段。还原初期，还原度增加极为缓慢，表明该阶段属于潜伏期；还原中期，还原度迅速增加，说明该阶段属于加速期；还原后期，还原度逐渐趋于平稳，表明该阶段为稳定期。对于任意给定 C/O 摩尔比，随着还原温度升高，还原潜伏期逐渐缩短，同时还原中期和后期的还原度明显增加。

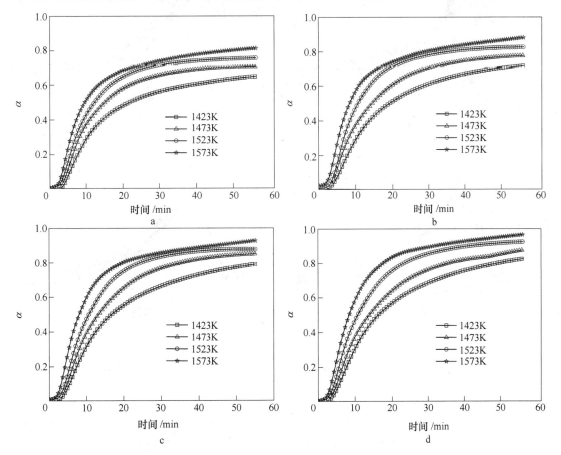

图 5-77 不同还原条件下还原度曲线

a—C/O 摩尔比为 1.5；b—C/O 摩尔比为 2.0；c—C/O 摩尔比为 2.5；d—C/O 摩尔比为 3.0

对还原度曲线取导数计算出了不同试验条件下的还原速率，结果如图 5-78 所示。由图可以看出，在同一 C/O 摩尔比情况下，还原速率的峰值随着还原温度的升高显著地增加，还原速率峰值出现的时间明显地变短。例如，C/O 摩尔比为 1.5、还原温度为 1423K 时，还原速率峰值和到达峰值所需时间分别为 $0.044min^{-1}$ 和 5.75min；在相同的 C/O 摩尔

比条件下，还原温度升高到 1572K 时，还原速率峰值和到达峰值所需时间分别为
0.091min⁻¹和4.50min。普遍认为碳的气化在铁氧化物碳热还原过程中发挥着至关重要的
作用。碳的气化生成的还原气体 CO 为还原过程中最为重要的还原剂。还原前期，还原速
率由碳的气化速率决定。还原温度升高促进了煤的气化反应，使得反应体系中 CO 含量增
加，煤气化速率达到峰值所需时间减少。因此，随着还原温度升高，还原速率峰值增大，
达到峰值所需时间缩短。

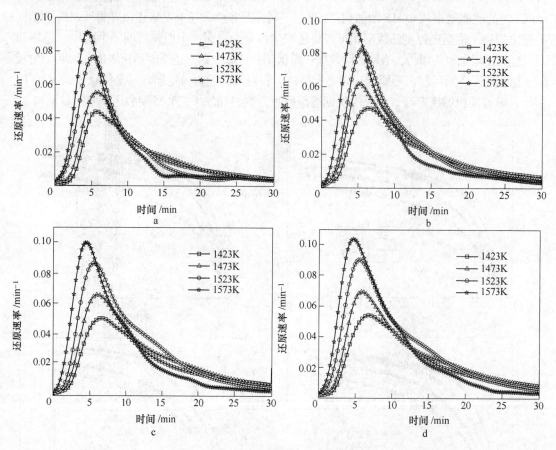

图 5-78　不同还原条件下还原速率曲线
a—C/O 摩尔比为 1.5；b—C/O 摩尔比为 2.0；c—C/O 摩尔比为 2.5；(d) C/O 摩尔比为 3.0

b　C/O 摩尔比影响

横向对比图 5-77 和图 5-78 中的 a ~ d，可以看出 C/O 摩尔比对铁矿石深度还原也有明
显的影响作用。在相同的还原时间和还原温度下，随着 C/O 摩尔比的增加，还原度逐渐
增加，并且完成还原初始阶段所需的时间减少。例如，当还原温度为 1423K、C/O 摩尔比
为 1.5 时还原初始阶段时长为 4.17min，而 C/O 摩尔比为 3.0 时仅有 2.67min（图 5-77）。
在还原温度一定的情况下，还原速率峰值和达到峰值所需时间均随着 C/O 摩尔比的增加
而增加。当还原温度为 1523K、C/O 摩尔比为 1.5 时的还原速率峰值为 0.076min⁻¹，达到
峰值所需时间为 5.16min；而 C/O 摩尔比为 3.0 时的还原速率峰值增加到 0.090min⁻¹，到
达峰值所需时间减少到 5.50min（图 5-78）。C/O 摩尔比的增加使得矿石与煤粉的接触面

积增加，同时反应容器内 CO 的浓度增加，这就为铁氧化物的还原提供了更多的活性位点和更强的化学驱动力。因此，还原速率峰值随着 C/O 摩尔比增加而升高。另外，由于煤粉用量的增加导致煤粉气化速率达到最大值所需的时间必然延长，这就使得还原速率到达峰值所需的时间增加。

同时，研究过程中还发现即使在试验终点，难选铁矿石的还原度也都小于 1.0，这一现象表明矿石中铁矿物没有 100% 还原为金属铁（图 5-77）。尽管还原温度和 C/O 摩尔比均对还原过程有影响，但是还原温度的影响效果明显好于 C/O 摩尔比（图 5-77 和图 5-78）。

c 动力学分析

在恒温恒压条件下，还原速率方程可以表示为式（5-94）的形式：

$$r = \frac{\mathrm{d}\alpha}{\mathrm{d}t} = k(T)f(\alpha) \tag{5-94}$$

式中 $k(T)$——表观速率常数；

$f(\alpha)$——反应机理函数。

迄今为止，众多学者建立了许多不同的机理函数用于描述化学反应，可概括为 Avrami-Erofeev 方程、扩散模型、幂函数法则、收缩核模型和化学反应模型五大类。如前文所述，难选铁矿石深度还原动力学研究未见报道，因此适用于难选铁矿石深度还原的动力学机理函数有待确定。

Vyazovkin 等对热分析动力学数据计算进行了概括，指出积分法最适合用于热重数据处理。因此，我们用积分法对难选铁矿石深度还原动力学数据进行分析。对式（5-94）排列积分可得式（5-95）：

$$G(\alpha) = \int_0^\alpha \frac{\mathrm{d}\alpha}{f(\alpha)} = \int_0^t k(T)\mathrm{d}t = k(T)t \tag{5-95}$$

式中 $G(\alpha)$——积分形式的机理函数。

由式（5-95）可知，机理函数可以通过考察 $G(\alpha)$ 与还原时间的线性关系得以确定。线性相关度最高的 $G(\alpha)$ 对应的 $f(\alpha)$ 即为深度还原的最佳机理函数，回归直线的斜率即为表观速率常数 $k(T)$。本研究选用 30 种常用的动力学机理函数对深度还原数据进行分析。

图 5-79 给出了适宜的机理函数 $G(\alpha)$ 与时间的线性回归分析曲线。尽管我们试图确定难选铁矿石深度还原最佳的机理函数，然而确定的机理函数 $G(\alpha)$ 随时间的线性关系并不十分良好，相关系数的平均值仅有 0.9817，尤其是在还原的初期和后期阶段。这一现象表明深度还原不同阶段的还原机理不同，深度还原过程难以使用同一个机理函数进行良好的表征。故此，我们根据前文还原度结果，将还原过程分为初期、中期、后期三个阶段进行分析，确定每个阶段的最佳机理函数。

表 5-34 ~ 表 5-36 给出了不同还原阶段线性相关系数计算结果和最佳机理函数。从表中结果可以看到，不同阶段确定的最佳机理函数的相关系数 R^2 值非常接近于 1.0，表明 $G(\alpha)$ 与还原时间之间线性相关度非常好。难选铁矿石深度还原初期和后期阶段最佳的动力学机理函数分别为 Avrami-Erofeev 方程 $f(\alpha) = 4(1-\alpha)[-\ln(1-\alpha)]^{3/4}$ 和三维扩散 Z-L-T 模型 $f(\alpha) = 3/2(1-\alpha)^{4/3}[(1-\alpha)^{-1/3}-1]^{-1}$。在深度还原中期阶段，C/O 摩尔比为 1.5 和 2.0 时，最佳机理函数为化学反应模型 $f(\alpha) = (1-\alpha)^2$；C/O 摩尔比为 2.5 和 3.0 时，最佳机理函数为化学反应模型 $f(\alpha) = 2(1-\alpha)^{3/2}$。还原初期、中期和后期三个阶段的机理函数各不相同，说明随着还原反应的进行反应控制机理发生了改变。

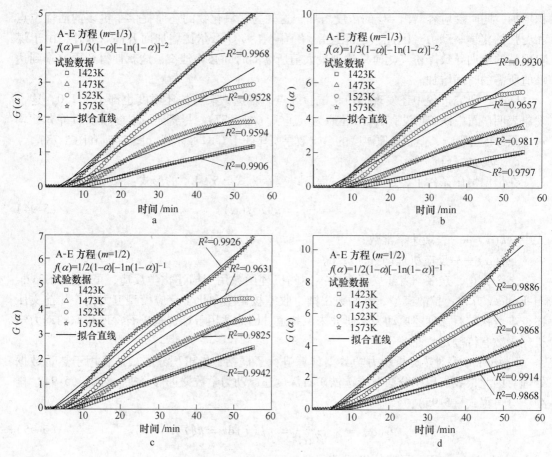

图 5-79　机理函数线性拟合曲线

a—C/O 摩尔比为 1.5；b—C/O 摩尔比为 2.0；c—C/O 摩尔比为 2.5；d—C/O 摩尔比为 3.0

基于阿伦尼乌斯公式，表观速率常数与还原温度 T 之间的关系可表示为：

$$k(T) = A\exp\left(\frac{-E_a}{RT}\right) \tag{5-96}$$

式中　A——指前因子；

　　　E_a——表观活化能。

表 5-34　还原初期阶段机理函数及相关系数

试验条件		范围		机理函数	相关系数	表观速率常数
C/O 摩尔比	温度/K	时间/min	α	$f(\alpha)$	R^2	$k(T)/\text{min}^{-1}$
1.5	1423	0.00~4.17	0.000~0.034	A-E 方程($m=4$)，$4(1-\alpha)\times$ $[-\ln(1-\alpha)]^{3/4}$	0.9927	0.0788
	1473	0.00~3.67	0.000~0.039		0.9978	0.1087
	1523	0.00~3.25	0.000~0.037		0.9974	0.1156
	1573	0.00~2.67	0.000~0.040		0.9987	0.1447
2.0	1423	0.00~3.92	0.000~0.034	A-E 方程($m=4$)，$4(1-\alpha)\times$ $[-\ln(1-\alpha)]^{3/4}$	0.9916	0.0812
	1473	0.00~3.50	0.000~0.036		0.9971	0.0891
	1523	0.00~3.17	0.000~0.037		0.9954	0.1095
	1573	0.00~2.33	0.000~0.049		0.9958	0.1195

续表 5-34

试验条件		范围		机理函数	相关系数	表观速率常数
C/O 摩尔比	温度/K	时间/min	α	$f(\alpha)$	R^2	$k(T)/min^{-1}$
2.5	1423	0.00 ~ 3.75	0.000 ~ 0.028	A-E 方程$(m=4)$, $4(1-\alpha) \times [-\ln(1-\alpha)]^{3/4}$	0.9914	0.0826
	1473	0.00 ~ 3.42	0.000 ~ 0.033		0.9953	0.0916
	1523	0.00 ~ 3.08	0.000 ~ 0.043		0.9952	0.1093
	1573	0.00 ~ 2.25	0.000 ~ 0.038		0.9956	0.1198
3.0	1423	0.00 ~ 3.67	0.000 ~ 0.025	A-E 方程$(m=4)$, $4(1-\alpha) \times [-\ln(1-\alpha)]^{3/4}$	0.9912	0.0864
	1473	0.00 ~ 3.42	0.000 ~ 0.030		0.9953	0.0955
	1523	0.00 ~ 2.92	0.000 ~ 0.034		0.9958	0.1062
	1573	0.00 ~ 2.17	0.000 ~ 0.030		0.9969	0.1111

表 5-35 还原中期阶段机理函数及相关系数

试验条件		范围		机理函数	相关系数	表观速率常数
C/O 摩尔比	温度/K	时间/min	α	$f(\alpha)$	R^2	$k(T)/min^{-1}$
1.5	1423	4.17 ~ 15.50	0.034 ~ 0.424	化学反应模型 $(n=2)$, $(1-\alpha)^2$	0.9994	0.0693
	1473	3.67 ~ 19.25	0.039 ~ 0.577		0.9994	0.0994
	1523	3.25 ~ 21.00	0.037 ~ 0.663		0.9997	0.1485
	1573	2.67 ~ 13.00	0.040 ~ 0.597		0.9997	0.1914
2.0	1423	3.92 ~ 17.00	0.034 ~ 0.473	化学反应模型 $(n=2)$, $(1-\alpha)^2$	0.9995	0.0687
	1473	3.50 ~ 22.50	0.036 ~ 0.647		0.9998	0.0933
	1523	3.17 ~ 22.25	0.037 ~ 0.739		0.9994	0.1294
	1573	2.33 ~ 14.50	0.049 ~ 0.683		0.9992	0.1774
2.5	1423	3.75 ~ 17.75	0.028 ~ 0.518	化学反应模型 $(n=3/2)$, $2(1-\alpha)^{3/2}$	0.9992	0.0321
	1473	3.42 ~ 23.00	0.033 ~ 0.700		0.9999	0.0425
	1523	3.08 ~ 24.00	0.043 ~ 0.795		0.9995	0.0607
	1573	2.25 ~ 16.75	0.038 ~ 0.764		0.9992	0.0773
3.0	1423	3.67 ~ 19.00	0.025 ~ 0.561	化学反应模型 $(n=3/2)$, $2(1-\alpha)^{3/2}$	0.9993	0.0306
	1473	3.42 ~ 23.00	0.030 ~ 0.696		0.9999	0.0403
	1523	2.92 ~ 25.00	0.034 ~ 0.822		0.9995	0.0553
	1573	2.17 ~ 19.75	0.030 ~ 0.836		0.9996	0.0701

表 5-36 还原后期阶段机理函数及相关系数

试验条件		范围		机理函数	相关系数	表观速率常数
C/O 摩尔比	温度/K	时间/min	α	$f(\alpha)$	R^2	$k(T)/min^{-1}$
1.5	1423	15.50 ~ 55.00	0.424 ~ 0.652	3-D 扩散模型 $(Z-L-T)$, $3/2(1-\alpha)^{4/3} \times [(1-\alpha)^{-1/3} - 1]^{-1}$	0.9998	0.0151
	1473	19.25 ~ 55.00	0.577 ~ 0.708		0.9985	0.0259
	1523	21.00 ~ 55.00	0.663 ~ 0.762		0.9978	0.0448
	1573	13.00 ~ 55.00	0.597 ~ 0.818		0.9993	0.0772

续表 5-36

| 试验条件 | | | | 机理函数 | 相关系数 | 表观速率常数 |
C/O 摩尔比	温度/K	时间/min	α	$f(\alpha)$	R^2	$k(T)/\text{min}^{-1}$
2.0	1423	17.00~55.00	0.473~0.720	3-D 扩散模型 (Z-L-T), $3/2(1-\alpha)^{4/3}$ $[(1-\alpha)^{-1/3}-1]^{-1}$	0.9993	0.0109
	1473	22.50~55.00	0.647~0.780		0.9971	0.0190
	1523	22.25~55.00	0.739~0.828		0.9956	0.0282
	1573	14.50~55.00	0.683~0.883		0.9998	0.0392
2.5	1423	17.75~55.00	0.518~0.792	3-D 扩散模型 (Z-L-T), $3/2(1-\alpha)^{4/3}$ $[(1-\alpha)^{-1/3}-1]^{-1}$	0.9994	0.0059
	1473	23.00~55.00	0.700~0.851		0.9969	0.0091
	1523	24.00~55.00	0.795~0.878		0.9969	0.0129
	1573	16.75~55.00	0.764~0.926		0.9990	0.0203
3.0	1423	19.00~55.00	0.561~0.826	3-D 扩散模型 (Z-L-T), $3/2(1-\alpha)^{4/3}$ $[(1-\alpha)^{-1/3}-1]^{-1}$	0.9985	0.0034
	1473	23.00~55.00	0.696~0.876		0.9975	0.0050
	1523	25.00~55.00	0.822~0.924		0.9993	0.0068
	1573	19.75~55.00	0.836~0.965		0.9996	0.0107

动力学参数（指前因子和表观活化能）可以通过 $\ln k(T)$ 和 $1/T$ 线性拟合直线的斜率和截距获得。不同还原温度和 C/O 摩尔比条件下的表观速率常数见表 5-34～表 5-36。由表可以看到，相同 C/O 摩尔比下，随着还原温度的升高，表观速率常数逐渐增加。图 5-80 给出了 $\ln k(T)$ 和 $1/T$ 线性拟合结果，据此计算出的指前因子和表观活化能见表 5-37。

表 5-37　难选铁矿石深度还原动力学方程及参数

C/O 摩尔比		1.5	2.0	2.5	3.0
还原速率方程 (Kinetic models)	初期	$r = \dfrac{d\alpha}{dt} = 4 \times A\exp\left(\dfrac{-E_a}{RT}\right)(1-\alpha)[-\ln(1-\alpha)]^{3/4}$			
	中期	$r = \dfrac{d\alpha}{dt} = A\exp\left(\dfrac{-E_a}{RT}\right)(1-\alpha)^2$		$r = \dfrac{d\alpha}{dt} = 2 \times A\exp\left(\dfrac{-E_a}{RT}\right)(1-\alpha)^{3/2}$	
	后期	$r = \dfrac{d\alpha}{dt} = \dfrac{3}{2} \times A\exp\left(\dfrac{-E_a}{RT}\right)(1-\alpha)^{4/3}[(1-\alpha)^{-1/3}-1]^{-1}$			
$E_a/\text{kJ} \cdot \text{mol}^{-1}$	初期	70.38	50.81	48.00	32.13
	中期	128.55	117.97	111.42	104.51
	后期	202.26	158.05	150.10	140.85
A/min^{-1}	初期	31.38	5.87	4.73	1.32
	中期	3646.05	1449.54	391.11	208.51
	后期	394352.32	7229.32	1902.07	490.34

由表 5-37 可以看出，同一还原阶段下，表观活化能和指前因子随着 C/O 摩尔比增加而明显降低。例如，当 C/O 摩尔比由 1.5 增加到 3.0 时，还原初期阶段的表观活化能和指前因子分别从 70.38kJ/mol 和 31.38min^{-1} 减小到 32.13kJ/mol 和 1.32min^{-1}。C/O 摩尔比增加使得矿样与还原剂接触更加充分，同时反应容器内 CO 的浓度增加，这就意味着铁氧化物还原为金属铁的活性位点数量增加和化学反应驱动力增强。因此，还原反应在较高的

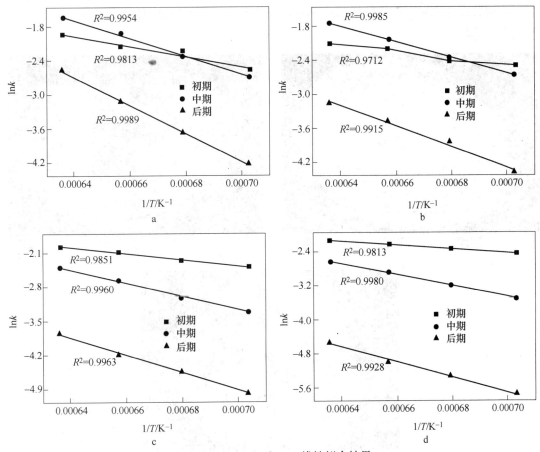

图 5-80 ln$k(T)$ 和 1/T 线性拟合结果

a—C/O 摩尔比为 1.5；b—C/O 摩尔比为 2.0；c—C/O 摩尔比为 2.5；d—C/O 摩尔比为 3.0

C/O 摩尔比条件下更容易发生，反应发生所需的最低能量（即活化能）逐渐降低。指前因子的减小可以用碰撞理论解释。在碰撞理论中，指前因子被称为频率因子，取决于分子间的碰撞是否有效。还原气体 CO 浓度的增加导致有效碰撞的次数增加，故而反应所需的碰撞频率降低。因此，随着 C/O 摩尔比增加频率因子（即指前因子）减小。

由表 5-37 还可以发现，C/O 摩尔比相同时，还原前一阶段的表观活化能和指前因子明显地低于还原后一阶段的表观活化能和指前因子。C/O 摩尔比为 2.0 时，还原初期阶段表观活化能和指前因子分别为 50.81kJ/mol 和 5.87min^{-1}；还原中期阶段为 117.97kJ/mol 和 1449.54min^{-1}；还原后期阶段为 158.05kJ/mol 和 7229.32min^{-1}。表观活化能随还原阶段不同而改变表明还原机理随着深度还原过程的进行而改变，这一现象将在后文进一步探讨。

根据前文确定的不同还原阶段最佳机理函数，计算获得的表观活化能和指前因子，最终提出了难选铁矿石深度还原等温动力学模型，结果见表 5-37。

d 还原机理

为了阐明不同还原阶段的反应机理，将难选铁矿石在还原温度为 1473K 和 C/O 摩尔比为 2.0 条件下分别还原 5min、15min 和 30min，制备出不同还原阶段的样品。采用 SEM-EDS 和 XRD 对还原样品进行分析。由于还原初期阶段时间较短，致使该阶段难以捕捉，故没有制备出还原初期阶段的样品。还原样品的 SEM 图像和 EDS 能谱分析结果如图 5-81 和表 5-38 所示。

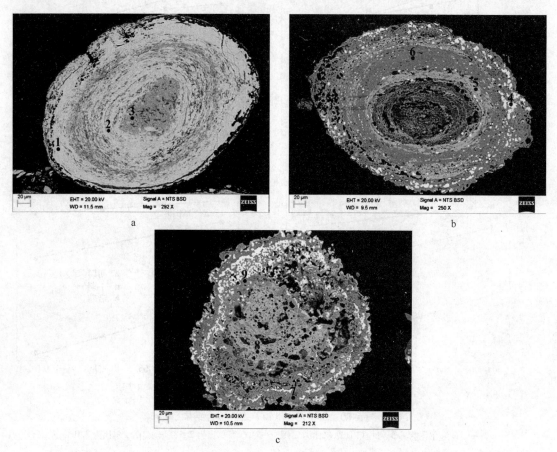

图 5-81 难选铁矿石还原后 SEM 图像

（还原温度为 1473K，C/O 摩尔比为 2.0）

a—5min；b—15min；c—30min

表 5-38 难选铁矿石还原样品 EDS 分析结果 （%）

区 域	元 素 含 量				
	O	Fe	Si	Al	Ca
1	21.69	78.31	0.00	0.00	0.00
2	27.40	72.60	0.00	0.00	0.00
3	31.68	48.35	12.12	7.85	0.00
4	0.00	100.00	0.00	0.00	0.00
5	31.71	54.70	2.05	11.54	0.00
6	30.95	55.57	9.20	3.30	0.98
7	31.98	52.22	10.52	4.06	1.22
8	32.21	46.31	6.25	13.41	1.83
9	42.05	2.98	16.51	18.41	20.06

由图5-81a可以看出，矿样被还原5min时矿石鲕状结构的边缘遭到破坏，并且鲕状边缘有孔隙形成，还原样品中可明显地观测到三个不同的区域。根据 EDS 分析结果（表5-38）可知区域1和2的组成元素为 O 和 Fe，O 和 Fe 的质量比分别为0.277和0.377，据此可以断定区域1和2分别为 FeO（[O]/[Fe] =0.286）和 Fe_3O_4（[O]/[Fe] = 0.381）。区域3组成元素为 O、Fe、Si 和 Al，表明区域3为脉石矿物绿泥石。随着还原继续进行，金属铁（如区域4，组成元素为 Fe）在还原15min样品中被发现，并且鲕粒边缘处金属相的尺寸明显大于鲕粒内部金属铁尺寸。区域5和6主要成分为铁尖晶石（$FeAl_2O_4$）和铁橄榄石（Fe_2SiO_4），是由 FeO 与矿样中 SiO_2（或 Al_2O_3）反应生成的。同时，鲕状结构内部也开始被破坏，孔隙的数量也逐渐增多。还原30min时，还原样品中新形成了三个不同的区域。区域7和8的分别主要由铁橄榄石和尖晶石组成，与区域5和6类似，然而区域7和8中 Ca 的含量明显高于区域5和6，区域9主要成分为钙长石。此时，矿石鲕状结构彻底消失；金属铁相的尺寸明显增加，并且逐渐聚集连接在一起；鲕粒边缘孔隙消失，渣相彼此相连形成均匀相。这种现象主要是由低熔点化合物铁橄榄石（1478K）生成和金属相聚集生长导致的。总而言之，鲕状难选铁矿石中铁矿物按照由外及内的空间顺序逐渐被还原。

图5-82 给出了还原样品的 XRD 谱图。由图可以发现，还原5min时，检测到了 FeO 和 Fe_3O_4 的衍射峰，与 EDS 分析结果一致。与原矿石 XRD 谱图比较可知，赤铁矿衍射峰的数量减少，并且衍射峰相对强度明显降低。同时，检测到了铁橄榄石的衍射峰，但衍射强度较弱。还原15min时，XRD 谱图中明显地出现了金属铁、铁橄榄石和铁尖晶石的衍射峰，而赤铁矿、磁铁矿和氧化亚铁相几乎完全消失。上述结果表明，矿石中的赤铁矿按照 $Fe_2O_3 \rightarrow Fe_3O_4 \rightarrow FeO \rightarrow Fe$ 的顺序逐级还原为金属铁。赤铁矿还原为低价铁氧化物（即磁铁矿和氧化亚铁）较为迅速，而氧化亚铁还原为金属铁则是赤铁矿还原为金属铁过程中最慢的环节，与 Park、El-Geassy、Biswas、Fruehan、Rao 的研究结果相一致。这一结果解释了

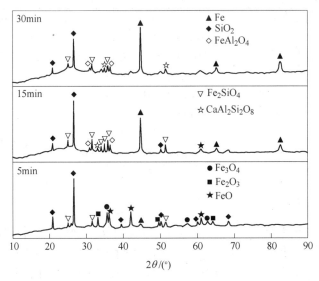

图 5-82 难选铁矿石还原样品 XRD 图谱

（还原温度为1473K，C/O 摩尔比为2.0）

为什么还原速率峰值均出现在还原前期阶段（图 5-78）。还原 30min 时，XRD 谱图中铁橄榄石和尖晶石衍射峰的相对强度降低，而金属铁和 $CaAl_2Si_2O_8$ 衍射峰的相对强度明显增强，表明铁橄榄石和尖晶石被进一步还原为金属铁。显然，还原样品 XRD 分析结果与 SEM-EDS 结果具有良好的一致性。

基于动力学分析、XRD 分析和 SEM-EDS 分析的结果，可以得出：鲕状难选铁矿石深度还原机理随着还原的进行而逐渐改变；赤铁矿按照 $Fe_2O_3 \rightarrow Fe_3O_4 \rightarrow FeO(FeAl_2O_4,$ $Fe_2SiO_4) \rightarrow Fe$ 的反应顺序和鲕粒边缘→鲕粒内部的空间顺序还原为金属铁；随着铁氧化物还原反应的进行，矿石的鲕状结构逐渐被破坏；还原前期铁橄榄石和尖晶石形成，而还原后期又会被还原为金属铁；Ca-Si-Al-O 物质和金属铁逐渐聚集生长，分别形成均匀渣相和金属铁相；还原前期还原为金属铁的主要物质为 Fe_2O_3、Fe_3O_4 和 FeO，而还原后期则主要是铁的复杂化合物（Fe_2SiO_4 和 $FeAl_2O_4$）。Park、Zhu、Kubaschewski 等人研究表明，与铁氧化物相比 Fe_2SiO_4 和 $FeAl_2O_4$ 还原为金属铁的难度更大，这就是为什么还原后期的活化能和指前因子明显地高于还原前期的原因。

尽管还原时间小于 5min（即还原初期）时的样品因难以制备而没有进行 XRD 和 SEM-EDS 分析，El-Geassy 和 Park 的最新研究结果有助于我们分析还原初期的机理。在还原的开始阶段（即蛰伏期），参与还原反应的主要物质为赤铁矿（Fe_2O_3），赤铁矿由与其表面接触的固体碳直接还原为 Fe_3O_4，化学反应式为：

$$3Fe_2O_3(s) + C(s) =\!=\!= 2Fe_3O_4(s) + CO(g) \tag{5-97}$$

生成的 CO 会立即在原位参与 Fe_2O_3 还原为 Fe_3O_4 的反应，反应方程式如下：

$$3Fe_2O_3(s) + CO(g) =\!=\!= 2Fe_3O_4(s) + CO_2(g) \tag{5-98}$$

根据上述研究结果和分析，对难选铁矿石深度还原不同阶段的还原机理进行了总结，如表 5-39 所示。

表 5-39　难选铁矿石深度还原机理

还原阶段	还原物质	主要还原反应	微观形貌	反应机理
初期	Fe_2O_3	$3Fe_2O_3 + C = 2Fe_3O_4 + CO$ $3Fe_2O_3 + CO = 2Fe_3O_4 + CO_2$	未检测到	表面化学反应
中期	Fe_2O_3，Fe_3O_4，FeO	$3Fe_2O_3 + CO = 2Fe_3O_4 + CO_2$ $Fe_3O_4 + CO = 3FeO + CO_2$ $FeO + CO = Fe + CO_2$	鲕状结构破坏	表面化学反应
后期	Fe_2SiO_4，$FeAl_2O_4$	$Fe_2SiO_4 + 2C = 2Fe + SiO_2 + 2CO$ $FeAl_2O_4 + C = Fe + Al_2O_3 + CO$	均质相形成	固相扩散

C　非等温动力学

a　升温速率的影响

程序升温法是研究还原动力学一种十分有效的方法，本节采用程序升温技术对不同 C/O 摩尔比和升温速率下难选铁矿石的还原反应进行了研究。图 5-83 和图 5-84 分别给出了还原度和还原速率随还原温度的变化。可以发现不同还原条件下还原度曲线和还原速率曲线随着还原温度分别呈现出相同的变化规律。随着还原温度升高，还原度逐渐增加（图 5-83）；还原速率先迅速增加，之后保持稳定，然后逐渐降低。

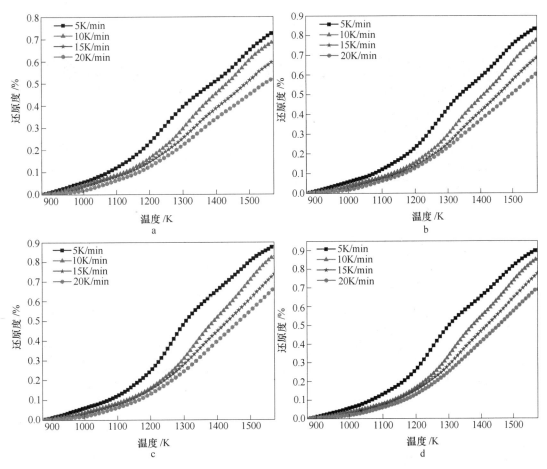

图 5-83 不同升温速率和 C/O 摩尔比下的还原度曲线

a—C/O 摩尔比为 1.5；b—C/O 摩尔比为 2.0；c—C/O 摩尔比为 2.5；d—C/O 摩尔比为 3.0

从图 5-83 和图 5-84 可以看出升温速率对还原度和还原速率具有十分显著的影响。相同 C/O 摩尔比下，还原度随着升温速率的增加而增大，并且温度越高增加幅度越大（图 5-83）。在所有试验条件下，还原度均小于 1.0，表明矿石中铁矿物并没有完全被还原。例如，当 C/O 摩尔比为 2.0 时，升温速率为 5K/min、10K/min、15K/min 和 20K/min 时试验终点（温度升高至 1573K）的还原度分别为 0.839、0.775、0.685 和 0.606。当 C/O 摩尔比相同时，随着升温速率的增加，还原速率明显地增大，尤其是当还原温度大于 1000K 时效果更为明显。同时升温速率越大还原速率峰值出现时的温度越高（图 5-84）。C/O 摩尔比为 2.0 时，随着升温速率由 5K/min 增加到 20K/min，还原速率峰值由 0.0116min^{-1} 增加到 0.0337min^{-1}，还原速率峰值所对应的温度也由 1264K 升高到 1363K。

b C/O 摩尔比的影响

横向对比分析图 5-83 和图 5-84 中 a~d，可以看到 C/O 摩尔比对难选铁矿石深度还原也有一定的影响。在同一升温速率下，当温度高于 1150K 时，还原度和还原速率均随着 C/O 摩尔比增加而增大；当温度小于 1150K 时，变化趋势不是十分明显。例如，在升温速率为 10K/min 条件下，随着 C/O 摩尔比从 1.5 增加到 3.0，温度为 1573K 时的还原度从

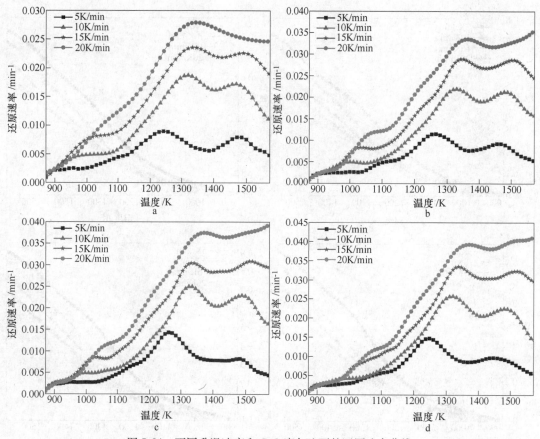

图 5-84   不同升温速率和 C/O 摩尔比下的还原速率曲线

a—C/O 摩尔比为 1.5；b—C/O 摩尔比为 2.0；c—C/O 摩尔比为 2.5；d—C/O 摩尔比为 3.0

0.688 增加到 0.855；还原速率峰值由 $0.019\mathrm{min}^{-1}$ 增加到 $0.026\mathrm{min}^{-1}$。在其他升温速率下也发现了类似的现象。还可以发现，升温速率给定时，不同 C/O 摩尔比条件下的还原速率峰值出现时的温度十分接近。升温速率为 15K/min 时，C/O 摩尔比为 1.5、2.0、2.5 和 3.0 时还原速率达到峰值所对应的温度分别为 1334K、1340K、1335K 和 1337K，可认为相同。

尽管升温速率和 C/O 摩尔比对难选铁矿石深度还原均有影响，但是通过对比分析可知升温速率的影响作用要明显强于 C/O 摩尔比。

c   非等温动力学分析

一般来说，对于升温速率恒定的非等温条件下的非均相的反应速率可以由式（5-99）进行描述：

$$\frac{\mathrm{d}\alpha}{\mathrm{d}t} = \beta\frac{\mathrm{d}\alpha}{\mathrm{d}T} = A\exp\left(\frac{-E}{RT}\right)f(\alpha) \tag{5-99}$$

式中 β——升温速率；

T——温度；

t——时间；

A——指前因子；

E——活化能；

$f(\alpha)$——机理函数微分形式；

R——气体常数。

对式（5-99）进行排列积分可得到机理函数的积分形式 $G(\alpha)$，如式（5-100）所示：

$$G(\alpha) = \int_0^\alpha \frac{\mathrm{d}\alpha}{f(\alpha)} = \frac{A}{\beta}\int_{T_0}^T \exp\left(\frac{-E}{RT}\right)\mathrm{d}T \tag{5-100}$$

动力学分析的目的就是运用活化能、指前因子和机理函数对反应的动力过程进行描述。大量的方法被提出用于计算获得非等温动力学参数。作为研究动力学的多种非等温升温速率法之一，等转化率法通常被用于计算反应的活化能。在等转化率法中，Ozawa-Flynn-Wall 法应用最为广泛。因此，本文采用 Ozawa-Flynn-Wall 法对难选铁矿石非等温还原的活化能进行计算。Ozawa-Flynn-Wall 法由 Flynn、Wall 和 Ozawa 提出，其形式为：

$$\lg\beta = \lg\left[\frac{AE}{RG(\alpha)}\right] - 2.315 - 0.4567\frac{E}{RT} \tag{5-101}$$

由式（5-101）可知，一旦获得不同升温速率下相同还原度所对应的温度，活化能即可通过 $\lg\beta$ 与 $1/T$ 的线性回归直线的斜率计算得到。

Šatava-Šesták 积分法通常被用于确定非等温反应的动力学机理函数，其形式如式（5-102）所示。

$$\lg G(\alpha) = \lg\left(\frac{AE_s}{R\beta}\right) - 2.315 - 0.4567\frac{E_s}{RT} \tag{5-102}$$

采用最小二乘法对 $\lg G(\alpha)$ 和 $1/T$ 进行线性拟合，可以计算出 E_s、$\ln A$ 和相关系数 r。本书采用 30 种常用动力学机理函数（表 5-34）对试验数据进行拟合分析。最佳的机理函数可以通过分析 $\lg G(\alpha)$ 和 $1/T$ 之间的线性关系确定。如果仅有一个 $G(\alpha)$ 线性关系最好，这一 $G(\alpha)$ 即为最佳机理函数；如果几个 $G(\alpha)$ 均具有良好的线性关系，则哪一个 $G(\alpha)$ 的活化能（E_s）与 Ozawa-Flynn-Wall 法计算的活化能最为接近，即是最佳的机理函数。根据确定的机理函数可以建立反应的动力学模型。

对于每一个升温速率，选取还原度 $0.05\sim0.75$（间距 0.05）所对应的温度，利用式（5-101）计算活化能。图 5-85 给出了 $\lg\beta$ 与 $1/T$ 的线性拟合结果，可以看出 $\lg\beta$ 与 $1/T$ 具有良好的线性相关性。因此，铁矿石非等温还原的活化能可以采用 Ozawa-Flynn-Wall 法计算获得。表 5-40 给出了不同 C/O 摩尔比条件下非等温还原的活化能。由表 5-40 可以发现，随着 C/O 摩尔比由 1.5 增加到 3.0，活化能从 169.6kJ/mol 降低到 159.2kJ/mol，表明在较高的 C/O 摩尔比条件下铁矿石更容易被还原。

表 5-40　铁矿石非等温还原活化能

C/O 摩尔比	1.5	2.0	2.5	3.0
$E^{①}$/kJ·mol^{-1}	169.6	165.8	162.4	159.2

①E 为不同还原度对应的活化能的平均值。

据作者所知，本书为首次研究铁矿石煤基还原的非等温动力学。但研究结果可以与文献中铁氧化物碳还原的活化能进行比较，如表 5-41 所示。可以发现本书计算获得的活化能明显地大于文献中活化能。这一结果表明，与等温条件下铁矿石或铁氧化物还原相比，在非等温条件下难选铁矿石更难被还原。

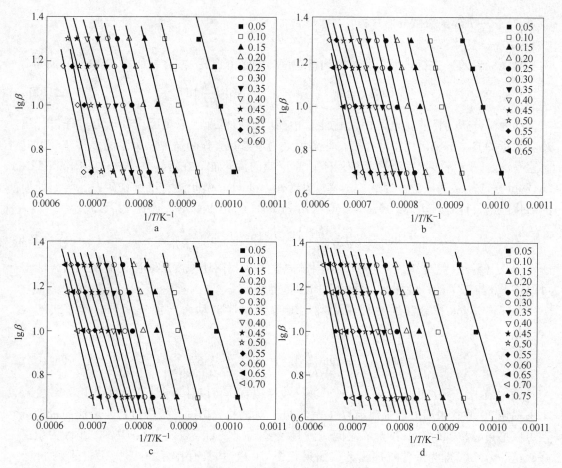

图 5-85 不同 C/O 摩尔比下 $\lg\beta$ 与 $1/T$ 的线性拟合

a—C/O 摩尔比为 1.5；b—C/O 摩尔比为 2.0；c—C/O 摩尔比为 2.5；d—C/O 摩尔比为 3.0

表 5-41 文献中铁氧化物碳还原活化能

文 献 作 者	$E/kJ \cdot mol^{-1}$	试 验 条 件
本文	159.2 ~ 169.6	矿石/煤，非等温
Sun, et al.	81.9	矿石/煤，等温
El-Geassy, et al.	144.5	Fe_2O_3/C，等温
Carvalho, et al.	100	矿石/煤球团，等温

根据前文描述，本研究采用 Šatava-Šesták 法确定难选铁矿石煤基非等温还原的机理函数。由 30 种动力学机理函数的线性拟合相关系数可以发现 $A_{1/4}$、D_5 和 C_1 模型对应的 $G(\alpha)$ 与 $1/T$ 的线性相关度要好于其他模型。表 5-42 为 $A_{1/4}$、D_5 和 C_1 模型线性拟合计算结果。对比分析表 5-42 和表 5-40 中的活化能，可以看出模型 D_5 计算得到的活化能与 Ozawa-Flynn-Wall 法最为接近，因此可以得出 D_5 反应模型（$G(\alpha) = [1 - (1-\alpha)^{1/3}]^2$，$f(\alpha) = 3/2(1-\alpha)^{2/3}[1-(1-\alpha)^{1/3}]^{-1}$）是铁矿石非等温还原的最佳机理函数。从表 5-42 还可以发现，相同 C/O 摩尔比条件下，Šatava-Šesták 法得到的 E_s 和 $\ln A$ 随着升温速率的增加而增大。例

如，C/O 摩尔比为 2.0，随着升温速率从 5K/min 增加到 20K/min，E_s 和 $\ln A$ 分别由 172.4kJ/mol 和 10.82min^{-1} 增加到 184.4kJ/mol 和 11.59min^{-1}。然而，在同一升温速率下，E_s 和 $\ln A$ 随着 C/O 摩尔比的增加而减小，与 Ozawa-Flynn-Wall 法计算结果的变化规律相一致。

表 5-42　可能的机理函数线性拟合结果

C/O 摩尔比	β /K · min^{-1}	$A_{1/4}$ 模型			D_5 模型			C_1 模型		
		E_s /kJ · mol^{-1}	$\ln A$ /min^{-1}	$-R$	E_s /kJ · mol^{-1}	$\ln A$ /min^{-1}	$-R$	E_s /kJ · mol^{-1}	$\ln A$ /min^{-1}	$-R$
1.5	5	331.2	26.58	0.999	177.5	11.37	0.999	99.7	7.48	0.999
	10	353.5	27.46	0.999	184.2	11.79	0.999	100.1	7.53	0.998
	15	354.0	27.63	0.998	185.5	11.94	0.997	102.1	7.61	0.995
	20	360.5	27.87	0.999	189.1	12.10	0.999	103.8	7.79	0.993
2.0	5	323.7	25.74	0.998	172.4	10.82	0.998	94.6	7.06	0.998
	10	334.2	25.52	0.999	176.8	11.03	0.998	98.8	7.18	0.992
	15	339.7	26.32	0.998	178.5	11.18	0.997	98.8	7.27	0.999
	20	356.4	27.11	0.998	184.4	11.59	0.998	99.4	7.47	0.995
2.5	5	309.7	23.9	0.999	164.6	9.80	0.999	93.1	6.43	0.996
	10	327.5	24.86	0.998	171.8	10.38	0.998	93.5	6.79	0.994
	15	332.7	24.94	0.998	172.9	10.44	0.997	93.7	6.83	0.998
	20	338.9	25.17	0.997	175.2	10.59	0.998	94.6	6.94	0.999
3.0	5	285.2	20.99	0.998	148.3	7.97	0.999	81.9	5.33	0.998
	10	291.9	21.01	0.998	151.7	8.44	0.998	83.0	5.78	0.999
	15	297.4	21.86	0.999	155.6	8.80	0.998	85.2	5.9	0.997
	20	314.1	22.55	0.995	163.1	9.32	0.996	86.4	6.2	0.998

图 5-86 显示了活化能 E_s 和指前因子 $\ln A$ 之间的关系。由图可以发现 $\ln A$ 与 E_s 呈现出良好的线性相关性，表明铁矿石非等温煤基还原过程中存在动力学补偿效应。动力学补偿效

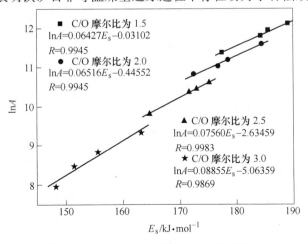

图 5-86　E_s 和 $\ln A$ 之间的动力学补偿效应

应的产生可能是由于不同的升温速率引起的。

　　基于前文确定的最佳机理函数、活化能（E_s）和 $\ln A$ 可以建立难选铁矿石非等温煤基还原的动力学方程，不同条件下的动力学方程如表 5-43 所示。

表 5-43　难选铁矿石非等温还原的动力学方程

C/O 摩尔比	$\beta/K \cdot min^{-1}$	Kinetic 模型
1.5	5	$d\alpha/dT = 17276\exp(-21346/T)(3/2)(1-\alpha)^{4/3}[(1-\alpha)^{1/3}-1]^{-1}$
	10	$d\alpha/dT = 13145\exp(-22154/T)(3/2)(1-\alpha)^{4/3}[(1-\alpha)^{1/3}-1]^{-1}$
	15	$d\alpha/dT = 10184\exp(-22310/T)(3/2)(1-\alpha)^{4/3}[(1-\alpha)^{-1/3}-1]^{-1}$
	20	$d\alpha/dT = 9000\exp(-22741/T)(3/2)(1-\alpha)^{4/3}[(1-\alpha)^{-1/3}-1]^{-1}$
2.0	5	$d\alpha/dT = 9968\exp(-20734/T)(3/2)(1-\alpha)^{4/3}[(1-\alpha)^{-1/3}-1]^{-1}$
	10	$d\alpha/dT = 6187\exp(-21263/T)(3/2)(1-\alpha)^{4/3}[(1-\alpha)^{-1/3}-1]^{-1}$
	15	$d\alpha/dT = 4758\exp(-21471/T)(3/2)(1-\alpha)^{4/3}[(1-\alpha)^{-1/3}-1]^{-1}$
	20	$d\alpha/dT = 54106\exp(-22176/T)(3/2)(1-\alpha)^{4/3}[(1-\alpha)^{-1/3}-1]^{-1}$
2.5	5	$d\alpha/dT = 3611\exp(-19796/T)(3/2)(1-\alpha)^{4/3}[(1-\alpha)^{-1/3}-1]^{-1}$
	10	$d\alpha/dT = 3211\exp(-20660/T)(3/2)(1-\alpha)^{4/3}[(1-\alpha)^{-1/3}-1]^{-1}$
	15	$d\alpha/dT = 2282\exp(-20798/T)(3/2)(1-\alpha)^{4/3}[(1-\alpha)^{-1/3}-1]^{-1}$
	20	$d\alpha/dT = 1995\exp(-21077/T)(3/2)(1-\alpha)^{4/3}[(1-\alpha)^{-1/3}-1]^{-1}$
3.0	5	$d\alpha/dT = 579\exp(-17832/T)(3/2)(1-\alpha)^{4/3}[(1-\alpha)^{-1/3}-1]^{-1}$
	10	$d\alpha/dT = 461\exp(-18244/T)(3/2)(1-\alpha)^{4/3}[(1-\alpha)^{-1/3}-1]^{-1}$
	15	$d\alpha/dT = 440\exp(-18718/T)(3/2)(1-\alpha)^{4/3}[(1-\alpha)^{-1/3}-1]^{-1}$
	20	$d\alpha/dT = 557\exp(-19614/T)(3/2)(1-\alpha)^{4/3}[(1-\alpha)^{-1/3}-1]^{-1}$

　　d　还原机理

　　采用 Ozawa-Flynn-Wall 法计算出不同还原度下的活化能，结果如图 5-87 所示。由图可以看出，随着还原度的增加，活化能数值明显发生变化。这一现象表明，随着还原反应的进行反应的机理发生改变。结合活化能随着还原度呈现出的变化趋势，难选铁矿石非等温煤基还原可以分为两个阶段。阶段 I，还原度大约小于 0.6 时，可以认为活化能在一个较低的数值（约 161 kJ/mol）上下波动；阶段 II，还原度大于 0.6 时，活化能随着还原度的

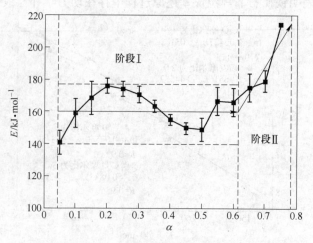

图 5-87　活化能与还原度之间的关系

增加迅速增大（从161kJ/mol增加到215kJ/mol）。

图5-88显示了不同还原温度（即还原度）条件下还原样品的XRD谱图。由图可知，还原温度为1073K（α=0.07）时，还原样品中含铁相主要为磁铁矿（Fe_3O_4）和赤铁矿（Fe_2O_3）。与原矿XRD谱图相比，大部分赤铁矿的衍射峰消失，并且检测到的赤铁矿衍射峰强度相对较弱。还原温度升高到1273K（α=0.25）时，赤铁矿和磁铁矿衍射峰消失，而氧化亚铁（FeO）、铁橄榄石（Fe_2SiO_4）和铁尖晶石（$FeAl_2O_4$）的衍射峰明显存在。还原温度为1373K（α=0.44）时，还原样品中金属铁的衍射峰出现；氧化亚铁衍射峰的数量减少，并且强度减弱；而铁橄榄石衍射峰的数量增加，强度增强。还原温度升高到1473K（α=0.61）时，金属铁衍射峰的相对强度增加，而铁橄榄石衍射峰的强度减弱。当还原温度达到1573K（α=0.77）时，还原样品中含铁相主要为金属铁，铁橄榄石和尖晶石衍射峰的相对强度进一步减弱。上述结果表明，矿石中的赤铁矿按照$Fe_2O_3 \rightarrow Fe_3O_4 \rightarrow FeO \rightarrow Fe$的途径逐级还原为金属铁；还原产生的FeO会与脉石矿物反应生成铁橄榄石和尖晶石；随着还原的继续进行，铁橄榄石和尖晶石又会逐渐被还原为金属铁。

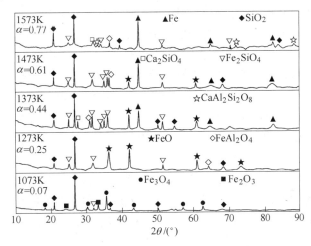

图5-88 不同还原温度下还原样品的XRD谱图

（升温速率为10K/min，C/O摩尔比为2.0）

根据上述结果及分析，我们可以得出：难选铁矿石非等温还原过程中还原机理发生转变；矿样中赤铁矿的还原路径为$Fe_2O_3 \rightarrow Fe_3O_4 \rightarrow FeO(Fe_2SiO_4，FeAl_2O_4) \rightarrow Fe$；非等温还原过程可以分为两个阶段；阶段Ⅰ，主要的还原反应为铁氧化物（Fe_2O_3、Fe_3O_4、FeO）被还原为金属铁的化学反应；阶段Ⅱ，铁复杂化合物（Fe_2SiO_4、$FeAl_2O_4$）被还原为金属铁的化学反应是主要的还原反应。已有研究表明，与铁氧化物相比Fe_2SiO_4和$FeAl_2O_4$更难被还原为金属铁。因此，难选铁矿石非等温还原前一阶段的活化能稳定在一个较低的数值，而在后一阶段则明显地增大。难选铁矿石非等温还原动力学机理与等温还原动力学机理相类似。

5.3.5.3 难选铁矿石深度还原-磁选工艺研究

A 还原条件对还原指标的影响

a 还原温度的影响

在深度还原过程中，还原温度对还原产品指标的影响较大，因此，首先考察还原温度

条件对深度还原工艺的影响。在温度条
件试验中，设定还原时间为 50min，料层
厚度为 20mm，矿石粒度为 - 2.0mm，煤
粒度为 - 2.0mm，C/O 摩尔比为 2.5，不
添加 CaO，研究还原温度分别为 1150℃、
1175℃、1200℃、1225℃、1250℃ 和
1275℃情况下对深度还原过程的影响。

还原温度对还原物料金属化率及分
选效果的影响如图 5-89 所示。由图 5-89
可知，当还原温度由 1150℃ 升高到
1250℃时，还原物料金属化率、铁粉的品
位和铁的回收率分别迅速地从 76.07%、
65.87%、84.63% 升高到 90.09%、83.39%、93.91%。但是当温度进一步升高到 1250℃

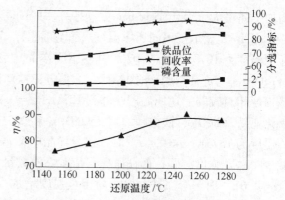

图 5-89 还原温度对还原物料金属
化率及分选指标的影响

后，还原物料金属化率和铁的回收率反而略有下降。还原温度为 1250℃时，还原物料金属
化率和铁的回收率达到最大值。同时，随着温度的升高，铁粉中磷的含量逐渐增加。从冶
金物理化学角度分析，温度升高能够促进铁氧化物的还原。然而还原温度过高时，还原过
程中生成的低价态铁氧化物会与 SiO_2 和 Al_2O_3 等脉石发生反应，生成了部分低熔点的化合
物，比如铁橄榄石（$2FeO \cdot SiO_2$）等。而低熔点化合物将会使物料发生软化和熔化，使矿
物原料的孔隙率下降，并且降低了物料的通透性，进而阻碍了还原气氛对铁的氧化物的还
原反应，从而使还原物料的金属化率出现减缓趋势。

b 还原时间的影响

参考深度还原温度条件试验，综合各方面考虑，选择深度还原温度为 1250℃进行后续
试验。在还原时间条件试验中，固定料层厚度为 20mm，矿石粒度为 - 2.0mm，煤粒度为
- 2.0mm，配碳系数（C/O 摩尔比）为 2.5，不添加 CaO，还原时间分别定为 30min、
40min、50min、60min、70min，然后依次进行还原时间条件试验。

图 5-90 为还原时间对还原物料金属
化率及分选指标的影响。由图 5-90 可知，
还原物料的金属化率随着还原时间的延
长逐渐升高，在还原时间为 50min 时达到
最大值 90.09%，当还原时间超过 50min
后，金属化率则略微地下降。在还原时
间从 20min 增加到 50min 的过程中，铁粉
品位及铁的回收率逐渐增加，之后随着
还原时间的进一步延长，两者趋于平稳。
在整个还原时间范围内，铁粉中磷的含
量始终不断增加。其原因是：在还原的
初始阶段，铁矿物颗粒与煤颗粒的接触

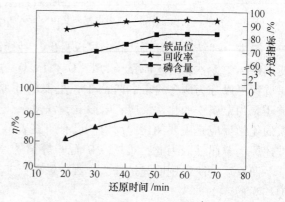

图 5-90 还原时间对还原物料金属
化率及分选指标的影响

条件良好，并且产生的 CO 浓度比较高，还原反应进行得较为激烈，尤其是在还原物料的
表面，促使铁的氧化物较快地还原成金属铁，这也说明了为什么在反应的初期，铁的品位

可以从原来的 70.15% 迅速增长到 85.63%，以及还原物料的金属化率在 30min 时就可以达到 85.37%；但是，随着反应时间的延长，铁矿物颗粒与煤颗粒之间逐渐分离，CO 浓度也逐渐降低，使得还原反应速率降低并趋于反应平衡，铁的品位和回收率虽然在增加，但是并不明显，且还原物料的金属化率也趋于稳定状态；但是，由于还原炉为非封闭系统，当还原时间过长时，炉内还原性气氛降低而氧化性气氛增强，使已还原的金属铁被氧化，从而造成了还原物料的金属化率略有下降。

c 配碳系数的影响

以煤作还原剂还原铁氧化物时，配碳系数依据铁氧化物中的氧含量来确定。已有研究成果表明，其他条件相同时，在一定范围内，随着配碳系数的增加，还原速度和还原物料的金属化率明显提高。配碳系数通常用 C/O 摩尔比表示，即煤粉中固定碳和矿石中铁氧化物中氧的摩尔数之比。为研究配碳系数对深度还原过程的影响，根据上述试验结果，设定还原温度为 1250℃，还原时间为 50min，料层厚度为 20mm，矿石粒度为 −2.0mm，煤粒度为 −2.0mm，不添加 CaO，调整配碳系数分别为 0.5、1.0、1.5、2.0、2.5 和 3.0，然后进行深度还原配碳系数条件试验。

配碳系数对还原物料金属化率及分选效果的影响如图 5-91 所示。由图 5-91 可知，配碳系数（C/O 摩尔比）对还原物料金属化率的影响显著，当 C/O 摩尔比由 0.5 增加到 2.0 时，还原物料的金属化率由 49.69% 迅速地增加到 90.12%，而当 C/O 摩尔比进一步增加时，金属化率趋于平稳不再提高。这是因为配碳量增加会促进 Boudouard 反应发生并产生大量的 CO，从而加速了铁氧化物的还原。但是随着配碳量进一步增加，这种作用会

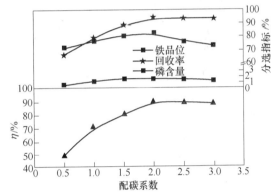

图 5-91 配碳系数对还原物料金属化率及分选指标的影响

逐渐减弱。因此，金属化率先快速升高，当 C/O 摩尔比超过 2.0 后不再增加。随着配碳量的增加，还原铁粉的铁品位及回收率逐渐增加，然而当 C/O 摩尔比大于 2.0 后，铁品位反而逐渐降低，回收率升高非常缓慢。这可能是当配碳量过大时，未反应的残碳阻碍了铁相的扩散凝聚，使得金属相的粒度减小，同时残碳过多不利于磁选，故而还原铁粉的品位降低。铁粉中磷的含量随着 C/O 摩尔比的升高而增加，当 C/O 摩尔比超过 1.5 后，则开始缓慢下降。

d CaO 含量的影响

有研究表明，CaO 可以促进深度还原过程中铁氧化物的还原。因此，本课题采取加入分析纯试剂 CaO 的方式调整物料中 CaO 的含量（以占矿石质量的百分比来计），研究物料中 CaO 含量对深度还原过程的影响。根据上述试验结果，设定还原温度为 1250℃，还原时间为 50min，料层厚度为 20mm，矿石粒度为 −2.0mm，煤粒度为 −2.0mm，配碳系数（摩尔比）为 2.0，改变物料中 CaO 的总含量分别为 4%、6%、8%、10% 和 12%，然后进行深度还原试验。

CaO 含量对还原物料金属化率及分选效果的影响如图 5-92 所示。由图 5-92 可知，随着物料中 CaO 含量的增加，还原物料的金属化率及铁粉品位先逐渐升高，在 CaO 含量为

10% 时金属化率及铁粉品位分别达到最大值 95.82% 和 89.78%，之后又略有降低。在 CaO 含量由 4% 增加到 6% 的过程中，铁的回收率从 94.31% 增加到 96.66%，当 CaO 含量大于 6% 后，铁的回收率开始趋于平稳。物料中 CaO 含量对铁粉中磷的品位没有明显的影响。这是因为：在还原过程中，部分 FeO 会与 SiO_2 反应生成铁橄榄石，而 CaO 可以置换出铁橄榄石中的 FeO（$2CaO + 2FeO \cdot SiO_2 = 2FeO + 2CaO \cdot SiO_2$），使得 FeO 进一步被 CO 或 C 还原为金属铁。但是 CaO 能降低铁矿

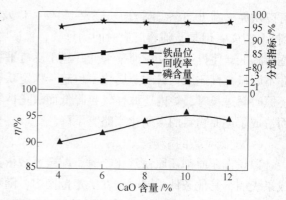

图 5-92　CaO 含量对还原物料金属化率及分选指标的影响

石的熔化温度和还原体系的黏度，CaO 添加量的增多也有可能使矿石或固相反应的生成物开始熔化黏结，并在还原物料的表面形成液相，使矿物原料的孔隙率下降，阻碍还原气氛向内部扩散，导致还原动力学条件的恶化，进而使得还原物料的金属化率降低。

B　全流程试验

根据上述试验结果，在还原温度为 1250℃、还原时间为 50min、C/O 摩尔比为 2.0、CaO 含量为 10% 的最佳还原条件下进行了深度还原-磁选试验研究。通过深度还原试验获得还原物料，采用湿式球磨将还原物料磨至 -0.074mm 占 80%，将磨细的矿浆在 72kA/m 场强下进行湿式弱磁选，获得铁粉与尾渣。

磁选结果如表 5-44 所示。由表 5-44 可知，通过磁选可以获得品位为 89.63% 的还原铁粉，铁的回收率高达 96.21%，表明深度还原-磁选技术有效地实现了从高磷鲕状难选铁矿石中回收铁。还原铁粉的化学成分分析见表 5-45。由表 5-45 可以看到，磁选铁粉的金属化率可达 96.14%，铁粉中酸性杂质（SiO_2 和 Al_2O_3）的含量相对较低，但是有害元素磷的含量相对较高。因此，在后续炼钢作业中要加强脱磷作业。这也为矿石中磷的综合回收利用奠定了基础。

表 5-44　全流程试验结果（质量分数）　　　　　　　（%）

产　品	产　率	铁 品 位	铁 回 收 率
铁粉	48.83	89.63	96.21
尾渣	51.17	3.37	3.79
合计	100.00	45.49	100.00

表 5-45　铁粉化学成分分析（质量分数）　　　　　　（%）

Fe_{total}	$Fe_{metallic}$	FeO	SiO_2	Al_2O_3	CaO	MgO	P	S
89.63	86.17	2.23	3.52	2.31	0.72	0.22	1.82	0.01

C　还原产品特性分析

采用 X 射线衍射（XRD）和扫描电子显微镜（SEM）对还原物料及其磁选铁粉的物

相组成及微观结构进行了分析，以便进一步了解难选铁矿石深度还原工艺。

　　a　还原物料特性

　　最佳还原条件下还原物料的 X 衍射图谱如图 5-93 所示。由图 5-93 可知，铁元素主要以金属铁的形式存在于还原物料中。如前所述，当金属铁与渣相解离后，很容易通过磁选的方式实现富集。SiO_2 仍然是主要的杂质成分。然而与原矿样的 XRD 图谱对比分析可知，还原后 SiO_2 的衍射峰强度变弱，表明还原过程中 SiO_2 发生了反应。并且 Fe_2O_3 的衍射峰完全消失，铁矿物还原的中间产物 Fe_3O_4 和 Fe_2SiO_4 存在于还原物料中。因此，可以得出矿石中的 Fe_2O_3 按照 $Fe_2O_3 \rightarrow Fe_3O_4 \rightarrow FeO \rightarrow Fe$ 的顺序被还原为了金属铁。还可以看出，经过还原后

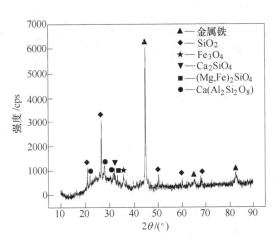

图 5-93　还原物料的 XRD 图谱

矿石中鲕绿泥石的衍射峰消失，而新出现了 Ca_2SiO_4 和 $Ca(Al_2Si_2O_8)$ 的衍射峰，这说明在 CaO 的作用下鲕绿泥石及还原过程中形成的 Fe_2SiO_4 被进一步还原为金属铁，也进一步证实了 CaO 能够提高还原物料的金属化率。尽管 CaO 可以促进 Fe_2SiO_4 的还原，但是这一反应非常困难，因此深度还原过程中，矿石中的铁矿物并不能 100% 被还原。

　　还原物料及原矿的扫描电镜图片和表面 EDS 能谱分析如图 5-94 所示。由图 5-94 中的 A 可知，矿石中的铁矿物与脉石矿物紧密相连，铁元素和氧元素均匀地分布于整个表面，并且两者位置相一致。从还原物料的 SEM 图片（图 5-94 中的 B）可以看出，还原矿中有球形颗粒分布。通过 EDS 能谱③和④可以断定球形颗粒的主要成分为铁，而非球形物质的主要成分为 Si、Al、Mg、Ca 和 O，这表明球形颗粒为金属铁，另外部分为渣相基体。同时还可以看到，金属铁颗粒中有磷元素存在，说明还原过程中矿石中的部分胶磷矿被还原为了单质磷，并且单质磷迁移进入铁相。这解释了为什么上述实验中磁选铁粉中磷含量较高。根据还原矿表面铁和氧的面扫描可知，铁元素的分布与金属铁颗粒的位置相一致，而氧元素则主要分布于金属铁颗粒之间的空隙处，进一步证明还原过程中矿石中的铁矿物被还原为了金属铁。

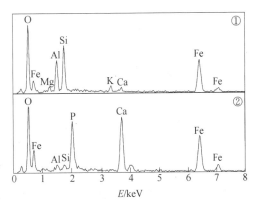

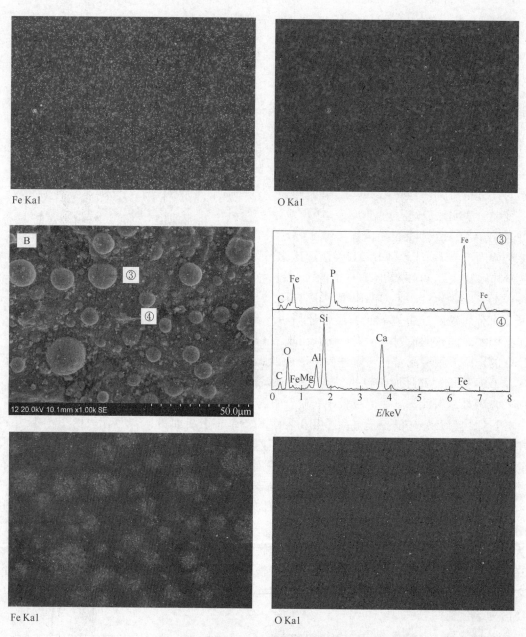

图 5-94 原矿及还原物料的扫描电镜分析

A—原矿；B—还原物料

　　根据上述分析可知，经过还原后，质地紧密完整均一的矿石颗粒变成了金属铁颗粒和渣相基体两部分。金属铁颗粒与渣相之间的界限明显，很容易实现两者的解离。深度还原过程中矿石中的铁矿物被还原为金属铁，并且金属铁聚集生长为球形铁颗粒分布于基体中。

　　b　磁选铁粉特性

　　全流程试验所得磁选铁粉的 X 射线衍射图谱见图 5-95。由图 5-95 可知，金属铁是磁选铁粉中最主要的存在相。但是也有少量杂质存在，例如 SiO_2、$(Mg,Fe)_2SiO_4$ 和 $FeAl_2O_4$。

这可能是由于在铁颗粒的生成过程中，其表面沾染了少许杂质，而这些杂质很难与铁颗粒解离，故而跟随铁颗粒一起进入磁选产品；也可能是磁选过程中磁性夹杂造成的。因此磁选铁粉的指标只有 89.63%。

磁选铁粉的扫描电镜图片及表面能谱分析如图 5-96 所示。由图 5-96 可知，铁粉颗粒粒度分布范围很广，其主要成分为铁，表明磁选产品主要由金属铁颗粒组成。同时在部分铁颗粒表面还发现有微细的渣相存在，其组成主要为 Si、Al、Ca、P 和 O，这

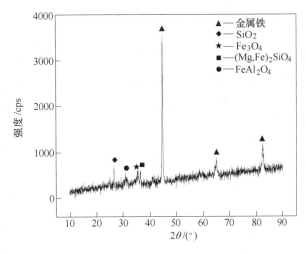

图 5-95　铁粉的 XRD 图谱

与 XRD 的分析结果相吻合。这是由于在金属铁颗粒的形成过程中，少量渣相与金属相交互共生，因此这部分渣相很难与金属铁颗粒完全解离。还可以发现铁粉中的金属铁颗粒变得不规则，表面变得粗糙，不再光滑，这是由于磨矿造成的。

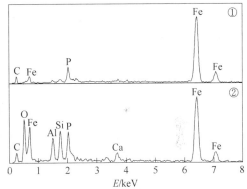

图 5-96　磁选铁粉的扫描电镜图片及表面 EDS 能谱

5.3.6　结语

复杂难选铁矿石深度还原-分选技术研究属于国际首创的铁矿石高效利用新技术，其成功研发和应用，不仅将为我国复杂难选铁矿石高效开发利用提供创新途径，而且对钢铁生产流程的变革和节能减排具有深远影响。该技术实现了极难选铁矿石的高效回收，可以盘活我国上百亿吨极难选铁矿资源，能够有效缓解我国铁矿石主要依赖进口的局面。该技术缩短了钢铁生产流程，省去了铁矿石分选、铁精矿造块等工艺，从而可缩短生产流程、提高生产效率、降低生产成本。深度还原技术以普通煤粉为还原剂，摆脱了钢铁生产对焦煤的依赖，可有效地减少因炼焦造成的环境污染，对改变钢铁生产的能源结构和流程具有重要意义。总之，复杂难选铁矿石深度还原-高效分选技术发展潜力巨大，具有显著的经济、社会及环境效益。

前期研究表明，深度还原-高效分选这一创新性的技术不仅在理论上是可行的，而且成功地实现了难选铁矿石中铁元素的高效回收，为我国极难选铁矿资源的开发利用开辟了全新的途径。然而，该技术目前仍处于实验室研究阶段，并且研究工作多集中于还原工艺及磁选条件的优化，大都只考虑还原铁粉的品位、回收率等指标，而关于深度还原热力学、动力学、物相转化、金属相形成、有害元素迁移等方面的基础理论研究相对较少，尚未形成完善的理论系统。同时，由于深度还原自身的特殊性，现有的冶金用还原装备无法满足其稳定运行的要求，存在还原设备研发滞后问题，导致尚未开展大规模的半工业试验。上述因素严重制约着深度还原-高效分选技术工业化生产实践的步伐。因此，深度还原理论基础和专用还原装备研发是今后深度还原-磁选技术发展的主要趋势。